# 年轻设计师必修的七堂课

DESIGN AS A PROFESSION

LEARN TO BE A DESIGNER

HOW TO CONVINCE THE CLIENT

HOW TO RUN A DESIGN STUDIO

TEAM MANAGEMENT

DESIGN PSYCHOLOGY

岳蒙/著

## Seven Lectures for Young Designers

辽宁科学技术出版社
·沈阳·

# 当年要是有人这样告诉我就好了（自序）

2015年末，我在上海呆了一整个冬天之后，依然招聘不到我想要的硬件工程师。我只好在2016年初把科技公司迁址到厦门，与另外一位合伙人会合，由此也展开了我在其他设计领域的探索之旅。

从那时起，每周济南—厦门的奔波，不但让我成了航空公司的VIP，还让我每周切换一次角色模式，从一家设计公司的经营者切换到一家科技公司的创业者，这种有规律的抽离带给了我一种“外部视角”，能让我从室内设计行业之外来审视我过去10多年的设计师角色，也让我能从其他行业的角度来观察这个行业。

因为不在此山中，反而以前困扰我的问题，现在变得清晰通透，以前无法准确描述的问题也能被清晰地定义了。这种内外之间的游离和穿行，开拓了我的视野和思维，回顾自己这一路走来的坑，有一种幡然醒悟的感觉。

我想：当年要是有人这样告诉我就好了。

我是从设计师一路走来的，直到今天我还在运营着一家设计公司，我对设计行业充满感情，我自己也曾经迷茫过，乃至今天依然有许多问题困扰着我。

还好，有些事我经历了，有些坎我迈过来了，我想把我的经历分享出来，万一对别人有帮助呢。

于是我想为工作3年左右的设计师写本能随手看看的书，最好看完后还能经常回顾一下。正因为如此，这决定了我在写作的视角选择上，不能太具象也不能太抽象，太具象了就成了技校的教科书，太抽象就成了大而无味的理论书，我只不过想和朋友们随便聊聊，所以我要写一本聊天的书，这也就是为什么大部分文章都以一段对话开头的原因。

为什么要写给工作满3年的设计师呢？

因为已经工作3年的设计师，基本解决了设计领域内的常识问题，这时设计师会面对一次认知升级，因为工作3年的新人在工作和生活上开始面对更真实更复杂的世界，而上学时死记硬背的标准答案和刚入行时熬夜画图的努力，都已不能解决这些复杂的问题，于是这个时候设计师非常容易陷入一个迷茫期。

怎么办呢？

当然是要升级认知系统，从更本质的角度来解决系统的问题，只有这样才能面对这个越来越复杂的世界。正因为升级的是系统认知，由此你看待世界，看待工作，看待设计的角度就会不同，反过来说就是：你会重新构建自己的世界观。

我见过太多的小伙伴在工作3年后停止了智识的成长，失去了个人职业发展的其他可能性。

于是，时至2016年6月，我偶然想到一个命题，就开始写了一篇《我什么也不讲就给你讲个设计故事》，写完后发到了朋友圈，没想到竟然被很多小伙伴转发打赏，这极大地鼓励了我，从此我开始在“蒙汉岳”的微信公众号上每周更新一篇文章。

写作过程中不断有小伙伴和我互动，给了我很多的帮助，这也让我更深入地了解了小伙伴们的痛与爱，也更坚定了我写下去的决心，一篇文章写出来后，我就在微信朋友圈发表和大家分享。同时关注大家的反馈，这样我就能知道，哪些话题大家喜欢听，哪些大家不喜欢听。大多时候我和小伙伴之间就是点歌模式，大家给出命题，我来写，某种程度上讲不是我在写作，而是我和小伙伴们一起写作。

不到一年的时间里，在微信里有接近两万名小伙伴关注我，其中有2000多名小伙伴持续不断地转发我的文章，谢谢你们。

**岳蒙**

**2017年2月9日**

# 目录

# 第一堂课 设计职业

DESIGN AS A PROFESSION

LEARN TO BE A DESIGNER

HOW TO CONVINCE THE CLIENT

HOW TO RUN A DESIGN STUDIO

TEAM MANAGEMENT

# Design as a Profession

# 啥也不聊就给你讲个设计故事

## 1. 故事

有一天我和一位年轻的设计师聊天，我说："你能不能少些套路多些思考，不要翻来覆去地找我讨论什么造型、什么材料的？这样很烦的！"

他说："老岳，你又说的不着边了！设计上我们不聊造型、不聊平面、不聊材料，我们还能聊什么？"

我说："好吧，我们什么也不聊，我给你讲个故事吧。"

从前有个李老板，他要开一家餐厅，找了几家设计公司谈了谈设计思路，然后选中一家委托设计。最后李老板确定了一家叫"战犯购假表"这个奇怪名字的设计公司，可是没有想到的是李老板开出的条件更奇怪，李老板的条件是：

**设计费你要多少我给多少。**

**设计的目标是不能在装修上花一分钱，连墙也不能刷，就连使用软装也不可以，用帘子、用画、用灯光、用家具等统统都不可以。**

**对于要做什么餐厅，什么菜品，完全没有限制。**

**目前需要设计的场地水电暖齐全，餐厅面积约 300 平方米。**

**家具只准用在倒闭的普通火锅店买来的二手座椅，但这些座椅可以改造。**

**设计出一家体验非凡的让人印象深刻的高端料理店。**

**不少于 7 张效果图或概念图提报。**

年轻的设计师打断我说："装修、软装一分钱不花，这个设计怎么做？巧妇难为无米之炊，大神如菲利普・斯塔克当年做兰会所虽然硬装没花太多钱，但软装也是用钱堆出来的啊……"

我说："少年，别着急啊，让我把故事讲下去……"

## 2. 小梅

接到这么奇怪的需求后，"战犯购假表"设计公司把这个棘手的任务交给了年轻的、极其奇葩的、喜欢抽烟喝酒烫头的小梅。

小梅看过设计要求后，久久地陷入沉思，他对公司老板说："我退出可以吗？不接这个任务。这个案子没有人能设计出来！"

老板只说了一句："NO，而且你现在就要去工地现场勘查。"

要设计的这家奇葩餐厅在一个蛮老的街区的一角，不太好找，但周围还是有四个车位。餐厅要穿过一个小小的非常昏暗的走廊才能豁然开朗地进入一间类似于教室一样的开敞空间。房间有一排窗子采光，有个卫生间，有蛮新的中央空调和教室常用的那种日光灯管照明。

小梅拿出相机，认真地记录了现场的情况，助理拿出了尺子也开始量房……

## 3. 闭关

从工地回来后，小梅好久没有说话，第二天给设计总监请假说要在家中闭关，思考项目的解决方案。3 天后，小梅的电话总是正在通话中，整整一天都无法打入，最后他的助理接到了他的电话，他对助理如此这般、这般如此地交代了一番。

## 4. 提报

很快就到了提报的那一天，小梅给要开饭店的李老板打电话，约他在公司见面汇报，但小梅提出要求，说这是一次极其不同的汇报，需要李老板在汇报开始前必须配合设计师的要求来听取汇报，李老板同意了。

李老板来到小梅设计公司的地下车库，下车后，就被设计师蒙上了眼睛，说要给他一个惊喜，并且要求李老板不能擅自摘下蒙眼的布条。提出奇葩要求的李老板，面对这么奇葩的要求欣然允诺，李老板被带进了设计公司的影音室，两个小时后，李老板戴着墨镜，满脸兴奋地离开了。

——————至此您已经阅读了本篇全部内容的 1/4

## 5. 一年后

一年后这个城市里有一家高档餐厅生意如日中天，媒体争相报道。

最奇葩的是这家餐厅必须要提前一个月来预定，点菜、选择酒水、几位用餐等整个过程都必须在手机 APP（应用）上提前一个月完成，而且必须提前付款结账。

而更奇葩的是所有的食客谁都不知道这家餐厅的地址，客人用餐之前在约定地点等候，由餐厅来车接食客，而食客们在上车后，就被带上了 VR 眼镜，来看餐厅提前准备好的视觉“开胃菜”。到了地方后，客人会被要求交出手机，并且不能摘掉 VR 眼镜，要在整个用餐过程中都带着，这家餐厅的椅子甚至都不是特别的舒服，让客人大多时候保持着一种相对端庄的坐姿来吃饭，据说这是因为餐厅的李老板要传达尊重食物之美的理念，包括食客们始终要戴着的 VR 头盔，用餐时绝大多数的时候眼镜里没有太多的图像，多是一片混沌黑暗，当然这些昏暗模糊的图案色彩也是配合着每一道菜品，由一位著名的心理学教授设计的，而这也是为了控制降低视觉的输入信号，提高人的味觉、嗅觉、听觉和触觉的敏感程度。

再比如，这家餐厅的菜单也是根据四季的变化不停地调整，就拿春天来说，春天来的时候，万物萌动，食客们在用餐时能感觉到自己的脚下踩起来像是铺了一层青草似的，甚至每走一步都可以在 VR 的耳机里听到脚步掠过浅草的声音，你用餐的时候不但能听到若隐若现的维瓦尔第的《春》E 大调，也可以听到春风摇曳垂柳、春雨润物、春燕呢喃的声响，你更能闻到春天不同时间的气味，如初春的淡淡草腥，暮春的桃花夭夭，就连菜品也是当季最好的食材和最精心的做法炮制出的在一片混沌昏暗中的感官大戏。当然，据说这是李老板要传递出的“时间就是生命之美”的充满哲学韵味的思考。

有一次朋友问李老板，这些有趣的想法最初从何而来时，李老板想起了一年前蒙着眼睛去感受小梅设计师提报的那个下午，李老板自言自语道：“没有人能做出的设计被梅有仁设计师做出了……”

## 6. 我，早就，知道

“好了，故事讲完了。”我说。

“哦，原来这个小梅的梗在这啊，不过你讲到提报这个环节时，说到李老板戴着墨镜离开，我就大约猜到是‘盲人餐厅’的模式了，你后来说的 VR 其实也没什么必要啊。”

“呵呵，如果听完这个故事你只告诉我，你过程中就猜出来结尾，这也太低级了，我希望你告诉我你学到了什么，你得到了什么？”

年轻的设计师说：“我学到了如果甲方要求不花钱装修做餐厅，可以考虑使用盲人餐厅的模式解决……”

“打住，不要再说了，你告诉我的你所学到的东西，不过是我故事的复述而已，这最多叫知道了，根本不是学到了！”

“那你想教会我什么？”年轻的设计师说。

## 7. 设计惯性

“好吧，我来帮你解读一下这个故事。”我说。

——————至此您已经阅读了本篇全部内容的1/2

首先，我非常不希望你听了这个故事后，哈哈一笑，紧跟着说几句诸如“我早就知道”的怪话，咱们就掀篇了。而我编这个故事的目的是为了告诉你：对设计而言，**并非不聊造型、不聊色彩、不聊材料，我们就没有了工作或思考的对象了，**同时我更希望你通过这个故事真正的开始反思！

我希望你反思：**难道一个室内设计师运用智力的对象，真的就只是造型、颜色之类的这一个维度吗？**

你看，在这个故事里设计师把用餐的客人的视觉这一个感官封闭住了，从而提升了客人触觉、听觉和味觉的敏感度，而我却是用这个故事封闭住你想做造型、凹风格、贴材料的思考方向和行为惯性，希望你能注意到在日常的思维状态下，你考虑的所谓对设计本身的理解局限性会有多大？惯性有多大？

是的，在故事中，视觉被剥夺后，小梅设计师无奈地把设计的对象迁徙到了其他的感官，那么设计中我们有关于“好不好看”的视觉的维度被剥夺了之后，我们要把使劲和用智的方向调整到哪里呢？

“呵呵，这个我知道，就像故事里说的，当然是设计其他的感觉啊，如触觉、味觉、嗅觉……”年轻的设计师打断我说道。

“闭嘴！你到底还想不想听我说？”我怒喝道！

## 8. 战犯购假表

室内设计的设计行为，主要针对的对象是人的所有的感官，其实人脑当中80%的认识资源都是用来处理视觉信号的，所以在我们设计所能涉及的所有感官中，视觉最重要。当然触觉、嗅觉等也是设计行为的针对对象。比如，很多酒店就会从音乐到香氛都请专门的设计师设计，更不用说味觉的菜系和视觉的风格了。可是，无论是视觉的、味觉的、触觉的等，都是在表现我们预设的某种想法，或者说都是我们脑海里一个计划在真实世界的呈现。如在故事里，小梅设计师首先要有一个做盲人餐厅的总体想法。然后为了满足这个总体想法，小梅要在味觉的整体规划里，区分出几种明显的变化和种类。比方说，他可以按照大山、海洋、草原、湖畔来规划餐厅的味觉分区，也可以按照一年四季来规划安排味觉菜系，那么小梅设计师选择了“四季”这个划分策略。所以，小梅设计师接下来才会有完美配合春天的食材美食，他还需要在听觉这个维度，表现春天的听觉感受，于是之后才会有维瓦尔第的《春》E 大调，才会有春天的声音等各种具象的表现。当然还会有春天的气味，会有初春的淡淡草腥，暮春的桃花夭夭，当然这些气味也是调制出来的，是具体的，是可以被客人闻到的，也是一种具体的“表现”。于是，所有有关表现的设计，我们都称之为“表现层”。

在之上故事中，餐厅里闻到的、听到的、摸到的、吃到的，都属于“表现层”。而表现层的种种表现又是怎么来的呢？这就不得不提出“策略层”这个概念了。

在我们的故事中，当李老板提出不能在装修等方面花钱，又要高端且印象深刻的需求时，其实就是在提出一项需要解决的矛盾。而我们面对这个矛盾时，无法通过我们早就习惯的表现层来解决，或者说，当我们剥离开让人迷惑、沉迷的种种造型、种种色彩、种种技巧时，突然发现自己以往习惯使用的解决问题的武器没了，我们要赤手空拳地面对这个矛盾。

——————至此您已经阅读了本篇全部内容的 3/4

而小梅的设计的精彩之处不在于如何表现，如何选了 VR、音乐、气味等，而在于在这个故事的极端情景里，当表现解决不了李老板的需求时，小梅精彩地使用了一种策略，在上层——“表现层”之上的“策略层”——解决了这个矛盾。规定了用盲人餐厅这个方法去解决李老板的矛盾、在这个策略里，包含了战略定位、产品范围、功能结构、产品构架这 4 个由抽象到越来越具象的层级，再加上之后的表现层级，于是就有了战略、范围、结构、构架、表现五大层级（见下图）。

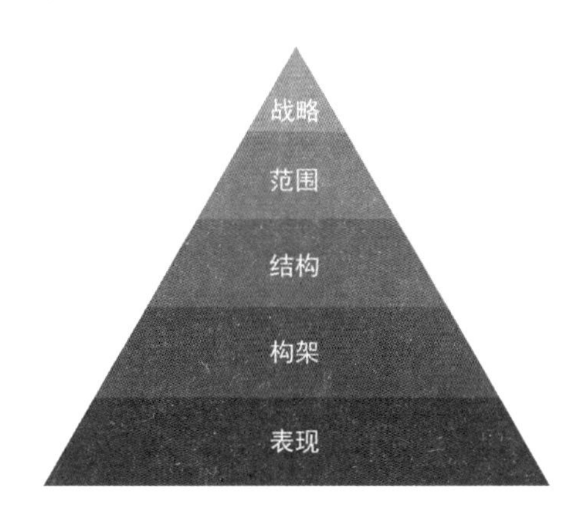


战略、范围、结构、构架、表现五大层级

所以这也就是为什么小梅就职的那家设计公司叫 “战犯购假表” 的原因，我是为了帮助你记住，使用了这个五个层级的缩写而已。

## 9. 狭义设计和广义设计

也就是说，在表现层里“形和色”是两个主导的因素，也是我们的各种造型、各种凹好看的痴心。而策略层里主要就是：**战略定位、产品范围、功能结构、产品构架**这四个因素。

在小梅的设计故事里：视觉、触觉、味觉、嗅觉、听觉这五感中，我们弱化了视觉，丰富了其他 4 个感官。而故事的背后，我希望我们通过这个故事察觉到，设计不仅仅只是“表现层”这一个维度，它更上游的、更重要的、起决定性作用的，反而是你看不到的叫“策略层”的东西更加重要和精彩。其实就我个人而言，**我把焦点集中在表现层的设计“技巧”叫作狭义设计，把焦点集中在策略层的设计“思维”叫作广义设计**。

## 10. 设计思维

在设计的表现层面，也就是狭义设计的范畴，我们设计是分专业的，比如你是平面设计师，他是交互设计师，那个是建筑的，这个是室内的，还有一款是做园林的，甚至我最近接触的做软件解决方案设计的设计师，做电路板设计的设计师等。这些专业的技能难以相互跨越，难以转行，我们无法想象让一个做电路板设计的人去做室内设计，让一个做产品造型的人去做交互。但是许多人，无论从什么专业进入，甚至好多牛人压根就不是做设计的，最终却能努力做出非常好的产品，不论这个产品是个器物，还是个电子产品，甚至是个金融工具，更甚至是一种政治制度。比如乔布斯、比如富兰克林。这种可以迁移到别处的能力，就是不在于表现层面的技巧，而在于策略层面的思维和思想，所以在以表现层面的视角来看这个世界的时候，这个世界是被“专业”划分为一块一块的小岛，而用策略的设计思维来看这个世界的时候，“表现”的海水就会退去，世界是平的，而且是彼此相连相通的。

“好了，我说完了，你有什么要讲的吗？” 我说。

“老岳，设计思维是不是我常说的一种*情怀*？设计情怀？”年轻的设计师说道。

“在我的字典里，情怀这个词从设计的维度讲是愚蠢的不能再愚蠢的词了。”

“为什么？”年轻的设计师说 。

（且听下面的分解。）

（好吧，下面不一定分解这个，但一定有下回。）

2016.6.17

# 什么是空间策划?

## 1. 故事

很久很久以前，有座山，山上有座庙，庙里有个老和尚，这个老和尚不愿意做和尚，想做空间策划师，哈哈哈。

好了，不开玩笑了，言归正传。

很久以前，一只浣熊开了一家乐器店，卖小提琴。

有一天，一头驴子到店里找到了他说："我想学小提琴，你能帮我找个合适练习用的小提琴吗？"

浣熊找了把练习琴交给了驴子，驴子走后，浣熊就在想，驴子回去之后一定经常练习，他很快就会被音乐的旋律陶醉，他很快就会到我们这儿来买一把更好的小提琴。

但事实上驴子把这把琴买回家之后，学了一段时间，觉得自己进步得很慢，学好小提琴好难，很快他就放弃了学琴的想法了。

这个时候浣熊也非常的困惑，因为驴子没有回来再买他的琴。

浣熊抱怨说："为什么我的店里总是没有回头客呢？为什么我的乐器行老是做不起来呢？"

## 2. 什么是空间策划？

于是，浣熊找来一群专家帮忙出出主意。这个时候平面识别专家大象告诉他说："看看你店面的 logo（商标），做得实在太难看了，我帮你设计一个新的 logo（商标）吧，让它好看一点、新潮一点、醒目一点。"

营销专家鳄鱼告诉他说："你要学习'病毒渠道营销法'，在微博上做推广。"

室内设计专家马先生说："你店面的装饰也要重新地改造一下，要新潮一点，高大上一些。"

运营专家熊猫说："你应该推出内容产品把线下和实体结合好！"

灯光专家说：……

陈设专家说：……

大家越说越多，越说越乱，可怜的浣熊听到这些已经快晕掉了。

这时一直坐在角落里的狗先生告诉浣熊说："请大家都先想一想，乐器店的客户到底想要什么？乐器店的本质是什么？我们和客户到底要建立什么样的关系？刚才大家从 logo（商标）、室内装饰，以及营销和运营的角度对小提琴店提出了改进意见，我们都是从不同的角度帮助浣熊先生达到一个理想的销售目标，但是我们的客户想要的真是这些吗？我们的产品难道就真的是这个乐器吗？而客户真的是来买这把琴的吗？我想我们的客户来到这里是为了购买音乐的乐趣，而非那把琴本身。"

浣熊听了之后似懂非懂的问狗先生："你能详细地告诉我吗？"

狗先生说："也许要把你的店面装饰得更温暖一些，让它像一个温暖的家，或者说让它能像一个家一样给客人带来愉悦，然后给你的客户提供一些咖啡、饮品，让他们多花点时间待在这里。也许你要定期地举办一些初学者的沙龙，要先教给顾客该怎么享受音乐，倾听音乐，寻找音乐的乐趣，让他们爱上音乐，继而爱上演奏。

"你还要请一些乐师来这儿讲座，定期地组织一些交流活动，我们要有温暖的光线，要有韵律感的陈设，整体更像是一所学校，我们要有简洁的识别，我们也许要有一个好的网站，把我们的信息及时地告诉他们，同时再做一个APP（应用）的软件来实现顾客的分享和互动。

"总之，我们本质上卖的不是乐器而是音乐的乐趣！"

很快，浣熊按照狗先生的方法，把店面装修一新，放了很多的休闲沙发，一侧有咖啡、饮料、杂志等，并定期的举行活动，很多爱好者来到这里，分享音乐的快乐，浣熊的小店也越来越有名了。

这时浣熊找到了狗先生说："先生，你看起来不像平面设计师，也不像策划师，也不像干营销的，你也不是做市场的，也不太像室内设计师，那你是谁？"

狗先生回答说："其实……我是故事开头的那个老和尚，哈哈哈。"

2012.6.6

## 设计新手该怎么拿作品?

“老岳，你有没有发现，现在好作品越来越多了？”小梅说。

“有啊，能拿出作品的公司或者个人越来越多，说明这个行业很繁荣，整体进步速度很快。同时，这些好作品不但做出来了，而且还能被你看得到，说明‘拿作品就是最好的营销方式’这个观念越来越深入人心。”老岳说。

“作为一名家装设计师，设计上客户并没有完全听我的，我该怎么拿作品啊？”小梅说。

“我也是家装设计师啊，我最早的作品就是在家装公司做出的啊！”老岳说。

“老司机快说说，该怎么拿作品？”小梅说。

## 1. 完成度和精细度

伟大的谷歌有句格言：“先完成，再完美。”

先完成在这里指的是：该有的都有了，没有漏项。精细度指的是：已有的部分是不是完美精致。

举个例子：你的图纸上这个书房的桌面是靠墙的（图 1），是在现场木制作的，其中面板的下面分为了三个抽屉。结果你到现场一看，施工队竟然没做，直接做成了一个大木头盒子，忽略了抽屉，这就是没有完成度。如果做了抽屉，可是抽屉做得非常笨，非常厚，那么这个就是完成度不高。而如果抽屉做了，比例也正确，可是工艺粗糙，那么这个就是完成度高，精细度不高。

再比如，在这个项目里（图 2），按照要求这个墙板线条转折的地方要有一个不锈钢的线条嵌入。施工方对我和甲方说：“嵌入的不锈钢条不平整，目前工期紧，建议不做了。”我在现场坚决不同意，我说：“首先嵌入不锈钢条是特别成熟的工艺，我们已经实施了好多次了。施工方说的不锈钢条不平整其实是加工品质问题，我们知道哪个厂家可以做好这个工艺，我们建议施工方换个加工单位试试，而加工品质是施工方必

图 1 书房

图 2 客厅

须要解决的问题，我不能因为施工方的施工做不到要求精度而改设计，因为有没有这个工艺是‘完成度’的问题，而这个工艺的完成质量是属于精细度的问题，不要混为一谈。同时即使现在时间紧，也是施工方能力的问题，因为图纸在甲方招标前你们施工方就看过了，承诺可以做到这个设计的技术标准，承诺能够在要求时间内完工的，同时设计的现场交底也把这个工艺的加工方法交代清楚了，你们早干什么去了？我能容忍在这个细节上你们精度不是那么完美，但是这个细节的完成度必须要保证，你先完成不要漏项。”最终，我们成功说服了甲方并推动施工方做完了这项工作，保证了完成度。

通过之上的例子我们可以提出一个概念，就是用“完成度”和“精细度”这两个维度来考量一个作品。一个好设计到一个好作品，过程是非常漫长和艰辛的，好的作品一定是在施工落地的阶段能够做到完成度和精细度都很高。

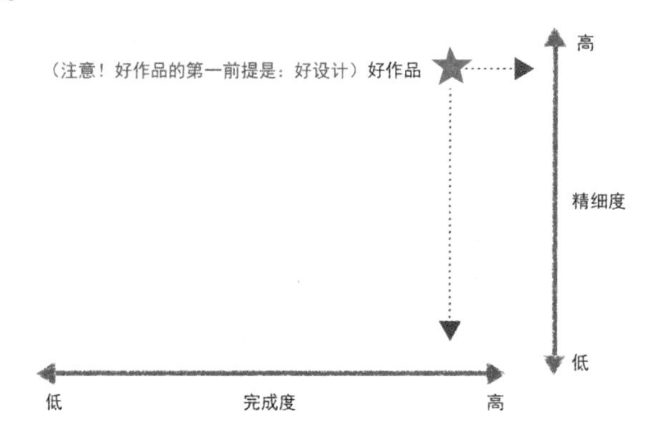


图 3 完成度和精细度

当然，一个好作品的第一前提就是：首先要是个好设计，一个不好的设计，完成度和精细度越高，恐怕越糟糕(图 3)。有些人做了十几年设计也拿不出几套像样的作品，可能首先就是没有完成度高的作品，而有的人刚入行就有不错的成绩，拿出了挺好的作品，其实就是完成度和精细度都执行得不错的原因。在追求作品的路上，首先要保证完成度，然后才是精细度，这也就是为什么谷歌会说“先完成，再完美”的原因。

——————至此您已经阅读了本篇全部内容的1/4

## 2. 科学的流程

我见过一些设计师，热爱设计，手绘很棒，想法也很好，效果图也好，可就是没有作品，项目一到执行阶段就出幺蛾子，最终效果不好，自己也拿不出手。

其实我想说的是，失败只能是失败之母，世界上大多数的事成功的方法只有一种或几种，而失败的方法有无数种，我们无法穷尽失败的方法，重要的是我们要去学习别人成功的经验，那么成功的拿出完成度高和精细度高的作品有什么重要因素吗?

我自己的答案就是科学的工作流程。

一个设计项目的执行，完成度和精细度不仅仅是指我刚才用来举例子的工艺和工法。

从宏观层面上讲，一个项目的整体把控，在关键环节上都需要有好的完成度和精细度。

归纳起来主要有以下几个关键。

1. 设计交付物;

2. 硬装执行阶段;

3. 软装执行阶段;

4. 项目总结。

### 设计交付物

设计过程完结后，设计师提交的设计图纸、物料等文件都是交付物，而交付物的目的就是把设计语言转换为可以被执行的施工语言，包括施工图体系、物料，甚至为了说明工艺关系而做出的模型或参考照片，这个施工的、可被执行的语言当然是越详细越好，不要留下模糊不清的地方，只有这样执行起来才会精确不变形，当然这就是为什么图纸有时候叫“图说”的原因。

· 我的公司早期最害怕遇到小开发商自己的关系施工队，曾经有一次在现场开交底会，施工方的老板说：“弄这么多施工图干什么？我们看不懂，你给我们看效果图，我们比着效果图就能施工。”我听到这心里“咯噔”一下，我心说，这个项目完蛋了。这个施工方非常不职业，而且没有基本的专业技能，连图都看不懂！他们之所以那么爱用效果图施工就是因为效果图可以随意解释，弹性大。

还有一些施工单位不职业。工地出现问题，甲方问起来，随手一箭就射到设计单位这里，给设计师扣屎盆子，而施工方每天在工地和甲方一起，设计方又不在现场，无法对峙和解释，甲方很容易相信施工方。往往我们去工地的时候，甲方会抱怨。在这种时候完善的设计交付物就非常有用了，我们会拿出图纸，一项一项的和施工方对，是我们设计的问题还是施工执行的问题，基本每次都是我们有理有据，这个证据就是设计交付物。

所以只要是设计范围内的地方都应该有完整全面（完成度）的图说，并且图说的精确性和解读性都要高（精细度）。

### 硬装执行阶段

硬装执行就是我们说的施工阶段，我们在作品上追求完成度和精细度无可厚非，可是这些都离不开成本。工程造价是成本，施工周期是时间成本，设计师尝试性的创新也是风险成本。对成本、时间、工艺风险的控制在设计阶段就要规划清楚，到了施工阶段的时候才不会出幺蛾子。我见过一些设计师在设计阶段不考虑综合成本，设计到了工地根本不具备实施可能。

另外，大家都知道二八理论，其实日本人当年也是山寨横行，产品品质非常不靠谱，后来美国人戴明，认为 80% 的质量问题是不到 20% 的几个关键节点造成的，抓住这几个关键节点就能在控制住成本的情况下，大幅提升产品质量。后来戴明的质量管理方法在日本率先实施，由此小日本一跃成为品质大国！

———— 至此您已经阅读了本篇全部内容的 1/2

同样的道理，在硬装的执行阶段，设计师盯项目有两个关键节点需要特别关注：

#### 1) 形和色

形就是尺度，是体量。为什么同样的一个简单的欧式的墙板，有人做出来就有层次、耐看，有人做出来就薄气的不要不要的，像纸片一样贴墙上？其实关键的原因在尺度和体量上。

而色指的就是颜色、材质、质感，有时候一个空间简简单单的，就是有块提神的颜色就足以激动人心。更何况一些特殊效果的质感，如石材、木料、金属、玻璃、浮雕凹凸等。

### 2) 交圈收口

一个室内项目里，所有材质之间的转接、面与面之间的转折契合，都是需要注意的地方。我们观察一个工地的工艺水平的主要着眼点也是在平整度和材料体面交接上。

但是就我个人的经验来看，在设计里，形和色是大于那些收口节点和交圈之类的交接的。

多年前我们公司和一家大师的设计公司一起做一个项目，我们做一套小样板间，大师的设计公司做一间大的样板间，因为有这个大神级的公司和我们同时做一个项目，我专门交代施工图的部门认真画，我自己也审了好几遍，甲方设计管理部的人也说我们的图纸画的比大师的公司细致，后来施工了，我们所有地方的细节和交圈收口都很好，没有任何问题，反而大师公司的项目有几个地方收口有点牵强。

可是结果呢？虽然我们的设计在这些收口上稍微细一点点，可是整体的对比例（形）和物料（色）的把握比大师差了很远，我直到今天还能记得，我在项目现场和同事复盘，在一个项目里起主要作用的是形和色，交圈收口这个部分对项目好坏的贡献度没有我们想象的那么高时的情景。

## 软装执行阶段

软装执行就是我们说的施工结束后，要在现场摆放的家具饰品等，一个好的软装绝对可以提升空间的品质，起到乘法的作用，而不仅仅是加法。在极端的情况下，一个空间里统一一个颜色，仅仅依靠软装也能呈现出出色的作品。

1) 形和色

当然，在软装的设计阶段，“形和色”一样非常的重要，是灵和肉的关系。家具饰品的尺度比例是“形”，家具比例饰品的选款也是“形”，而颜色面料、质感材质属于“色”的范围。

2) 有无和多少

一个项目里到了软装后期执行的阶段，往往就是画龙点睛的时刻，此时硬装已经完成，空间设计上所有的缺点这时也已经基本暴露出来，软装此刻要兼顾弥补优化硬装的目的，一个项目的遗憾这也是最后的补救机会。

————至此您已经阅读了本篇全部内容的 3/4

在一些家装的项目里，最少一半以上的完成效果要依靠软装来呈现和加强，如果一个项目没有软装，那么这个项目硬装再好，也只能给 50 分，不及格，因为完整性上差太多。设计师如果想拿出完整的作品，软装设计师必须要插手和影响客户，给客户提供更多的帮助，保证效果呈现和风格统一。

现在互联网电商非常发达，我见过一些有追求的设计师，整理了详细的软装采购清单，推荐给客户，这部分工作他是免费做的，而且对一些年轻的客户，他推荐使用的家具到饰品到用品，都是淘宝上采购，并提供网店链接。

解决了有无问题，接下来要面对的是“多和少”的问题，一般而言，很多家装客户能接受买家具、灯具、画，不太接受买饰品。我 2009 年第一次成功说服客户买了一点饰品，等到这个项目拍照的时候，我是拍到哪个空间，现把饰品挪到哪个空间。

2015 年，我去杭州拜访“力设计”，听李力先生说，他们在项目交工后，软装进场时会先免费的给客户摆设上一些饰品，同时也方便自己拍照，客户来收房的时候，喜欢的饰品就买下来，不喜欢的就退还给“力设计”，我觉得这是个非常好的方法。

## 项目总结

在上面的软装环节里，我们提到了拍照，接下来我们来聊一下拍照。

首先项目完成后，要拍照留底，同时拍照也是为了下一步的宣传做好基础。拍照时最好请专业的有拍摄空间经验的摄影师，这对后期的传播非常有好处，同时，一个项目在扁平的照片里，项目的完成度非常重要，但是工艺等的精细度一般来说展示的就不是非常明显。这也就是说，一个项目只要完成度没问题，精细度差一点，拍成照片是看不太出来的，其实这样很正常，完成度、形和色和设计是相关的，工艺的精细程度是由设计执行单位负责的，和设计公司没有相关性。

另外值得注意的是，不要因为一个项目有瑕疵就不追求完成度了。记得高中画石膏像时，老师总要求，即使画的有不准的地方也要深入的画下去，否则不会有进步。

其实任何人的作品都不是一蹴而就的，都是有一个发展进步过程的，还是那句话："先完成，再完美。"这个过程也有点像是练习写作，比如你写出了自己第一部小说，但是有时你觉得自己写的简直是垃圾，但同时又舍不得放手这个小说。这时候，你应该建立的心态是什么呢？就是坦然接受，告诉自己，一切都可以接受，我们最重要的是完成！

其实保证完整完成，也是刻意练习的一个过程（刻意练习请参考后面的文章《用学习来终结抄袭》这个话题）。如果你还想提高自己的设计水平，那就定一个新的目标，再接一个新的项目，开始一个新的循环。这样，你就会发现，自己在一个又一个循环里进步特别大。

"有了作品，设计师的腰杆就比较直了，同时面对下一波客户的时候，说服的力量也会自然增强，因为示范和先例的作用是非常大的，于是你也能更有力的影响和说服客户，因此你对项目的把控力越来越强，完成度和精细度越来越高，于是作品越来越好，恭喜你步入了作品正循环模式。"老岳说。

2016.10.10

# 价值百万的设计师迷茫期解药

## 1. 迷茫

“老岳啊，我入行两年半了，开始时在三四线城市的小家装公司工作，给一名设计师当助理，量房、画图、做预算，全都会。可我不太喜欢家装公司的环境，我又不太擅长忽悠，也没转设计师。

“后来因为想多学东西，又来到一个工装设计师的工作室，都工作大半年了，每天就是画画效果图，做做 CAD，好像也没有什么进步，公司什么活都干，施工也接，项目都是老板的老客户，经常也有帮忙收不来设计费的项目。我已经工作快 3 年了，上学时候要做设计大师的梦想好像离我越来越远了，关键是我梦想中的设计生涯，不应该是我所经历的样子，我非常迷茫！

“有人说，设计就这样，在家装公司挺好的，将来卖材料收入很高，年龄一大攒够钱，就不用做，可以去做点别的。

“也有人说，看我做事挺利索的，可以考虑将来转管理岗。

“还有人说，要我去大城市混，小地方没前途。

“也有人说，我的性格应该去一家纯设计公司比较好。

“前几天，我另一个同学叫我去和他一起创业、开公司。我真的不知道该怎么办了，我只知道现在的状态是不对的，但什么是对的，我也不知道。我很迷茫、郁闷，我平时也看你的文章，就是有点似懂非懂的。” 小梅一脸纠结地说道。

“嗯，你病得不轻啊，你知道你是什么病吗？”老岳说。

“不知道。迷茫病？”小梅说。

“迷茫是症状，原因呢？”老岳说。

“不知道，你说说？”

“好吧，今天就让吴彦祖界的老中医——老岳来给你把把脉。”

## 2. 我是谁

“小梅，你毕业两年多了，你这段时间审视过自己没有？也就是说你有花时间了解你自己吗？你自己是一个什么样的人，你爱什么，怕什么？你擅长什么？不擅长什么？将来你又梦想什么？”

“嗯，没有，我没有仔细想过这些问题。平时太忙了，我知道我自己喜欢吃什么，喜欢什么样的妹子，知道自己喜欢看书，不太喜欢和人打交道，我觉得自己很内向呢，但这和设计有什么关系啊？”

“这和设计关系不大，但是这和你的迷茫关系很大，所有的迷茫都是找不到方向造成的，但是找不到方向首先是因为我们找不到自己。就像你刚才所说，你从毕业之后从来没有重新地审视自己，你连你自己都不清楚了，自己都觉得自己面目模糊了，所以你往任何方向走都是错的，努力越多错得越多。”

“能说详细一点吗？举个例子给我听一下。”小梅说。

“好吧，这样说吧，你觉得你适合做管理还是适合做专业？你适合创业还是适合找一个好老板打工？再比如你是要做个偏销售型的设计师还是个死磕技术专业的设计师？其实这些决定都有一个前提就是：你是一个什么样的人？如果你不搞清楚这一点，这些事情完全没法判断。”老岳说。

## 3. 渣男暖男

“如果你自己是一个非常有个性的人，有比较强的自我，很多时候甚至有人说你自私，不顾及体贴他人，那么恭喜你，你可能有机会成为一个了不起的艺术家，大设计师。

“其实创造力这个东西，就是自我的延伸。极具创造力的人，一般都非常的自我，这种自我到了一定程度后，就是极度自私，根本不顾及别人，这个类型的人还有一个特质就是敏感而执拗，对他有要求有标准的事，非常的敏感，向内敏感，也就是对自己的反应敏感，外界对自己微弱的刺激都能感受得到，对自己心里的标准也一样敏感，在正常人看起来简直就是吹毛求疵。他总是可以敏锐地察觉到细微的不同，他自己的容忍度超级低，一言不合就翻脸，处女座强迫症晚期。而且这类人一般都是个人主义者、自由主义者，对集体啊国家啊之类的概念不感冒。

“比如，乔布斯、高更，当然这种人一般在没有取得伟大成就前会被冠以渣男的称号。想想吧，是不是很多伟大的艺术家、大神级的设计师都是这种类型的？对这种人的描写，最生动的书是《月亮与六便士》。

“另外，如果你是一个非常有节制的人，可以非常轻松地控制自己，包括情绪。从小做起事来就有人说你懂事老练，你自己也觉得你有一种天然的做事的节奏感，你也挺敏感的，不过是对外敏感，比如别人的情绪，你懂得迎合别人，让大家都挺喜欢你，所以一直以来无论在什么地方大家都很喜欢你，人称暖男，那么恭喜你，你非常适合做管理工作。

“因为管理的重点在于自制，管不好自己不可能管理好外物，所以一般超强的自制，会带来超强的屏蔽自我的能力，因为你的自我弱了，所以对外部、对别人的敏感度提高了，于是你非常懂得迎合别人，有同理心，擅长处理自己和别人的情绪，也总可以忍辱负重的去推动一些事情的进展。这种性格比较适合做伟大的管理者，协调者，比如：政治家、优秀的职业经理人等。这一类人一般都是集体主义者、国家主义者，为了集体可以牺牲个人。

“好了，我知道这两种你都不是，那么我们想象一下这两种人作为一条线的两级。”

## 4. 性格偏向

“那么你的性格更偏向于哪边呢？

“其实我们普通人，不可能有那么极端，但我们总是在这条轴线的某个位置，偏左或偏右。整体而言如果你创造力更强，那么我建议你坚持走专业，如果你自制力更强，那么你可以考虑往管理岗位上转型。”老岳一口气说了那么多。

“那这个自我强的人和自制强的人，是不是一个情商高一个情商低啊？”小梅说。

“某种意义上你可以这么说，但是我一直觉得情商是一个超级扯淡的概念，一个非常善于迎合的人，可能给别人的感觉就是情商高。但是现在社会的分工是无比复杂的，一个人成功与否不在于是否迎合别人，而在于是否能创造价值，最好是不可替代的价值。比如你可以用你的想象力、创造力服务这个社会，能在好的基础上创新出更好。再比如，你可以用你优秀的理解力、透彻的执行力，推动事情有节奏的进展从而创造价值，无论哪一种人，都有自己的机会和擅长的领域，关键在于你是否能清楚地了解自己，并且善加利用和引导。

“同样的道理，人本身就是一个矛盾体，有没有创造力很强，情商也很高的人？有！但他一定也会有个基本倾向，要么偏自我一些，要么偏自制一些。你看，从这个角度来说，去什么样的城市的问题也有参考角度了。”老岳说。

## 5. 陌生人社会

“举例来说，北京的空气差、交通拥堵、生活成本高，有那么多的生活问题，可是为什么这些北京的白领，天天喊着逃离北上广，可真离开的没有几个呢？”老岳说。

———— 至此您已经阅读了本篇全部内容的1/4

“因为在北京机会多啊。”小梅说。

“北京为什么机会多？一线城市为什么机会多？”老岳问。

“因为一线城市人多吧 .....”小梅答道。

“你说的是原因的一部分，关键因素在于一线城市是陌生人社会。现代社会和传统社会最大的区别，不是你现在的高科技生活，而是陌生人社会和熟人社会的区别，陌生人社会的轴心是围绕交换和协作的，而熟人社会的轴心是围绕血缘和权力的。比如在一线城市里，你上学、工作、交易、生活，无时无刻不是在和陌生人打交道。

“和大城市相反，我小时候在小城市生活，我记得父母到那种国营的副食品商店买东西的时候都要找熟人，更不用说上学、看病、买点贵重的东西了。其实就算是商业环境如此发达的今天，我们多多少少的也会遗留点这种思维。传统社会里，人和人之间建立协作和信任比较难，所以我们害怕‘人生地不熟’，我们要多个朋友多条路，在熟人社会里大家天然的对陌生人是排斥的，而现代的陌生人社会里，陌生人之间可以充分地信任和协作的，我们甚至可以把年幼的孩子送到幼儿园交给陌生人教育看护。陌生社会人和人之间的协作成本很低，正因为如此，陌生人社会促进了人的合作，于是‘英雄不问出处’，只要你有价值，市场会充分地认可你，给你一个合理的定价，于是在这种情况下，创新也会被鼓励，于是创新创业越来越多。

“正因为如此，我们虽然说陌生人社会相对冷漠，但是在陌生人社会里，很多事你不用拉关系找熟人，按流程就可以办成很多事，而在一个小地方的熟人社会里，你不找关系寸步难行。

“熟人社会讲温情，陌生人社会讲效率。

“熟人社会讲情谊，陌生人社会讲利益。

“熟人社会讲人品，陌生人社会讲信用。

“熟人社会讲远近，陌生人社会讲平等。

“比方说好多年之前，很多地方的人对上海人有偏见，觉得他们这样那样，其实就是上海这个中国最早形成陌生人社会的城市，其价值观和当时中国绝大多数的熟人社会的价值观产生了冲突，而这几年在年轻人当中很少有这种偏见的市场了，主要的原因不是上海人变了，而是其他地方的陌生人社会程度越来越高，对陌生人社会的价值观越来越认同。”

## 6. 怎么选边

“老岳你还是没有解决我是不是要去一线城市的困惑啊。”小梅着急地说道。

“好吧，首先，我没有说要你去一线城市，如果你本身在一个熟人社会里有人脉资源，而你的情商还说得过去，那么我反倒建议你回老家去发展，通过不可替代的人脉关系发展自己。如果你和我一样普通人一枚，还算有点能力，那么我建议你，去陌生人社会属性的城市发展，因为在那个社会里你的价值会得到最公正的评价。

“需要注意的是，不是只有北上广深才是陌生人社会，比如一般的省会城市或一线城市会比周边的城市有更多的陌生人社会属性，另外如厦门、杭州、青岛、重庆这样的城市也是个陌生人属性比较高的城市。”老岳说。

“嗯，明白点了，如果我想以创造性的工作为生，让自己越来越专业（复杂协作和分工），最后成为一线的设计大师，我就必须要去陌生人社会属性最高的城市，对吗？”

“是的，如果你想把设计做好，进步得快一点，就要先选择在什么样的大环境中成长。一个经济都不好的环境怎么可能有好的设计行业？一个奖励关系而不是奖励专业和创造的环境，你怎么可能有比较多的机会？”老岳说。

“老岳，你这么一说，我突然想起我看过的一条吐槽在东北做什么事都要找关系的微博，联系到你说的陌生人社会，我觉得我更懂了一点东北的经济为什么总是搞不好了。”

“是的，你很聪明，能够举一反三了，这个也是原因之一，反过来说，一个城市的创意行业的发展水平高，那么这个城市的陌生人社会建设程度绝对也是高的。

“前段时间有朋友找我说，要在一个四线城市复制我的公司的模式，做一家纯设计公司，他们要做一家有情怀有格调的公司，于是非常兴奋的来找我取经聊天，我告诉他，四线城市市场需求挺好的，但是你应该注意你的产品组合，以及你挣钱方式方法（商业模式）。学我们可以，但是绝对不要期望以设计费为生，在小城市里没有那么多的设计需求，想活得舒服并有所发展，你必须要做施工，因为在这个小城市的熟人社会里，本地的纯设计公司不可能有最大的价值和认可度。

“后来的实践证明，我对他们讲的都还是太乐观了。

“你看，一线的设计公司都集中在开放的大城市呢，其实越是小城市，有形的服务越有价值感，核心能力越是关键。比如，在一个熟人社会的小城市，你要想卖出去一个雕塑艺术品，客户会敲着你的雕塑问你，这艺术品是铜的吗？如果不是铜的而是树脂的，客户就觉得价值感低了。可是这是艺术品啊，它的价值在于它是谁做的，有什么意义，不在于它的材质形式，可是客户为什么喜欢铜的不喜欢树脂的? 很简单，因为他们对不熟悉的无形价值没有判断能力，只能对有形部分的价值做参考依据。

“那么同样的道理，设计是无形服务，所以在小城市做无形服务的第一步不是你设计有多好，而是教育你的客户设计多有价值。靠，那你就累了，就算你成功了，你收那点设计费不足以抵消你在教育客户身上花掉的时间，所以最好的方法是施工，又是工人设备，又是水泥石头木头，全是有形的，客户愿意为这些看得见、摸得着的东西买单，如果有条件连软装一起做，因为软装也是有形的，而你只需要把设计融入施工实现出来就好，这样你既能挣到钱，而且也能实现出设计作品，完全可以通过作品来逐渐教育客户，形成良性循环。

“总之，如果你能去陌生人社会属性高的城市，就不要留在熟人社会，如果留在熟人社会，更要讲策略，让大家接受你的服务价值。”

“哈哈哈，老岳，你说的客户敲着艺术品问是不是铜的那段好生动啊！”小梅笑道。

“何止生动，本来就是真实发生过的好吗！”

“好吧，我们说过了如何选择从事设计这个行业的大环境，下面我们来聊聊如何选择小环境，也就是说什么样的公司适合你。”老岳说。

## 7. 独孤九剑

“佛教中有个故事大体是：猛虎追人，人坠悬崖于横树枯藤，崖下怒海毒龙，崖上猛虎睚眦，黑白二鼠啮噬枯藤将断。大部分人都听过这个故事并为之深受触动。

“这个故事带给了我们一个极端情景，用这个情景来比喻悲催的生命。唤醒人对世俗世界的质疑，开始思考人生。

——————至此您已经阅读了本篇全部内容的1/2

“大家耳熟能详的乔布斯的故事，也讲了帮主大人在得知自己时日无多后，更加清楚地知道自己想要什么，效率高的如开挂一样。

“其实西方的贵族在培养年轻人的时候，会让他们写自己的墓志铭。也是一样的道理。让人在一个极端情景下思考，然后搞清楚对自己来说人生中什么是最重要的。

“而我们有些人的极端情景思考是在金庸的小说上，比如山穷水尽的男主角或者倒霉冒烟的小男孩，跌落山崖，陷入绝境而又奇遇，最后成为绝世高手，其实陷入绝境遇到传奇的可能性很小，但我们可以想象一下在极端情景之下，什么对你来说是最重要的？”

## 8. 假如你只能做一件事

“好吧，我们不用想象你坠崖，我们来想象一下假如明天起，你所有的心智资源和时间只能用来做一件事，你用来做什么？”老岳说。

“老岳，你是怎么回答这个问题的？我非常好奇。”小梅说。

“好吧，我的第一个答案是，我要享受人生，看更多的电影，读更多的书，吃更多的美味，也就是说，更多体验是我要干的唯一一件事。

“但我马上又在想，我看电影、读书、当吃货的目的又是什么呢？嗯，这些东西能带来新的体验和学习到新的知识。

“对，我的目的是学习！通过自己的生命历程去学习。然后让自己变得优秀。

“优秀？我是想让自己成长对吗？是的，成长。充分利用这一生成长！你看，当我能知道自己要什么的时候，我就更能从容的安排自己的选项优先级，不再困惑。

“再比如，非要做室内设计吗？不用，追求广义设计学习到的更多。非要局限于设计师这个职业吗？不要，我讨厌用设计师这个角色局限自己，我想挑战别的角色，这样才能学习到别的知识。

“再比如，你要做个管理者吗？你怎么看待管理？我能管理的只有我自己，管理的目的是为了成长，无论企业还是我自己，管理是手段不是目的。那么，设计、管理、产品、营销等，这些所有的知识，有没有被统合起来穿个线串起来的可能？什么可以笼罩住这所有一切的知识？有！是什么？狭义哲学。可以学习吗？马上。”

“老岳，你的自问自答好人格分裂啊？”小梅说。

“闭嘴，我还没说完。学了一点点哲学后，我发现，了解一点科学，比如物理、生物学，学习哲学时理解效率会好些，于是我过去一年主要看物理科普书。所以好多小伙伴问我：‘老岳，我该看什么书？’我没法回答，我都不知道你是谁，你想成为谁？我怎么能知道你要看什么书？

“好了，刚才说过了我的心路历程，我搞清楚我想要什么？我想成为谁之后，要去什么公司，怎么选择公司就非常明确了。”

## 9. 公鸡头母鸡头，不要这头要那头

“比如，你觉得自己协调能力、执行能力很强，有分寸和节奏感，

那么你不一定非要做设计师，你完全可以试试销售为主的设计岗位，甚至可以筹建一个销售体系，为管理一个销售体系而储备知识。而且这个时候你可以去营销能力见长的公司去学习。同时你也不要觉得厉害的设计公司是以技术见长就不需要营销了，恰恰相反，在这个行业里，厉害的设计师相对好找，厉害的顶级营销人员根本没有。

“比如，你还是想做设计，你有创意能力，沟通能力强，设计上特别有悟性，你可以选择一家做前期创意能力强的设计公司。好比建筑业里，好多大师的工作室人非常少，因为他们只做项目的前端设计，后面的深化和执行他们是不管的，去了这样的公司，你就要明确的奔着自己将来也成为大师的理想而努力。

“假如在大师的公司里你想成为一名可以驾驭大设计系统的设计管理者，我建议你最好还是跳槽换个地方上班，比如你可以去一家体量规模都很大的综合性公司修炼学习，这样的公司可能没有那种特别特别亮丽的设计创意，但整个体系的运营和管理以及协作能力都是非常强的，如果你性格平和，喜欢控制驾驭感，为什么不去这样的公司试试？

“再比如，如果你是一个非常热爱生活的人，对成为大师没有强烈的愿望，但是与合作过的人都处成朋友，那么你也许更适合你现在就职的家装公司，因为你能搞定别人的情绪，所以你有强大的服务力，如果能用自己的天赋挣钱，你的效率会非常高，将来你可以创业去做一家高端的家装公司。

“我们可以用一张四象限的图来简单区分一下公司的类别（图 1、图 2）。你看，我们常说的家装公司面对普通的消费者就在这个图里，属于强调品牌的公司。有品牌，代表好品质、好设计、好工艺、好材料、好服务。而如果一家设计飞机起落架的公司，恐怕就不需要什么品牌，因为你全世界的客户加起来不到十个，他们知道你就可以了，但是你必须要有全世界最好的技术，来满足客户的需求。

“我听说过一家非常厉害的结构设计公司，他们研发的结构技术，可以做到省钱耐用，所以他们非常的挣钱，而且几乎没有什么竞争。

“我经常接触好多地方性的综合设计院，他们几乎什么产品都涉猎，

市场和营销
强调品牌
规模和管理
个性和创意
强调技术
技术和研发

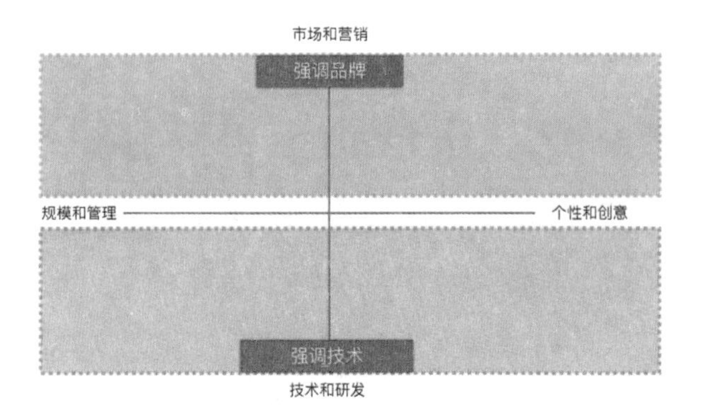

图 1 公司类别四象限图

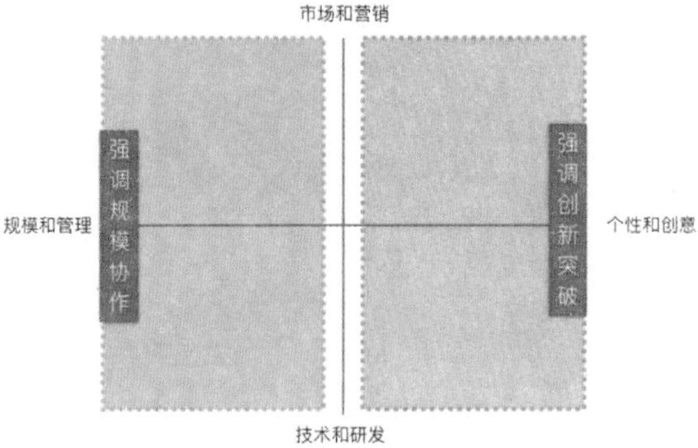

市场和营销
强调规模协作
规模和管理
强调创新突破
个性和创意
技术和研发

图 2 公司类别四象限图

还做很多出图的业务，人数众多，体量庞大，从规划到室内全部都做，这样的综合性的设计院规模和协作能力，是他们的核心竞争力。而好多大师的工作室，人数少得可怜，与大陆的这些设计院根本不能比，但是他们好多年才做完一个项目，每个项目都是经典，都是可以影响行业几十年的教科书级项目，有时候他们在一些大型项目上有创新和突破的能力，但是协调协作的能力就不足，所以需要和大型的设计院合作，让项目能够落地（图 3）。

“假如，你是一个不善言辞的人，和老岳我一样羞涩腼腆，是一名安静的美男子甚至有社交恐惧，那么你可能就不适合营销为主的公司，也不适合做营销为主的工作，这些需要经常迎来送往的工作，你就不合适做，不是说你做不好，也可以做好，可是你不会从这个工作里获取到

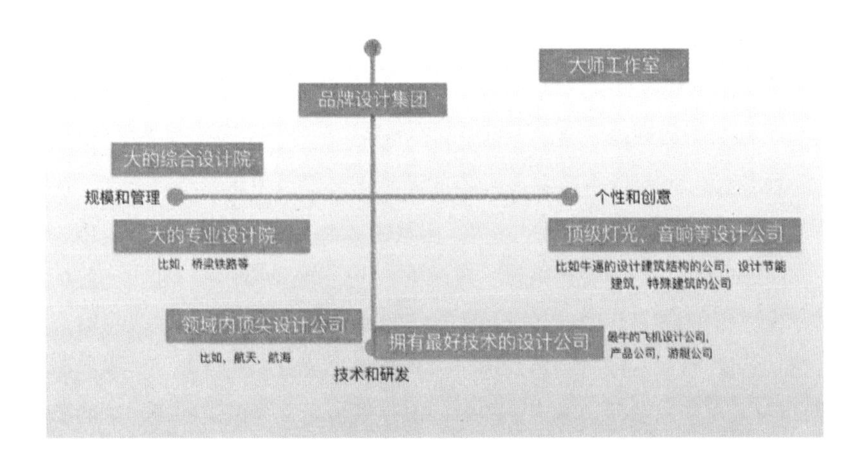


图3 各类设计机构在四象限图中的分布

工作的乐趣，同时在你不喜欢的领域里怎么努力，进步速度不可能比喜欢这个领域的人快。那么，这个情况下，你应该选择创意或研发岗位，比如你对图纸、对技术，有充分的热爱和研究，你完全可以在这个属性的公司里找到最好的未来，即便没有接触到这样的公司，那么你可以主动选择任何一家公司里的技术研发的岗位，只不过在销售为主的低端家装公司里，这个岗位不太受重视，那么这不恰恰说明你该跳槽去一家更重视技术的公司了吗？”老岳说。

————至此您已经阅读了本篇全部内容的3/4

“可是老岳，我朋友在套餐家装公司里画图当助理，他投简历去我们那里最好的设计公司，人家直接回绝了，我朋友现在还在套餐公司煎熬，怎么办？”小梅说。

“人家回绝的原因，一定是因为你朋友的水平差，任何一家好的公司，都不太可能从头培养人了，除非你是一个非常牛的人才，你有成绩可以说服公司老板，比如说，你上学的时候得过红点奖，那么我相信公司是愿意从头培养你的，好公司一般都比较忙，大家只有在水平和理解力都差不多的情况下工作效率才能最高，你一个菜鸟去了之后拉低了大家的平均水平，降低了效率，对于好公司而言，你造成的隐性损失，远远大于你带来的收益，好公司怎么可能培养你？即使你不要钱，甚至倒找钱，水平差距太大的话，公司也不可能要你的这位朋友的。

“所以，对你这个朋友最好的选择是逐步走，先离开套餐公司，去一家重视技术、不那么优秀的公司。因为在技术不能得到鼓励的环境里，你再有天分也不可能快速进步，所以去一个比自己水平高一些，一般的公司就好，关键是环境是鼓励技术的，你进步的速度一定会快于在家装套餐公司。积累一段时间后，你可以再跳槽去更好一些，鼓励技术的环境也更好一些的公司，学习一段时间取得进步后，再试试应聘一线的公司。”

“嗯，老岳，你的意思是说，跳槽找好工作这个事，最重要的参考因素是，找到一个适合你自己的环境，在这个环境里能让你自己提高进步速度，更快的让你变成你想变成的人，是吗？”小梅说。

“对，你总结的非常好，对一个年轻人来说，工资、福利、累不累，这些问题都不是核心问题，关键是环境，这家公司能给你提供一个什么样的环境，改变人最大的变量就是环境，你最大的成就不可能超过你的环境条件。”

## 10. 天才就是最像自己的人

“老岳，照你这么说，所有人岂不是都为了进大公司挤破头了？”小梅问。

“首先大公司不一定是好公司，不是说了吗，好多大师的公司小得可怜，好多顶尖一线的公司只有几个人，不是人多就是好公司，越是那些附加价值比较低，没有技术含量的公司，人数一定都很多，比如卖保险的，卖套餐的家装公司，人一定很多，人均产值一定很低。

“那么好公司的第一个标准是什么？

“是适合你！你在这里能成为自己。

“有人说，天才就是最像自己的人，所以找一个能帮你做天才的公司就是好公司。如果你是一个思维活跃的人，你去了一家公司的技术部门，每天有节奏一成不变的工作对你来说就是搬砖，是一种惩罚，你会特别痛苦，所以你赶紧去这家公司的策划部门或方案以及销售部门试试。同样如果你是一个技术宅，最好的工作就是刚才说的搬砖的技术部门，在这里你能安静地思考和成就自己，你不喜欢外边那个动荡的世界。

“你可以从下面这张图上（图 4），找一下自己是什么类型的人，然后再和之上的公司类型图匹配一下，这样就能找到适合你的公司。

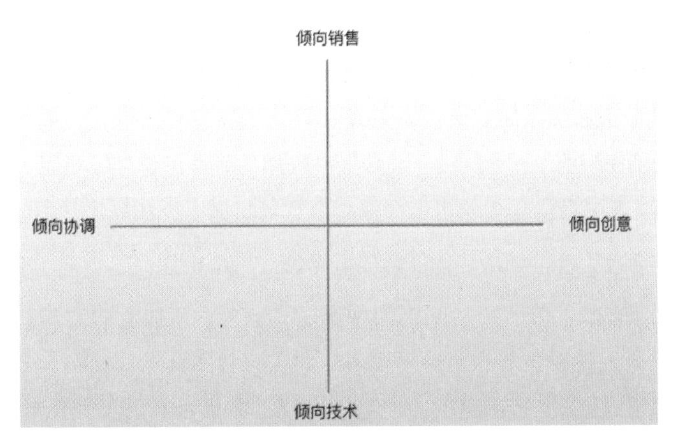


图 4 个人倾向图

“好了，我们接下来看一下好公司的第二个标准，也是最最重要的标准。”

## 11. 在哪闹革命不重要，和谁一起闹才重要

“有一段时间经常有家装公司的小伙伴直接问我说：‘老岳，我去你那里给你当助理吧？’我说：‘我没有助理。’他们总是不太相信。

“其实我也能理解他们不相信我没有助理的原因。在他们的工作环境里，设计的工作就是：谈客户、画图、选材料、去工地。他们见到的设计厉害、业绩好的家装设计师都是风风火火，带着好几个助理，前呼后拥的。所以在这种情况下，他们对我的想象一定也是这种七十二嫔妃

三千佳丽的状态。

“其实还真不是，我现在连形象都去设计师化了。小伙伴对我的想象，恰恰说明环境对人的潜移默化的影响。这些小伙伴们没有见过不一样生态的设计公司的样子，以及设计师别的生存状态。所以，他们对自己职业规划的最合理的想象就是跟一个挺牛的人当助理，于是他们来找我自荐当助理。

“当然，我之前也经历过这个阶段，记得大学毕业后，我和同学们都去了大大小小的装饰公司。那个时候，我对自己最好的规划就是我见到的这些装饰公司的老板们，我希望有一天可以成为他们。他们大多：大腹便便、金头的腰带、休闲商务装、胖胖的脸、脑袋后面三道褶子、金项链配玉石加手链，天天陪各路领导、大款、喝茶泡妞、喝酒聊天，自己开 SUV 出门的时候，一定要把夹着烟的手伸出窗外，讲话一定要有点口音，其中最爱学习的也就经常看个官场权谋小说和厚黑学。”老岳说。

“哈哈哈哈，老岳，你形容的好形象。”小梅说。

“那当然，我有段时间真的想做这样的人，所以我观察得很仔细。因为这些人是我当时生活环境里最牛的人，我不自觉得就会学他们，学他们的思维方式、行事路径、他们的价值观，最后我经历了好几年的迷茫，才跳出这个坑。

“你想一下，一个个人主义者，怎么可能去学习成为一个以‘情商’‘懂事’为核心竞争力的人？这只会让我自己显得可笑，也会让别人尴尬。后来我修正了我的人生参考对象，我也逐步改变了我自己的环境，直到今天为止，我依然在为此努力，成为我自己，并一直在努力寻找最适合我的那个‘英雄剧本’。

“因此去哪家公司的核心判断是环境，而不是钱多、活少、离家近，而环境因素中最重要的因素就是：人！人的环境，不仅仅是你在身边的人身上学习到了什么，更关键的是这些人能像你升级手机一样，升级你的思维系统。这个系统就是你的世界观、你的价值观。技术会过时，金钱会花光，只有你的心智模型会跟你一辈子。同时更重要的是正因为你的身边有牛的人，像英雄一样的存在，所以你不会苟且，不会目光短浅。

“我十年前以小装饰公司老板为偶像的时候，我是不会相信这个世界上有诗和远方的。我相信的是：当孙子能挣钱，迎合别人、讨好领导能活得好，一身的名牌，豪车，能最快的让别人信任尊重你。但十年后，我完全不信这些东西，更不信迎合别人能让我变的更好。我相信认认真真、干干净净的做事，不用冲着谁修炼情商也能活得很好，我比之前自信得多，因为当你可以向外部输出心智的时候，那些印满 logo（商标）的名牌的虚荣就会变的幼稚可笑。之所以会有这样的转变，是因为你看到了这样的牛人，并以他们为偶像，学习他们的这种方式和世界打交道。

“我希望我终会成为自己、成为他们，让更多的人相信这个苟且的世界也许真的有诗和远方！”老岳激动地说。

2016.7.16

# 为什么你在二三线城市很难成为设计大师

最近和一个小伙伴谈人生聊梦想。

他告诉我说："我想要成为一个五星级酒店的设计大师。"

于是我问他："你打算什么时候去一线城市？去一线公司？"

他说："我为什么要去一线城市？在济南这不行吗？"

我说："如果前提是五星级酒店的设计大师，那么想实现这个梦想最有效率的选择应该是去一线城市的一线设计公司！"

为什么这么说呢？

第一，室内设计这个事如卖油翁一般，唯手熟尔。也就是说设计是一门实践学科，必须要多练习才可以成长。

在济南或其他的二三线城市，一年有几个酒店让你去做呢？也就是说，在二三线城市整体的五星级酒店的需求发生频率非常低，同时二线城市向下级城市辐射的商业半径也不大，而且都是更小的城市，需求概率同样也非常低。这意味着不考虑你的实际设计水平的情况下，即便是没有竞争，有五星级就全给你做，在一个周期内你也是做不了几个五星级的，所以相同周期内你的锻炼机会不饱和。

一线城市和企业就完全不同了，首先一线公司面对的是全中国或全世界的大型市场需求，对一个城市来说可能不需要很多五星级酒店，可是中国那么大，这些需求聚沙成塔，汇聚到一线城市的公司时就会非常庞大。

同时，一般业主一定也是有向好效应的，能找大师就找大师，能找一线公司就不找二线的，能用北上广深的就不用二三线城市的设计师（马太效应）。

这意味着：在一线公司里，项目发生的频率非常高，你锻炼的机会非常多，你在这个行业里才可以用大量的训练机会去弥补常识。有了完善的常识后，你才可能二次构建这些常识，把它们淬炼成见识。当对酒店行业有了差异于别人的见识，有了真正的真知灼见后，你才能迈步走向大牌设计师。

随便一搜淘宝上就有很多 CCD 公司的项目资料。你看，这就是我说的频率问题。

第二，世界上没有好项目，只有好业主。

好业主遇到好设计公司才会产生好项目，特别是五星级酒店更是一个复杂系统的博弈。也就是说：业主、设计方、施工方、管理方，这几个关键因素中最差的那个因素，决定了项目的底线在什么位置。大家都看到过一个大师的作品被施工方糟蹋的样子吧？

这意味着也许你在小城市里有五星级酒店做，但往往也是和国内的小牌子管理公司合作，业主一般也不会非常的“壕”，选出的施工企业也不一定很职业，于是几个变量相乘，结果一定是高度的不确定，你能不能做到一个高完成度、高精度的作品呢？这不好说。

不好的业主，最最要命的是：不专业！如果整体系统的所有环节都不专业，你会消耗大量的时间和很低级（低级）的人打交道，去教育影响他。要是业主本身的鉴别力差，那简直就是一场噩梦！试问你又有多少精力面对专业和创新？也就是说你成长的效率会变低。

我们每个人都知道生命只有一次，那么你真的意识到我们一生中真正的、唯一的财富其实就是时间了吗？那么你把时间浪费在那些很低级（低级）的人和事上，却期望有个有效率的人生，这不是扯吗！

当别人在一个成熟系统里，高速的积累认知的时候，高速的学习和积累高质量人脉的时候，你却在花自己的时间给低级的人犯的错买单，这不就是人生悲剧吗？

同样在一个竞争的市场里，高质量的业主提供高质量的需求，他也一定会找高质量、低风险，能提供系统解决方案的供应商（大的成熟公司）。因为甲方业主也害怕沟通成本过高，他们也怕遇到低级的团队。

——————至此您已经阅读了本篇全部内容的 1/2

第三，生存结构锁死你的思维方式，想要改变现状的思维方式，必须变道行驶，更换你的生存结构。

一个复杂的、系统的星级酒店行业，一定是强大的社会分工的结果，针对它的设计也是一样，你要有很强的专业能力的同时，你还必须要有很强的综合能力来调动社会资源。说实话，这种才能要么是天生的，要么就是适宜的生存环境培养的。

设计这个行业本身就是社会盈余行业，只有富裕社会才能发展，你从来没听说过牛的设计企业来自非洲最穷的地方吧？同时设计这个行业只有实现了高度社会分工才会让这个行业发达，如果分工不发达，设计就不叫设计了，叫手工艺人。

那么在中国什么地方的社会盈余最多呢，社会富裕程度最高呢？什么地方的分工最细密最专业呢？当然是一线城市。因为一线城市的一线公司会形成这样的一个大的社会氛围和小的公司气候，在这样的环境里，你实现自我的可能性才会更大。也就是说你有机会修炼你的“不同”，形成你的差异价值，去迎接更专业和细化的分工。

所以，我总结了一个简单的公式：

时间 × 频率 = 水平

之后小伙伴问：“这么说，如果我不去一线城市，想做到顶尖的五星级酒店的设计师就没有希望了吗？”我说：“不是没有希望了，是成本太高了，结果太不确定，所以我觉得这不是一个好决策。”所以，我觉得你去一线公司学习，可能会降低这个事的实现成本和时间，有相对的确定性。

当然，如果你要是改一个突破方向，你说你现在死磕餐饮设计，我倒是觉得非常靠谱。小伙伴问：“为什么？”我说：“很简单，这是个匹配度的问题。”

首先，餐饮行业是普世行业，总体需求发生的非常的茂密，而且整体社会的经济周期的波动对这个行业的影响不剧烈，因为你什么时候都要吃饭嘛。

其次，餐饮行业在二线城市的需求非常旺盛，二线城市（如省会城市）对三四线城市的辐射和作用非常明显。同时三四线城市随着现在的城市商业体和服务行业提升对餐饮的升级需求非常大，而这些小业主，从成本和配合的角度考量，他们一般不会找全球性的公司去做。即便这些大牌设计公司愿意做，但是这个需求太庞大了，他们也做不过来，再加上餐饮业牵扯到当地的消费具体的习惯和文化，外来的和尚真的不一定念得好这个经。所以这个事的本质就是：餐饮业是高频率的相对小额的设计消费。这个市场里：刚需，高频，量大，无覆盖性垄断性的企业，是有非常多的机会的。

第四，比较图（见下页图）。

行业轴长度决定了一个项目从立项到完成的一般性周期，行业轴越长，分工和协调越多，所需要的时间越长。

专业聚集度指的是专业的分工和专业的深度。

| 参考系 | 五星酒店 | 餐饮 |
|---|---|---|
| 行业轴长度 | ★★★★★ | ★★★ |
| 专业紧集度 | ★★★★★ | ★★★ |
| 需求频次 | ★ | ★★★★★ |
| 需求刚度 | ★ | ★★★★★ |
| 标准性 | ★★★★★ | ★★ |
| 差异性 | ★★ | ★★★★ |

※皆以五星为标准

五星酒店与餐饮行业比较

需求频次是指需求发生的频次。

需求刚度是指需求的社会性、必要性和可替代性。

标准性是指产品是否有严格的标准化要求。

差异性是指提供的产品是否追求差异。

你看，通过上图我们可以看出什么适合你，或者说你自己的资源和什么样的需求匹配。所以我的建议是：如果你的追求真的是要成为做五星级酒店的设计大师的话，我认为你去一线城市一线公司是最理性的选择；如果你的追求是某一个领域的设计大师的话，我觉得你应该向内梳理和认知一下你自己的资源和优势，从身边的、你擅长和热爱的事上寻求突破。

2015.12.7

# 为什么他抽烟喝酒拿回扣依然哗哗签单?

“老岳，最近我对家装这个行业失望透顶了!

“进入家装行业也有几个年头了，大多客户不在意设计，只关心价格，为装修便宜那么一两千都可以跟你磨叽好久。公司里有老前辈，抽烟喝酒拿回扣，一个方案能卖好几年，可人家的业绩出奇得好，客户就吃他那一套! 他见别人讨论设计还总带着嘲讽的语气酸你一两句。有时候我真不知道是该怀疑自己有病还是这个行业有病?

“这个行业到底怎么了? ”小梅说。

## 1. 沙子和煤

好，先说故事吧。

2010 年初，在家装公司几乎一年不开张的我出来创业，做设计公司，我在日记本上写下了当年的营业目标：30 万元 / 年 / 设计费。

那时候我的公司只有三个人，我想：第一年如果能收 30 万元的设计费，我们就可以稳住阵脚活下来，结果三个月后我们就收了 100 万元的设计费。

当时，我还和现在已经成为合伙人的徐强说："你看，咱们这群人，在家装公司里追求设计，都成了行业笑柄，一年都没开过张，生计不保。"我们一转身，不做家装了，做地产项目，收设计费为生，人还是那个人，能力还是那个能力，可换一个方向，我们就在市场里价值一下提升了很多！

这有点像我们原来面对一个沙堆，一铲子下去，没有什么价值，我们一扭头铲身后的煤堆，人和铲子都没变，但我们现在一铲子煤很值钱，我们这是走狗屎运了，要矜持，低调。

你看，当年我把这个情景总结为运气之后，就再也没有深入地思考过。究竟是什么原因让我们在家装环境难以生存，而一转身在纯设计行业如鱼得水？其实我的如鱼得水和难以生存，只不过是同一件事情的两个方面而已。那么这个"事情"是什么？我们先不急于回答，继续故事。

## 2. 家装梦

因为我成长的环境是家装公司，并且我们公司的设计骨干有一半都有家装公司的职业背景。所以长久以来我们都有一个梦想，那就是改造家装这个行业，提供更好的服务，让设计师更有职业操守，净化市场，追求完美。后来我们完成的样板间作品越来越多，不时地会有家装客户找上门来，希望我们提供家装服务，开始我们是拒绝的…… 后来我想，是不是可以开展一下家装的业务呢？于是，2015 年初，我们开始考察了一系列我比较欣赏的规模不大的家装公司。回来后，经过半年的讨论，最终我们决定放弃开展这个板块的业务。

为什么？

我们有深入的设计能力，又有很强的施工控制能力，还有山东最成熟的软装配套能力，关键是我们还有很多开发商资源，又有许多在家装行业经验丰富的老同事。

这么好的条件到底为什么不做这个板块的业务呢?

为了回答之上所有的疑惑，我们先来了解一个概念：竞争的关键要素。

——————至此您已经阅读了本篇全部内容的1/4

**所谓竞争的关键要素就是：关于什么的竞争。**

我们小时候都有帮父母出去买盐的经历，那在买盐的这个行为里，你为什么不去那家而选择了这家小卖部？很简单，因为离家近。你看买盐这个故事就是关于距离的竞争！关键要素就是“离家近” 。你首先考虑距离成本，而不是价格！因为为了一两分钱多跑一些路不值得。这也就是为什么你家楼下的小超市即使一些东西比大超市贵一些，而且品类少，也依然能生存下去的原因。

那么你去超市买纯净水呢？各个品牌的纯净水在货架一字排开，你会选哪一款？你会选你最熟悉的那一款！为什么你会觉得这款水熟悉？因为你被动接受过很多的这个品牌的广告！你看，在买水这个事儿上，就是关于品牌的竞争，和你的性价比、功能、质量关系不大，因为一个你完全没听说过的品牌的水，即使便宜你也不敢喝。

再举个例子，家具行业呢？家具行业的竞争关键要素是什么？也就是说消费者在选购家具的时候，最看重什么：重便利性（渠道、配送服务、售后保障）？材质款式（花梨木、玉石、款式）？还是家具制造商的品牌（曲美、美克美家）？

### 3. 消费频次

家具是耐用品，低频消费的市场，人一辈子买不了几回家具，而且时间跨度比较大，消费者在产生需求的那一刻才会关注这个品类的商品，平时就算看到家具广告也会被忽略掉。他有购买需求时，脑海里出现的第一个念头是我去哪里买？送货、安装服务怎么样？退换有保障吗？ 极少有人会先想买某某牌子的家具，然后看哪里有的卖。确定了去哪里能看到最多最全的家具，消费者看到家具实物后，才关心家具材质，从质量到品牌，评价好坏。

## 4. 参与度

因为购买家具的过程是个参与度比较高的过程，客户一定要看到实物，要感受，要比画尺寸，甚至调整面料，过程中销售人员还要不停介绍产品属性，和客户互动交流。这和我们购买矿泉水拿了就走的低参与度产品场景完全不同，在高参与度的产品里，品牌的作用并不大，反而是便利的渠道，一对一的销售比品牌对客户的影响力大。

你看，**家具行业里渠道（包括售后送货等）是竞争的关键要素，**反而不是家具制造商的品牌，于是做渠道的红星美凯龙反而更容易形成品牌。

同样，这也就是为什么品质不算好、设计不算好，但性价比高、产品品类多、安装方便、售后配送服务都很好的宜家可以做成家居品牌的原因。

——————至此您已经阅读了本篇全部内容的1/2

## 5. 家装行业

那么家装公司呢？家装公司的竞争关键要素是什么？家装公司之间是关于什么的竞争？是营销能力（拉客户）？是价格（价格战）？是质量（活好）？是服务（人好）？是品牌（店大）？还是设计师个人能力（会忽悠）？还是设计好（图好看）？

我们先看看家装公司服务套餐客户的时候，套餐客户的竞争关键要素是什么？

营销！价格！快！

那么普通的家装公司服务中产客户的时候竞争关键要素是什么？

营销！性价比！服务！品质！

那服务高端顶尖人群的家装公司的关键要素是什么?

高水平服务(省心贴心)! 高品质(包括设计品质)!

你看，对于大部分客户要选择的家装公司而言，就是关于性价比和质量的竞争。对家装公司而言竞争的关键要素反而是营销能力。

那么设计呢? 设计是关键要素吗?

从以上的分析可以看出，只有高端市场对设计品质有些要求，而绝大多数的客户甚至连判断什么是好设计的能力都没有，所以在大多数时候**家装行业的竞争关键要素不是设计**。

如果家装行业的竞争关键要素大多时候不是设计，那么我们不去做家装板块的业务就不难理解了。我们和济南本地的家装公司相比，最有优势的两个板块是“设计” 质量和“施工” 精度。但是家装市场里的竞争，根本不是关于“设计”质量和“施工”精度的竞争！所以前文讲到的那些所谓的优势，在家装这个行业里根本就不成立，因为在设计质量和施工精度还没有机会发生的时候，我们就被市场淘汰了，走不到优势彰显的那步。

其次，我们不可能进入低端和中端市场，我们不具备这么大调动营销资源的能力(竞争关键要素)，同时也不具备这种管理能力。我们能做的只剩下高端市场，但是高端市场的竞争关键要素是“服务”，要设计师会谈单、有耐心、随叫随到、能忽悠，而纯设计只是一个局部而已。而我的团队里，我并没有能力、精力做这个事，现任的 CEO(首席执行官)倒是可以做，但是他必须要管理，于是我们只能在市场上找设计师，市场上具备这种能力的设计师基本都自己当老板了，我们能招聘到的设计师始终要差一些，而高端市场客户总量并不多，所以成功率非常重要，当我们招聘的设计师真正遇到这些经验丰富，能说会道的老前辈时，这些新手胜算很小。

## 6. 家装设计师

解释过了家装行业，我们再次思考一下：作为一名设计师在家装这个行业里的竞争关键要素是什么？也就是说家装设计师之间是关于什么的竞争？

我的一位合伙人告诉我，她当年入行的时候，有材料商给她讲，家装行业里是有一些靠老天爷赏饭的人存在的，她开始很不理解，后来工作经验丰富了，发现家装行业业绩最好的设计师、业务员，不是设计水平最高的或最能说的，往往是那个最会沟通、看起来最诚实、最像好孩子的人。

——————至此您已经阅读了本篇全部内容的3/4

家装行业和家具行业都属于高参与度行业，而且消费频次非常低，这意味着这个行业里信息非常不对称，客户在这个行业里缺少常识和安全感，这时一个一脸诚恳的老实人，又能有热情的积极沟通，一定是有比较大的杀伤力。

所以，**家装设计师之间就是谈单能力的竞争**！

回到故事的开头我的经历，为什么我们在家装环境难以生存，而一转身在纯设计行业如鱼得水呢？就是因为我擅长的，比如对设计的策略性思考和逻辑推导，在家装行业不是竞争关键要素，我的长项在家装客户那里没有价值。而我们转身把家装设计变成了样板间设计（商业性设计），我的优点恰好符合了这个行业小品类的竞争关键要素，于是我们一下子就做的有点眉目了。

那么为什么那个抽烟喝酒拿回扣的老兄业绩最好？一定是他拥有了很强的竞争关键要素，即使他设计不好，乃至人品不好，一样哗哗的签单。如前文所说，**规律会奖励那些竞争关键要素突出的企业和个人，而不是奖励道德操守突出的企业或个人**。除非你参加的是感动中国，这个事件的竞争关键要素是道德操守，那就另当别论了。

## 7. 后记

前些日子有小伙伴问我说：“老岳，我在家装套餐公司工作，怎么能在这个环境里做好设计？”

我说：“我也不知道怎么能在套餐公司做好设计，因为套餐公司的竞争关键要素不是设计，也就是说，这个环境不鼓励设计，你斗不过环境的，你要是真想做设计就离开这个类型的公司。”

还有小伙伴举例子说：“现在很多重视设计的小家装公司都做得不错啊，老岳你说的家装竞争关键要素不符合这种情况啊？”

我说：“任何时候，市场里都有少数客户极其重视设计，这部分客户，不均匀的分布在从低端到高端的客户群体里，但总的来说客户越高端对设计的要求越高。”

原来，一家追求设计的公司在市场里，要花极高的成本才能筛选出来这一小部分重视设计的客户，即使你找到了这些客户，由于寻找它们的成本太高，公司利润率很低，很难生存。

现在有了互联网，传播迅速深入，你获取客户的成本低了，追求设计的公司生存条件变好了，有些还能活的不错。但是无一例外的是，这些公司都在一些经济发展和房价水平比较高的城市，同时这些公司经营的都很累，远没有那些卖套餐的公司挣钱，而且无一例外的是这些公司都不是规模形的。也就是说追求做好，小而美，没有问题，市场里总有客户把设计当作竞争关键要素。但是你想做大做强那就要敬畏目前市场的主流竞争关键要素（见下图）。

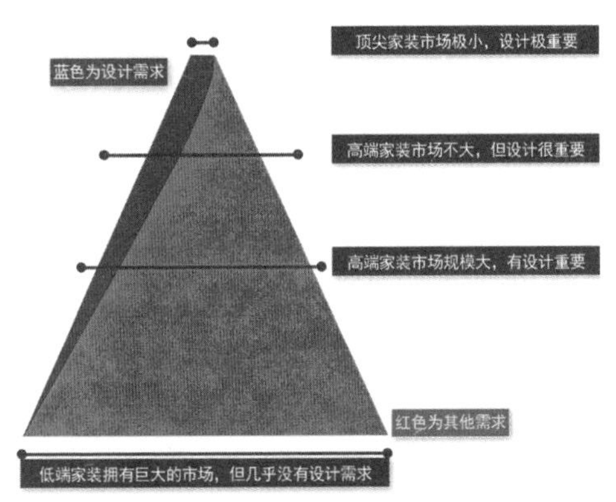


各级家装市场中的设计需求与其他需求

2016.10.30

# 为何多年的助理总也熬不成设计师?

“老岳，我一个师弟在一个三线的套餐公司做设计师做了好久，越做越觉得自己不会做设计，他问我该怎么办？如何成长？你说我该怎么回答他？” 小梅问。

“其实很长一段时间以来不断有小伙伴问类似的问题，我摘出几个你感受一下。”

*“岳老师，您好，我工作经历也有四五年了，从学校毕业至今，换了几家公司，目前在职是最久的。但待了三年了，依旧还是助理，不管是待遇还是学术上都是瓶颈期……”*

*“老岳，是不是我这样入行五六年还是蹉跎不前，也做不好销售、也拿不了回扣、设计也不是超人一大截的人就没啥救了？”*

*“岳老师，我开始的时候就是在一家公司做设计，后来不想扛业绩。就学了施工图，去了设计公司，本想直接做设计，发现实力不够，只能做助理，一直到现在，换了家单位还是助理，7年了，怎么觉得自己越活越倒退呢？”*

好了，既然是工作的问题，那就让我们先回到问题的本质，看一看工作到底是什么？为什么前文提出问题的小伙伴会把工作干成这样？

## 1. 工作的本质

工作是什么？

工作其实就是投入**时间**和**技能**换取**收益**的一个过程。也就是说工作当中非常重要的概念就是：**时间、技能、收益**。这三个要素之间的相互关系，造就了工作的本质。

时间好理解，但技能和收益我们需要认真的研究分解一下。我们先来看看技能。

众所周知，人们在社会中大约通过这两种能力来赚钱：**体力、智力**。体力型的工作大多是**体能**作支撑。比如：搬砖、送快递等。而智力型的工作，主要是需要知识作支撑。比如：金融分析师、医生等。

接下来我们再看看收益部分。收益其实也可以分成两个部分：**货币收益**和**经验收益**。货币收益指的就是你通过工作拿到的货币报酬。经验收益就是指你通过工作增长的经验和知识，以及提高的能力。

**工作 = 时间 + 技能（体力 + 智力）= 货币收益 + 经验收益**

好，既然如此我们可以想象出一个天平（图 1）。

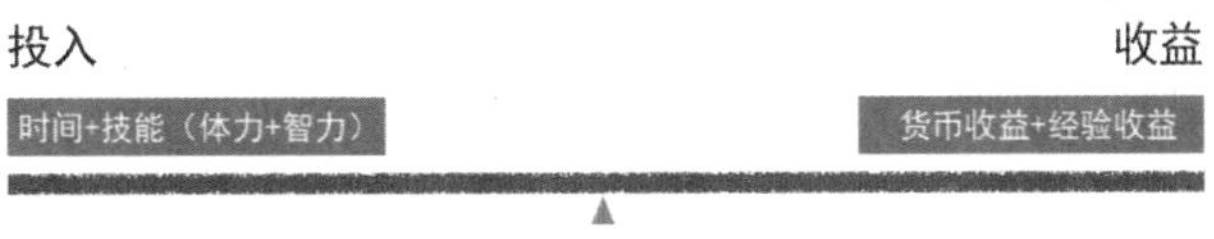

投入 | 收益

时间+技能（体力+智力） | 货币收益+经验收益

图 1 投入与收益天平

## 2. 消耗和投资

天下有价值的工作就没有不累的，累很正常，做设计很累，搬砖也很累。关键在于你工作里是否能产生有效的经验收益。

当你在工作中使用的技能，可以被积累、可以获得反馈、可以形成有效知识时，你花到工作里的技能就不是一种消耗，而是一种投资，因为**你干得越多，收获的有效知识越多，进步越快。从而产生像投资一样的良性循环，我们称这种工作为**投资性工作。反之，假如**你在工作中，使用的技能无法被积累，不能形成有效知识，那你从事的就是**消耗性工作。

——————至此您已经阅读了本篇全部内容的1/4

好，我们详细看看这两种工作的区别。

搬砖属于**消耗性**的工作，你的体能有限，时间有限，你无论是搬砖搬了1周，还是搬了50年，恐怕你都无法积累出什么有价值的经验。即使积累出一些搬砖的经验，因为这个知识覆盖的范围太狭小，也不可能把这个搬砖的知识应用到其他的领域，所以搬砖者只能横向的、向其他的体力劳动迁移，比如不搬砖了，搬水泥、送快递。也就是说工作中取得的经验并不能使你往更高层级的分工移动。所以这种体力性工作只能在工作中获取工资，也就是货币收益，而在经验收益方面几乎可以归零，忽略不计。

其实无论是出卖体力的低货币收益，还是出卖色相的高货币收益，**只要工作中经验收益低，就都是青春饭工作，因为你真的没法和时间做朋友（图2）**。

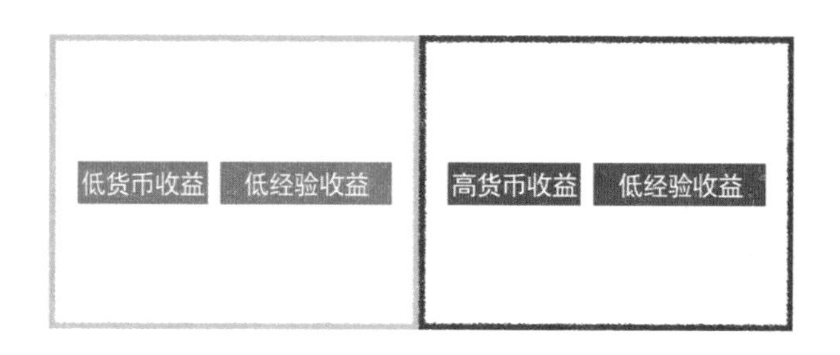


图2 消耗性工作中的货币收益与经验收益

就收入曲线而言，消耗性工作在刚开始参加工作后不久，就可以达到这个职业货币收入的最高点，但是很快这个**收入曲线**就会达到顶点，之后随着年龄增加体力下降而逐步下滑（图3）。

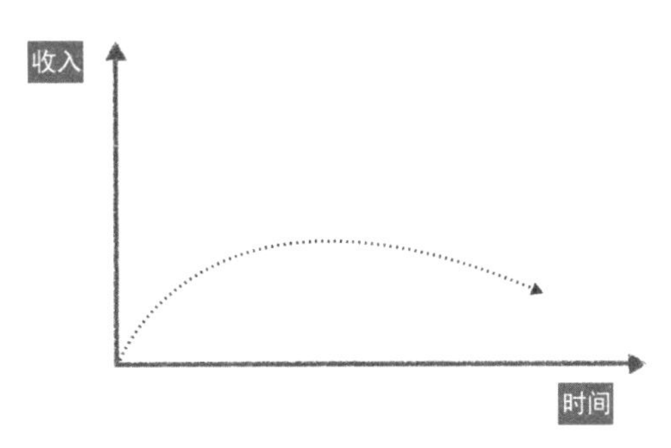


图3 消耗性工作的收入曲线

而做设计、做投资、做医生，这些脑力劳动，属于**投资性**工作。虽然也累，但是这种工作随着时间的增加，能够积累出有价值的经验。而且与体力劳动不同，人类的智力效能差异可以达到一百万倍。这种差异就是在日常生活中不断积累的结果。

比如，学哲学的管理学大师查尔斯·汉迪，去壳牌石油应聘，相关的专业知识他一窍不通，但面试官最终还是录取了他，理由是“你的脑子受过良好训练，内容倒无关紧要”。查尔斯晚年自己回忆说，他后来把拉丁语、希腊语、历史和哲学的一些细节忘了个精光，但这不重要，重要的是“我学会了独立思考，学会了将推理用于个人生活”。

你看，这就是可以被迁移的有效知识或经验，具体的技术细节已经不重要了，重要的是被训练的大脑，被训练出的能力。于是你也经常会在社会中发现很多非常优秀的人，可以实现人生中的跨界，一会是待业青年，一会是英语老师，一会又是企业家。这也就是为什么体力劳动多是青春饭，而医生却要越老越好。

我的公司经常会收到小伙伴的求职邮件，有些人甚至说，只要能学习积累经验，可以不要工资，其实这部分小伙伴看重的不是货币收益，而是在工作中产生的经验收益（图4）。

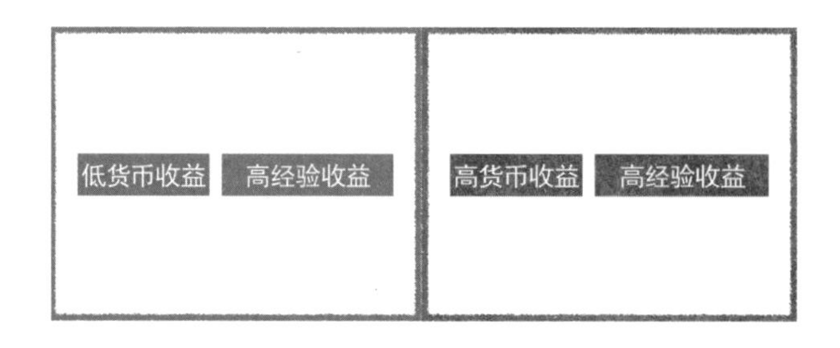


图 4 投资性工作中的货币收益与经验收益

同样，即使是货币收入，投资性工作的收入曲线也不一样。

——————至此您已经阅读了本篇全部内容的 1/2

投资性工作，刚开始的时候，收入和之后比起来不算高，但是随着时间的推移，在工作中的有效经验越来越多，有效知识越来越多，你的能力越来越强，于是你在工作投入中的技能越来越强，越来越有价值。这相当于**你工作中积累的知识开始产生利息，提高了你单位工作时间的回报率**，于是你的收入曲线是这样的（图 5）。

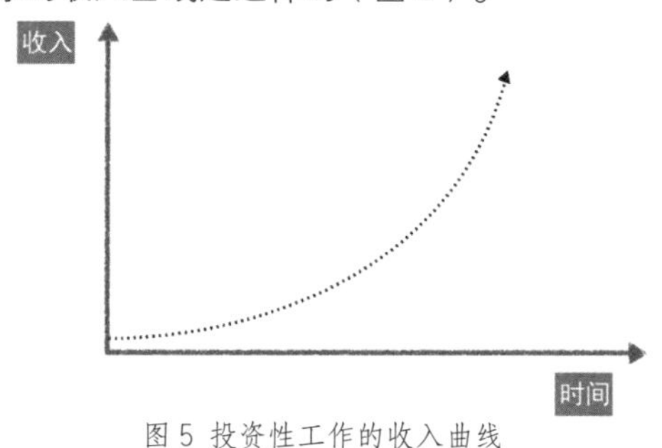


图 5 投资性工作的收入曲线

于是你整个的职业生涯变成了一个正循环投资的过程，越往后价值越高。

了解了工作的本质后，我们看一个故事：

**西西弗斯触犯了众神，诸神为了惩罚西西弗斯，便要求他把一块巨石推上山顶，而由于那巨石太重了，每每未上山顶就又滚下山去，前功尽弃，于是他就不断重复、永无止境地做这件事——诸神认为再也没有比进行这种**无效无望的劳动**更为严厉的惩罚了。西西弗斯的生命就在这样一件无效又无望的劳作当中慢慢消耗殆尽。**

怎么样？既可怕又眼熟是吗？前文提到的多年原地踏步的小伙伴和西西弗斯多像啊。可是做设计难道不应该是一种投资性的工作吗？为什么好多小伙伴把这份工作干出了消耗性工作的即视感？总是没进步，总是在一个地方打转，总是被锁死在了一个初级的职业角色里？

按照之上我们提供的消耗性工作和投资性工作的转换模型，我们已知道问题的关键点就在：积累有效知识！

投资性工作的本质是积累，必须要打通从技能到经验的正循环（图6）。

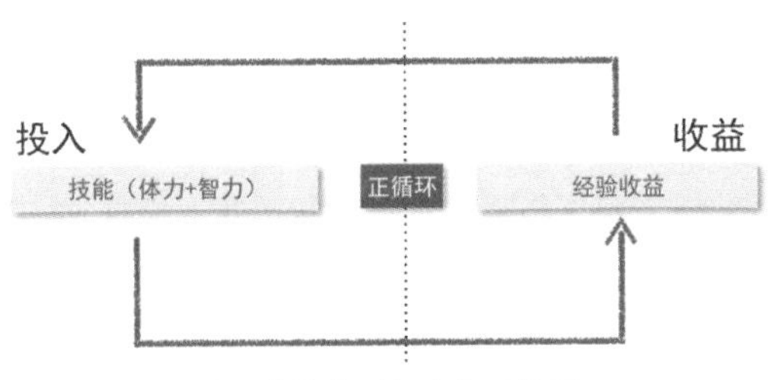


图6 从技能到经验的正循环

那么想打破这个西西弗斯诅咒我们必须**主动**地为自己的未来做出选择。

比如，有的小伙伴问我：是要去一家工资高的，还是去工资低的公司？是去自己舒服的，还是去压力大的公司？是去家装公司，还是去工装公司？是去做别墅高端，还是去做普通人餐饮？

我想说这都不重要，**重要的是：选择去经验收益高的公司工作!!!**

工作收益高的地方才能改变你未来的收益，才能让你做时间的朋友（图7）。

选择好了环境后，你还需要继续主动的选择积累方向，要把精力花费在有效知识上。

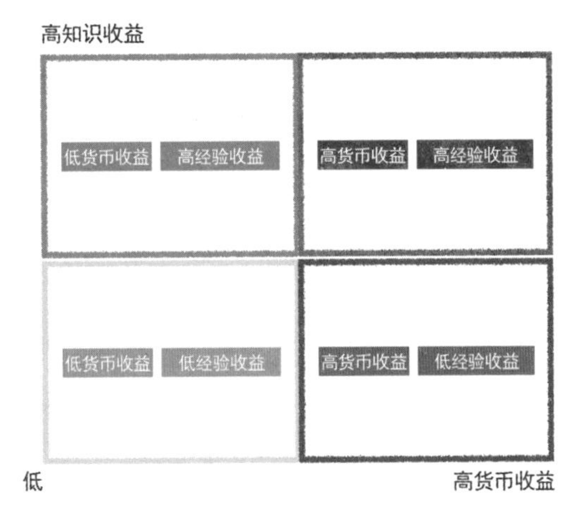


图7 货币收益与经验收益

## 3. 有效知识

什么是有效知识？我觉得能让你成为一个优秀卓越的人的知识就是有效知识。

有效知识有两个重要的价值特点：**积累价值、蔓延价值。**

## 4. 什么是积累价值？

举个例子，好多家庭从小就培养孩子打高尔夫球。因为这个运动可以玩很久！直到晚年也都可以从事，也就是说能用一辈子打磨这个运动的技术。从小开始学习，玩个几十年，进步只要不停，哪怕慢点一般也都会成为高手，长久享受到高水平竞技的乐趣。而足球、篮球这种高对抗性的运动，年纪一大就没法玩了，水平就停止增长，无法进行积累了。

你看，高尔夫球对普通人来说，就是能积累，能产生积累价值的运动，相比较之下足球的积累价值就比较低。

———— 至此您已经阅读了本篇全部内容的3/4

比如，在设计行业，有好多小伙伴问我要不要去学手绘效果图，要不要学渲染？我一直以来的意见就是，手绘是一种方便沟通和记录的工具，但不是唯一工具，设计做得好不好和手绘好不好这两件事之间没有半毛钱关系，我见过挺多画画好的人，但是设计做的一塌糊涂，同时即使你手绘画到最好了，效果图画到最好了，你也不过就是最好的插图师，也不是设计师，在这个技能上花费大量的精力，回报率太低。但是同样是手绘，我非常推崇大家学习优化平面的技能，其实这种技能锻炼的不是手绘，本质上锻炼的是如何解决问题的思考能力，锻炼设计师获取更有效的分布空间资源的能力，而这其实是室内设计师的核心技能，这种技能是可以随着时间越来越酝酿的高效专业。

## 5. 什么是蔓延价值？

我听一个朋友讲过，他送女儿到英国读书，学习的是天文物理，一直读到博士毕业。后来女儿被一个投资银行录取了，她刚开始上班还对金融行业的一些知识不熟悉，三个月后就非常的熟练了，她说：原来在研究天文物理的时候每天研究计算天体运行的轨道，搭建各种数学模型，现在到金融机构后，发现做的事情也差不多，还是各种计算，搭建不同的数学模型，只不过原来是计算星体，现在是计算经济数据。你看同样的知识可以用在物理上，也可以用在金融上，也就是说她掌握的数学技能可以跨界，能够蔓延到其他领域。

那么设计行业中哪些技能或知识是具有蔓延属性的呢？

举个例子，让好多小伙伴痛苦的销售技能就是一个具备蔓延性的知识系统，绝大多数人对销售的理解也就停留在“谈单”这个层面上，其实谈单只不过是整体销售环节的一部分，到了谈单的环节，就到了临门一脚的阶段了，而决定胜负的不是这一个环节，而是整个前期的营销运作。营销是一门显学，已经发展到非常系统而且科学，对于一个建立起营销思维的人来说，不论你是经营自己还是运营公司，甚至参加竞选，这都是一个非常有效的能力。

好了，我们总结一下，想摆脱西西弗斯诅咒的手段：

第一，主动选择能积累获取经验收益的地方工作。

**即使是“钱多活少离家近”的工作，如果工作中没有经验收益，你干的也是搬砖的活。**

第二，主动的选择积累收益的方向。

**一名想做米其林三星大厨的人，苦练游泳是不能帮助他提高厨艺的。**

第三，选择可以被积累，可以跨领域应用的技能投资。

**假如你的工作是货币投资，你不要投资朝鲜的货币，因为朝鲜可能一夜之间政权颠覆，你的存款化为乌有，而且即使你想提现了，发现花不出去，因为国际上不认，所以要投资美元和人民币。**

2016 年的最后一天

# 室内设计就是把时间卖成奢侈品的“生意”

有朋友和我讨论时说：“我们做设计的问题在于无法复制，不能像工业产品那样，把一个同样的手机卖给千千万万的人。”

是的！你为甲方设计出一个空间，最后技术内容都凝固在图纸上，其实你无论打印多少份图纸，你也只能卖给甲方一次，这和图纸份数无关……可是，我们要是设计出一把椅子呢，为什么这把椅子也许可以卖出无数份？

同是文艺内容的工作者，那么一首歌呢？为什么更软更内容化的音乐产品却可以有卖给无数人的可能？

这是个很有趣好玩的问题。

## 1. 室内设计公司其实就是 B2B2C 模式

首先，无论是音乐还是家具创作，都是提供创意内容的公司，那么室内设计公司和其他提供创意内容的公司有什么不同吗？我觉得首先**这是由室内设计行业在整个产业配套链条的位置决定的。**

举个例子说吧，做餐饮设计的公司，针对委托他们项目的甲方的需求，给甲方出了一套餐厅室内设计的图纸，交付给了甲方。甲方拿到图纸后，开始装修店面，同时开始准备开业，餐厅开张，生意很好，每天有几百人进来消费，一年数万人次来消费。大家对这家店面的评价都不错，觉得菜品很好、价格合理、服务周到、环境舒服有格调。大家皆大欢喜。

那好，我们从另外的角度看看这个故事，我们设计公司一次性地把一个定制性的设计卖给了一家餐厅（只能卖一次）。然后餐厅的运营团队拿到图纸，搞装修，解决了餐厅未来营业的环境问题，同时这家餐厅还要考虑菜品、服务、价格、人力管理、营销、财务、健康等诸多问题。这些问题包括餐厅的设计都被餐厅老板打包了，需要他们团队一股脑儿的全部搞定，在餐厅老板搞定这些问题的同时，也意味着餐厅对这些综合因素进行了二次加工和整合。而这些综合因素在这些整合优化当中被增值了，于是餐厅可以拿这个被增值的成品，这个综合的体验去卖给千万个人（可以卖多次）。

那么你看，这里的生意模式就是：**设计公司把设计卖给餐饮公司，而后餐饮公司卖给消费大众，那么这不就是典型的 B2B2C 的模式吗?**

那么再来看家具，一个家具设计师，把设计卖给一家有生产和渠道能力的家具公司，然后家具公司再卖给大众。

再来看看音乐，一个歌手，写出歌，把歌卖给公司，公司把歌附加到一个产品身上（艺人），然后由千万大众来消费。

你看，这些过程都是 B2B2C 的模式啊。无论是椅子还是音乐，唯一不同的是支付给设计者或创作者的方式有些不同，有一次性买断的，有按销量提成的……你看，我们室内设计公司在这 B2B2C **的模式当中，并没有直面大众的消费，我们直面的也是一个 B，是一个公司。**

其次，**我们的设计产品从消费视角来看并不完整，只是一个大系统的局部**。就是说室内设计提供的是一个商业服务系统的背景，而不是商业服务系统的核心价值。

举个例子，你能想象一个没有导购、没有服务人员、没有保安、保洁、没有收款、没有后勤管理的商场吗？谁会去呢？即使你装修的美轮美奂，也不过是这个商场运营系统的背景罢了，没有这个系统，没有招商，没有销售，就不会有客户进来消费，这个商场本身就不成立。

你看，**室内设计公司在商业模式大多是公司对公司，是 B2B，在和甲方打交道的过程当中是一对一，脸对脸的关系**。

好了，既然我们研究过了整个室内设计公司在行业价值链条上的位置，以及我们的产品为什么是一个产品组合的局部，这一切也决定了雇用我们的是一个和我们一样的 B（一家公司）而不是消费者群体。也就是说付我钱的客户和将来享受使用我们作品的用户不是同一伙人。

那么，接下来我们聊一下是不是设计真的无法复制？

## 2. 作品识别度来自于重复强调

戴昆老师和邱德光老师是我们样板间设计界两位大师，他们的作品识别度非常高，想来这种识别度一定来自于一些设计感受的重复和强化。

举例来说，即便是季裕棠大师，他的风格里也一定是有很多重复和相似的东西，否则你根本不会认出这个是季裕棠的作品。所以更不用说那些建筑大师的作品了，比如扎哈・哈迪德、百水先生等。

——————至此您已经阅读了本篇全部内容的 1/2

问题来了，到底是什么无法复制？从以上的例子可以看出，能不能复制这事似乎也不是那么绝对。如果真的无法复制，这个世界也就不存在风格和借鉴这回事了，那么是什么无法复制呢？问题的根本在哪里呢？

我认为**问题的本质不是设计无法复制，而是做设计的人无法复制**。

记得有设计师和邱德光老师进行交流时说要谢谢邱老师，因为他抄邱老师的作品卖给客户，赚到了很多钱。而我想的是：你可以复制邱德光的风格，但你永远成不了邱德光。你可以复制作品，但无法复制人，无法复制活生生的、站在作品背后的人。也就是说：这个风格你可以做、可以抄、可以借鉴，但是，使其成为戴昆的，使其成为邱德光的那部分，那属于个人的，最本质的东西却是无可替代的。

所以这才是市场上做设计的公司那么多，做同样风格的公司那么多，而市场上最高端的需求只选择他们的原因。本质还是在于人，而不是风格，甚至不是设计的表层技术。

## 3. 其实我们做的只是生意

所以这也就是为什么我们设计公司严重的依赖于“人”，依赖于人身上无法被量化的那些聪明才智和人格，唯有“人”是不可复制和差异化的。**正因为如此依赖于人，室内设计行业才会始终是“生意”，是基于人的一对一，是脸对脸，是一种服务。**

去年我住在杭州“四季”，早餐时一抬头看到了我的男神季裕棠大师就坐在对面吃早餐，激动之余，我还在想：“咳，似乎老季好像也无法摆脱这个‘生意’的魔咒，飞越了半个地球来中国一对一、面对面的搞定甲方！”正因为如此，从 HBA 到梁志天，从邱德光再到高文安、到雅布，好多室内设计公司的品牌建设，一定要基于个人的名字。因为是生意、是服务，所以要有强烈的人格基因来背书。

你想想，你一般是忠诚于给你理发的“理发店”，还是忠诚于给你理发很久的那个理发师?

所以你看，生意是基于个体服务者的经验、常识和人格的。也就是说一对一、面对面的服务基础就是人!

其实我们设计公司的服务模型非常简单，就是拿出方案，然后面对面的说服，是 boss(老板)对 boss(老板)的服务，这个方式和私人医生、律师、理发师几乎没有什么质的不同。

正因为如此，往往一个设计公司最大的价值，被锁死在人的身上，于是这个设计师（或者叫创意者，叫主匠），他出售的服务的本质是出售时间，而时间不可再生、没有弹性、不可复制，即使是非常牛的设计师一年能处理的项目都是有限的。

**正因为如此，我们做的永远是一对一的“生意”不是一对 N 的商业。**

## 4. 最好的生意就是把时间卖成奢侈品

现实中，设计公司没有活干的时候非常焦虑，一旦有业务了，又在拼命赶时间的加班当中挣扎。一方面你的业务多了，要加班，另外如果业务多了，很快就会稀释掉设计公司已有的业务水平，让公司出品的产品水平下降。那好，既然有业务了那就招人干活吧，扩大组织生产的规模。可是来的如果是“人手”，那就不会解决设计品质被稀释的问题，所以你只能招高手。且不论你能不能招到高手，高手如果要来，你只能许以高薪、期权、股份等。最终团队规模扩大了，那么人力资源和管理的成本也会增加。公司算来算去，业务增长了，平均毛利率确一定是下降的。

所以，这也就是为什么好多公司发现在某个人数范围内室内设计公司的盈利水平比较好，一旦超过了这个系数，管理成本升高，盈利水平反而下降。这也就是为什么好多著名的室内设计公司的人数并不多的原因，因为人多了盈利水平不一定真的提高了，同时管理起来一定身心疲惫，更要命的是如果有核心成员出走独立创业，又会成为强劲的竞争对手，变成零和博弈。

其实一家设计公司最理想的状态就是按照时间来收费，就像国外的律师一样，一个项目总价很高，但是服务周期很长的话一样可能不挣钱，还是那句话：因为我们这个他别的智力服务行业被人和时间这两个因素锁死了，就是工匠属性的行业。**与其这样不如控制团队规模，把不是核心价值的工作全外包，既然每年的工作量基本差不多，那就提高设计费单价，把单位时间卖成奢侈品。**

2015.12.29

# 怎么样才能收到一个亿的设计费

“老岳，我啥时候可以一个单子收他一个亿的设计费啊，我就不用这么痛苦了。”小梅说。

“那你首先要先找到价值高于一个亿的问题，然后通过做一个‘好设计’解决它，然后你就可以收到一个亿的设计费或挣到那么多的钱了。”老岳说。

“好设计？”小梅说。

“是的，好设计！”老岳说。

“你这里说的‘好设计’和你之前说的好作品的前提就是‘好设计’是一回事吧？可是到底什么才是‘好设计’？”小梅问。

“好问题！在聊这个问题之前，我们先搞清楚‘设计’是什么？然后我们才能聊‘好设计’ 是什么？然后我们就可以聊一下‘设计师’ 到底是什么鬼？最后我们就可以搞清楚现在火透半边天的‘设计思维’是什么！”老岳说。

## 1. 什么是设计？

既然要搞清楚什么是好设计，那么我们首先搞清楚什么是设计，然后才能了解何为“好”设计！那么，什么是设计？我们在百度搜索了一下随意摘抄几段如下：

**设计就是创新。如果缺少发明，设计就失去价值；如果缺少创造，产品就失去生命。——刘东利（香港）**

**设计是追求新的可能。——武藏野（日本）**

**设计就是经济效益。——林衍堂（香港理工大学设计系副主任）**

**工业设计是满足人类物质需求和心理欲望的富于想象力的开发活动。设计不是个人的表现，设计师的任务不是保持现状，而是设法改变它。——亚瑟·普洛斯（国际工业设计协会前主席）**

**设计是把某种计划、规划、设想和解决问题的方法，通过视觉语言传达出来的过程。**

在我看来，楼上这些答案都是在描述设计的现象，并没有触及设计的本质。

世界大而复杂，人类的设计不仅仅是我们日常见到的服装、建筑、城市规划、产品、平面、室内等事物的外观样貌，这些都是表层表象，都是狭义设计，都只是人类社会中设计的冰山一角。对我而言，那些隐性的设计，不能被直接看到的设计是广义设计。

比如，一段经典的文案，作者要考虑传播的目的性和策略性，需要对字句精心编辑和设计。一篇精美的文章，作者要设计整体的文字结构，规划清楚怎么把事讲得清楚易懂，唤起情绪，这也是一种设计的行为。一个剧本小说，作者要考虑核心的观念“冲突”，“角色”人物的成长和“情感”变化，以及各种“细节”，设计各种悬念，这是一种复杂度极高的设计。

再比如，《中国好声音》这个节目也是复杂设计，从你在电视上看不到的海选流程开始，到整个节目里的戏剧性的设计，各种冲突和悬念，以及舞台美术对这些核心传播要点的支撑，就连一位新的选手上台之前，为了填补观众的信息缺口，以便让观众最快速度的喜欢上或讨厌歌手，其介绍背景信息的说辞连结构都是精心设计过的。

——————至此您已经阅读了本篇全部内容的1/4

你看，一场推广的活动是设计，而一部伟大的电影，从桥段到情绪，到道具、灯光、剪辑，处处是设计。

一块电路板能运行要设计，一行代码能简洁高效没有bug（漏洞）要设计；一个APP（应用）的操作流程要设计、技术支撑要设计、表层界面要设计、推广的策略要设计；一个网页的购物流程要设计；一个医院的就医体验要设计；一个政治改革要设计；一个国家的发展路径要设计。而这所有的设计，其背后都永远有一个本质真存，一个永远不会变的东西存在！那就是：问题！

任何设计都必须要解决问题，面对问题，无论简单问题还是复杂问题。所以我认为：**设计的本质就是解决问题！**

## 2. 什么是问题?

既然设计的本质就是解决问题，可是什么是“问题”呢?

在现实生活里我们常常遇到种种困难，这些困难其实就是：现实的情况和我们期望的情况不一致。于是在遇到这种状况的时候我们会问“怎么回事？到底有什么问题？发生了什么问题？问题在哪？”你看，所谓问题就是这么一种现实和期望的反差。

所以，**问题的本质就是：理想状态和现实的差距。**

## 3. 如何解决问题？

美国通用汽车公司管理顾问查尔斯·吉德林提出：把问题清清楚楚

地写出来，便已经解决了一半。只有先认清问题，才能很好地解决问题。这种观点在管理学上被称为吉德林法则。

那么，问题该如何的分析思考罗列呢？

一般而言，可以从以下的几个维度考虑：

1. 问题如何定义？（问题是什么属性）

2. 问题是谁的？（解决这个问题为了谁？又该由谁来解决？）

3. 本质是什么？（问题的本质）

4. 问题到哪去？（这个问题解决后会带来什么问题？）

而在这四个维度中，问题的本质最重要。

记得有个故事讲李嘉诚问过一个问题：人们到了加油站最想做什么？好多人回答："加油、买东西、休息、问路、上洗手间。"而李嘉诚回答说："人们到了加油站最想尽快离开！"

你看，这个回答就蕴含着本质的洞察力。如果以此为目的，是否可以重新规划服务流程？是否能设计一个崭新的不一样的加油站。

## 4. 寻找原因

任何一个问题都有原因，都是一个因果链条系统的一部分，想要解决问题也要追问原因。那么什么是原因？什么叫因果链条系统？

任何一个原因都包含：远因（时间）； 近因（时间）；内因（空间）；外因（空间）。

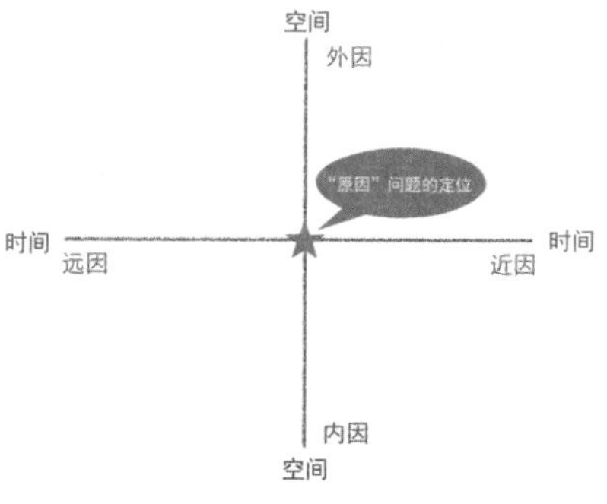


图 1 "原因"问题的定位

把所有的因素考量完整才能准确的定位问题（图 1）。

——————至此您已经阅读了本篇全部内容的1/2

再拿之上加油站举例子来解释：你车子没有油了需要加油，这是加油这个事件的外因。而你需要从一个地方到另一个地方，所以你才开车出门是这个事件的内因。你车子快没油了，正好前面右拐有个加油站，于是你停车就近加油这个是近因。而你必须开一辆燃烧汽油的车子，是因为人类现在的科技水平使用化石能源来给交通供能成本最低，这就是远因。远因决定了你为什么是加油！而不是加煤加木头或加水加电。由此看来，加油这个行为是交通这个大的因果链条系统的一个部分。

好了，我们了解到了什么是问题的原因，什么是问题，什么是设计。那么我们可以来聊一下什么是好设计了。

## 5. 什么是好设计?

既然设计是解决问题，那么好设计一定是很好地解决了问题！“好”如何定义?

数学家们用公理公式来解释复杂世界的种种现象，当爱因斯坦的质能公式（ $E=mc^2$ ）横空出世的时候，所有的科学家都认为这是个美轮美奂的公式，如此的简洁和优雅！是的，用简洁优雅来形容公式，这个故事给了我启发。所以我觉得**好设计就是：简洁优雅地解决问题！**

孔子说：质胜文则野，文胜质则史，文质彬彬，然后君子。有效地解决问题就是“质”，解决问题的手段优雅简洁就是“文”。比如锤子科技的这张海报（图 2）。

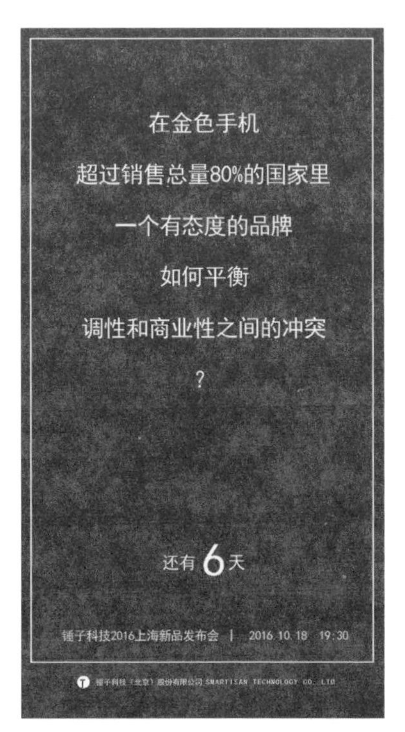


图 2 锤子科技海报

这张海报不算好看，但算是好设计！

我们来看“质”这一部分的设计策略：

第一，海报的发布环境在微博和朋友圈，在手机那么小的屏幕空间，信息密度大，而且信息的展示方式是瀑布流，在这样的场景里，用红白色，可以迅速跳出。

第二，信息金字塔式的文案排序，版面最核心的、最大面积、最大字体，全部留给悬念体的文案！其次才是时间，然后才是地点。

第三，没有图片分散注意力以及稀释认知资源的其他符号。

再看“文”的部分：

第一，排版对称；第二，字体简洁；第三，海报形式和锤子目前用户基数最大的产品锤子便签的形式一样，熟悉带来好感，可以转化部分App（应用）产品用户。

你看，“好设计”是优雅简洁的执行“设计”的策略的结果，但是“设计的好”不能突破“设计”的策略。也就是说，**当形式冲突于功能时，功能大于形式**。于是，孔子老人家也曾经表示过，文和质要文质彬彬的平衡，但是当“文”和“质”有冲突的时候，他老人家选择“质”。

## 6. 什么是设计师？

前文说过了设计就是解决问题，好设计就是优雅简洁的解决问题，那么设计师呢？

显然，**设计师就是：连续不断的追求用优雅简洁的方式解决问题的人（图3）**。

————至此您已经阅读了本篇全部内容的3/4

比如，平面设计师就是：连续不断的追求用优雅简洁的方式解决平面传播问题的人；室内设计师就是：连续不断的追求用优雅简洁的方式解决室内空间使用体验问题的人；建筑设计师就是：连续不断的追求用优雅简洁的方式解决建筑一系列问题的人；交互设计师就是：连续不断

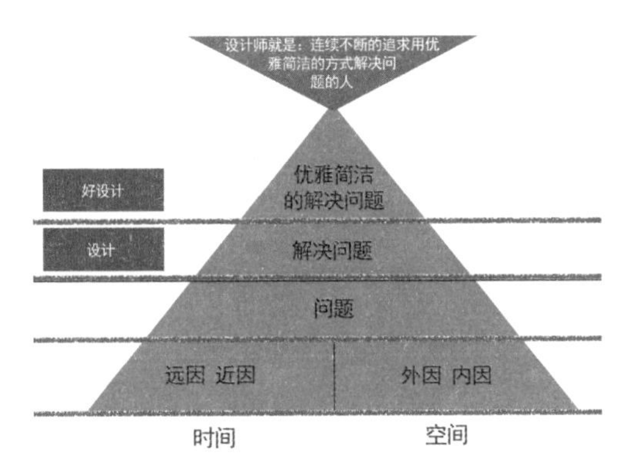


图3 设计是解决问题的艺术

的追求用优雅简洁的方式解决交互问题的人……

## 7. 什么是设计思维？

既然设计就是解决问题，那么我想设计思维应该是：总能找到办法以解决问题的思维方式。那么，**设计思维就是：总能用优雅简洁的方式解决问题的思维方式。**

## 8. 什么是设计价值？

好了，我们论述了一圈关于设计的思考，现在回到问题的最初：怎么样才能收到一个亿的设计费？

你要找到价值高于一个亿的问题，优雅简洁的解决它，于是你就可以创造一个亿的价值，无论这个价值是以设计费的形式体现还是产品本身带给你。也就是说：设计的价值在于问题！问题越大，价值越大。

比如，好多套餐家装公司免费设计！设计师根本收不上来设计费！为什么？因为对一般家庭而言，装修只是他们拿到毛坯房之后的基础建设，够用、能用就好，这些客户对生活并没有太多的要求和讲究。数量庞大的只求满足基础设施建设的需求客户，决定了大量卖套餐的公司生存也不错，而在套餐型的消费里关键的问题是：价格、工期、质量，不是设计。也就是说设计在这里不是个有价值的问题，所以客户付设计费的意愿不高。

再比如，现在市场上出现了很多设计非常好的新中式风格的家具，这些家具有些价格不菲。请问本质上这些新中式家具解决的什么问题（有什么价值）？

我的回答是：仪式感。

我们现在生活里仪式感真的是太匮乏了，一些有经济基础的人，需要用仪式感来对抗现代生活里的琐碎和动荡，于是这种既不同于西装革履，也不同于那种长袍马褂的仪式感，风格上多半是情趣的、隽永的以及自我表达的。所以这也是为什么所谓现代中式风格的室内设计、家具、器物风起云涌的原因。

**一方面设计的价值在于问题，但这个价值能不能变现还要看你解决问题的能力。**

那么你解决问题的能力值多少钱?

以取费昂贵而著称的印度导演培森（Tarsem）说："你出了一个价钱，不是只买到我的导演能力及来替你工作的这段时间，而是买到我过去所有生活精华，我喝过的每一口酒、品过的每一杯咖啡、吃过的每一餐美食、看过的每一本书、坐过的每一把椅子、谈过的每一场恋爱、眼睛看到过的美丽女子和风景、去过的每一个地方……你买的是我全部生命的精华，并将其化成为30秒的广告，怎么会不贵……"

这段话被好多小伙伴发在朋友圈用来解释为什么会收设计费。我想说的是，假如过往的享受经历值钱的话，那么世界上的纨绔子弟都是好设计师了。就我理解这段话的意思是：只有你把自己经历过的美好、把自己对生活的理解、对人性的洞察、对智慧的感悟，都转换成解决问题的能力时，你的这些经历才有价值。

2016.10.16

## 从练手到修心——浅谈手绘和设计的关系

公司有爱画上几笔速写的同事，看到他们这么好学，真让我非常高兴，与此同时又接触了一个兄弟外协，帮助我们处理一些画不完的效果图，在接触我的这个外协和新同事的时候，我发现了一个职业化的问题，所以想为大家说一说关于手上功夫和学习之间的关系。

我们在上学的时候，老师就不断地强调我们手上功夫的重要，就算是今天，我老爸还时常苦口婆心地告诉我，千万不要扔掉手上功夫，这是看家的本领，可是真实的情况是我的手上功夫今天在某种意义上完全废了。我虽如此不肖，辜负师长，但是我一点也不后悔，也没有失去看家本领的恐慌。因为这几年来我受到的职业化教育和我们的实践经历告诉我们，设计企业和设计团队，最重要的绝不是手上的功夫，而是脖子之上那个脑袋的思考功夫和学习功夫。

因为设计师要给社会提供的是创造性价值和有价值的现实解决方案，这需要系统理性的思考力。而我们周围的一些设计师如此着迷于手绘技术的一个历史原因就是我们之前在高校受的专业教育主要参考于培训艺术家的坐标，也就是说我们当时所受的教育，是为了培养艺术家而设置的，所以我们在学院时非常强调手上功夫的重要性。

但是现在的情况是社会进步了，市场中的设计需求和原来设计教育对设计的理解不同了。就像是岳敏君所说的那样："我觉得，在一个不发达的社会里面，大家都有种对手艺的崇拜。其实，绘画的技术艺术家早就掌握了，那些简单重复的劳作让别人去替他完成，去为他实现想法，也没什么不好的。艺术家需不需要花费那么大的精力去画？为此他可能要放弃掉很多思考的时间。杜尚的小便池，不是他亲自做的，甚至搬到现场都不是他自己干的。我认为艺术的重点已经转移了，它的外延扩大了，不再是虔诚的苦修、技术上的重复劳动了。"

同样的，我们早在十几年前，就经历过了把手绘效果图当作室内设计的年代了。而我认为对一个设计师而言最重要的是向社会提供真正的有效性的成果，这成果的边界条件就是可以真正地解决客户的深层需求，这种需求可能来自于客户经济层面的、体验层面的、心理层面的，设计师可能要从经济学、心理学、建筑、文化、历史、社会学等各层面去解读回答这些需求。

与此同时，我也认为手绘是提高设计工作沟通效率的必要手段，但不是唯一手段，我完全赞同设计师每天拿出一些时间来练习手绘，但最好不要超过半个小时，而且以表达清楚意图为目的，绝对不要画画给自己看，因为这样太浪费时间。我希望我的同事们，特别是那些刚刚加入我们团队的设计师，一定要清晰地认识到三点：

第一，作为沟通手段，图能达意就好，不要苛求像画的画一样好看，因为以沟通为目的的草稿，能让人理解就好，再投入美化图面的技巧和时间就进入了边际效应，实际上就是浪费。

第二，对我们公司的同事而言，我们最需要的是职业化的技能和心智的成熟以及认知水平的提升，因为只有职业化才能让我们效率提高，才能为社会提供高品质的绩效成果。按时髦的话讲就是“可以更好地服务红尘”。

另外，心智的开启会极大地提高我们的学习能力和理性认知的水平，让我们生活工作的更有智慧。也就是说对我们团队也好、个人也好，最合理的利用时间应该是通过大量的阅读手段来进行学习，这样我们对时间的投入产出效率才会提高。所以我希望大家尽快地利用时间来进行大量的阅读。

第三，为什么社会上总是会强调手绘的重要呢？并且有句名言是“大师们手绘都很好”。我想首先这句话本身就不是基于统计学基础上的理性结论，那手绘好的都是设计大师吗？恐怕这样讲就很荒谬了。

我们现在之所以那么重视手绘，一方面这种沟通工具确实有实用效率，另一方面也是“保持一致性”的心理作用在强化这种说法。当一个人公开选择了某种立场之后，马上就产生一种维持这个立场的压力，因为他想在别人眼里显得前后一致，比如我们当年就受到一定“要尽最大努力搞好手头上的功夫”的这种理念，这像是一个心理锚点一样，会持续不断的在思维上保持和这种理念的统一，而并没有进行多少真正理性的思考。

以上所说的都是想告诉我亲爱的同事们，我们的时间非常有限、宝贵。我们的一天只有 24 小时，我们应该把有限的工作之余的学习时间，用到对我们来说重要意义的学习项目上来。比如，我认为真正重要的是我们如何锻炼我们的思考能力，我们如何提高效率，做到卓有成效，我们又该如何完美的实现执行？我们又该如何管理时间，管理情绪，如何更好地对外对内提高沟通绩效？我们又该怎样从多元的角度来思考我们提高的设计产品和其意义？



我们要做的、学的太多了，我更希望你们能把练手绘的时间花到修心上面来，我想只有这样，我们才能真正地掌握核心竞争力，为社会贡献更大的价值。（我并非反对练习手绘，我反对的是毫无意义的练习手绘，因为设计师个人的职业发展问题仅仅依靠手绘技巧是绝对的远远无法解决的，我希望在解决了基本技巧问题后，设计师都变成社会行为学专家，创意产业化专家，消费心理学的专家，心理学和空间关系的专家等。）

关于手绘和设计我想再举个例子，也许不恰当，我只是随便说说，还是一家之言，盼望大家都能参加到谈论中来。关于手绘，这就好比一个写作的作家，可以用一支使用多年的笔在信纸上沙沙的写作，他大可告诉我，他喜欢写作时面对自我的感觉，我对此表示尊重和欣赏。同时另一位作家喜欢用电脑打字，甚至有新的想法时，还会快速地说，用语音软件直接转换成电子版文字，我对此也表示尊重和理解，但是你不能说那个用电脑的作家不是好作家吧，你也不能说那个用笔写作的作家，因为他书法水平不够高，书写的字不好看，从而否定他是好的作家吧？

写作水平和书法水平之间没有必然关系。同时这两个选用不同工具写作的作家，谁能得文学奖和他们的写作工具没有太多的关系，同时谁的书在市场上卖得好，和写作工具关系也不大，但是却和这个作家的社会悟性以及外围的团队，比如发行商、推广商，关系比较大。当然如果这个作家书法水平很高，那是锦上添花的事，但是依然和书的内容本质没有太多关系。

同样你做设计要呈现的和客户购买的是最后的结果，和草图没有关系，草图是生产过程中的产物，同时大家都口口声声地讲草图有利沟通。有利内部沟通我承认，但是是否有利于外部沟通不一定，大家都是有多年经验的设计师，你是否能按照业主的语境去表达设计思想，是保证业主能听懂你设计思路的重要手段，试问有多少业主能看懂你的草图？（你现场画给他看，他就能读懂？）在有竞争对手的情况下你的手绘草图有多大的说服力？这么说吧，对于一个外行的甲方，你的手绘草图和竞争对手的电脑效果图放一起，谁的竞争力大？恐怕很多人会说，电脑的效果图似乎有优势。很多时候现实也是如此。可是我的回答是：“不一定！”谁有竞争优势，不是谁的图是否是在现场画给业主看和是否是很逼真决定的。真正的竞争优势是：谁能真正地解决客户的实际问题。（按照东仓设计张星先生的话说是：“基于不可辩驳的理性理由。”）从业态到产品定位、到运营、到管理、到经济测算、到发展策略，谁能真正的理解客户，谁的竞争优势就大。

现在社会资讯很发达，客户考量一个设计单位和团队基本是多元的角度去衡量，没有多价值点的支撑，你的设计客户不会认可，也不可能是有均好性的作品，好的多元性的价值，更多的是思考和发现，是生活经验和社会悟性的积累，当然你也可以用记录的方式去达成思考和积累，也或其他，当然你记录和学习的方式用文字、用电脑、用图像、用手绘、再或虐心自残，方法不一而终，见仁见智。

我想强调的是也许我们中间有些手绘的天才，可以用手绘的方式达到修行的目的。但是我身边的都是非常普通的人，我感觉他们如果每天花一个小时在练习手绘上，十年后大概会是个很好的插图师，而不一定是设计师，但是如果他们花一个小时去大量阅读、去学习设计，学习所谓设计技巧之外的东西，如真正的沟通技巧、工具、手段，如心理学、经济学、企业管理等，虽然十年后他也未必是设计大师，但基本会是一个不错的设计师。从时间营收的角度讲，花时间在手绘上的收益远远不如阅读和其他。

各位入行没多久的设计师朋友，如果你已经拥有了非常迷人的手绘水平，那我表示恭喜和赞叹，要是没有，那也大可不必自卑和紧张。因为对于一个配菜的厨师而言，刀工是必需的，把土豆丝切得像头发一样细是必需的，但是你的目标如果是行政总厨乃至饭店老板，那你大可不必亲自花过多的时间去学习把土豆丝切得像头发一样细，你知道应该细到什么程度就好，同时你要知道为什么要把土豆丝切这么细，更要学会的是：万一要是厨师把土豆丝切粗了，你应该怎么才能把这粗土豆丝卖出去。你要是还能把这土豆丝开发成薯条（或土豆泥），然后形成热卖、特卖、大卖，让别人都来模仿你，那你就更棒了。

到那时，我想你就是所谓大师了吧。也许那个时候你会去你的后厨拍拍那个还在切土豆丝的年轻人的肩膀说：“小伙子加油，好好干，我当年也是像你一样切土豆丝切到今天这个地步的，哈哈哈……”

2011.7.19

# 第二堂课 学习方法

DESIGN AS A PROFESSION

**LEARN TO BE A DESIGNER**

HOW TO CONVINCE THE CLIENT

HOW TO RUN A DESIGN STUDIO

TEAM MANAGEMENT

## Learn to Be a Designer

# 你，真的会抄吗

有一段时间在深圳和小伙伴在一起聊得非常的开心，其中我们讨论到了设计师该如何学（抄）习的话题，我觉得非常值得拿出来和大家分享。其实每个设计师在成长的道路上都会遇到这个问题，就是如何向前辈和大师学习。也就是说如何抄的问题（“抄习”，不等于抄袭）。

记得中国有句老话叫“书不读秦汉以下”，年轻的时候对这句话的理解非常的浅薄，直到前段时间才理解，人类几乎所有的智慧都是可以上溯到一个源头的，而其他所有的书，几乎都是对这个源头，这个核心源代码的解释，以及对解释的解释，对注解的注解。

我们看一个优秀作品的时候，要有对其进行解读以及展开“超级链接”的能力。比方说我们看到邱德光大师的作品，我们由此需要解读ArtDeco（装饰艺术）风格的历史，还要了解除了邱大师之外还有没有其他的 ArtDeco（装饰艺术）的大师呢？他们的作品又是什么样子的？以及又有谁和什么风格对邱大师产生了深刻的影响呢？他们的理论是什么？他们的理论建树实践后出来的作品又是什么？在知识的理解和延伸（超级链接）的基础上，对于大师的作品分解、临摹，是对大师最好的致敬。再比如我们看到季裕堂大师的作品，也可以延伸出、阅读出季裕堂大师的空间处理的手法和技巧来自于谁的影响？他对空间组织有什么样的理论？要具备什么样的知识体系才会产生出他这样的设计呢？我想这才是真正的会抄的人。我们不是在学习大师所流露出来的表象和符号。我们抄袭的是它产生这些表象、符号及作品背后的那个庞大的思想系统。

我想这也就是齐白石老先生所讲的："学我者生，似我者亡。"

记得冯仑先生曾经讲过，对楷模和榜样的学习，要先僵化，再固化，最后优化。

我们在刚开始的第一个阶段所学习的东西，只是停留在知识的层面，也就是说，我们必须要生搬硬套，因为我们不是特别的理解这些经典学习对象所产生的环境，我们知其然，不知其所以然。于是我们对一些事情的认知和思考也不会到达大师经典的高度，所以我们的第一步一定是很僵化甚至很笨拙的在抄袭和了解。在这个积累知识的阶段，所有的一切的考量标准都是"知不知道"的层面。

第二个阶段的时候，我们对一些经典的东西，从知识的层面，要上升到技巧的层面。也就是说我们的练习越来越多，越来越熟练，这种熟练逐渐地在我们的大脑里形成了固定的回路，有的时候你甚至会不加思考地流露出这样的方法或技巧，这种东西已经变成你的习惯的一部分，就像乒乓球运动员，不假思索的去回击对方的来球一样，也像是一个武术大师不用思索的就会见招拆招。技术的层面上所有的考量标准是熟不熟练的问题，而我们绝大多数的设计师，在这个层面上事实上是没有毕业的。

第三个层面就是优化的层面，其实这也是将技巧上升为"才干"的一个过程，因为你已经非常的熟练了，技巧已经变成了你的一部分，融入到你的血液和 DNA 里，而这种技能最终会转换成另外一种思维方法，一种价值观，从而影响你今后所有的选择和判断。

这个时候我们所有的修炼，变成了在事物内在的融会贯通。像是武学大师一样到了一个融会贯通的境界，把我们的技巧变成了内功，无论你是练少林派还是武当派，最终都会变成一样东西，就是你对武功本质的理解，对武术本身的修为，也就是“智慧”。而这些东西和合而成的就被称之为内功。当你有了深厚的内功的时候，你才可以回过头来对你所学的、所应用的，进行思考、改良与反思，于是就有了优化这个阶段。

其实这也是对知识和技巧内化的一个过程。刚开始的时候是刻意的模仿、学习。再往后，这些知识全部内化变成了你的底层代码，变成了你的思维方式，构筑了你本身的一切，于是就是自然地流露，可以做到不假思索地自由挥洒。

记得有位艺术大师讲过：“好的艺术家不抄，他们只‘偷’！”是的，我们也一样！

2014.9.15

# 教你抱大师大腿的正确姿势

小伙伴们，做方案这个事儿想必是大家都经历过或正在经历的，并且是将来还会经历的。大家在做方案之前，想必都会找很多大师作品进行借鉴和参考，但有的时候做出来的东西，和当初借鉴的作品感觉相差甚远。再或者由于我们参考项目的体量差异巨大，我们压根不知道怎么搬到正在设计的项目里来，所以我想和大家聊聊如何去消化一个方案，如何把一个方案变成自己的东西，也就是说我们得学会“抄”。

**我以前和大家说过，抄有很多种（图 1）：**

**第一种，抄思维方法，抄规律。**这个等级最高，同时也不局限于抄设计这个单一分科分工。数学、物理、哲学，总之，人类最优秀的大脑思考和解决问题的方法，以及定律和定理，都可以是重要的启发对象。

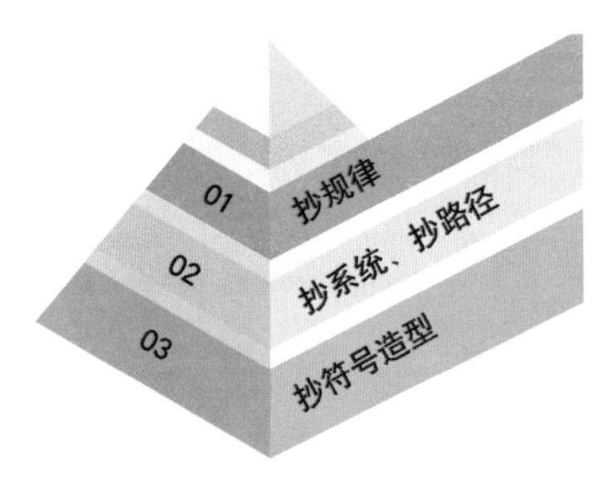


图 1 “抄”的种类

这也就是为什么大师的招式是在设计内的，大师的内功是在设计之外的，也就是为什么许多大艺术家、科学家都是大哲学家。

**第二种，抄路径，抄系统。**这个等而下之，不但抄袭前辈大师解决设计问题的方法，也抄工作方法，抄设计路径，其实这还好啦，在这个基础上抄出的东西不会太差，因为你的抽象思考比较多，呈现的东西一般不会画虎不成反类犬。

**第三种，抄造型，卖造型，凹造型。**这种事最糟糕的，所有的思维逻辑都是围绕造型的，所有的手段都是做装修，往往这种抄袭会出现大量的庸俗不堪的作品。

聊完三种类型的抄，我们接下来具体聊聊第二种类型的抄。或者说怎么分解消化一个系统，怎么使用一个路径，怎样把别人的方案变成自己的。

首先，我们先想象一下你现在是一个很牛的法医，接下来我们会运用还原论的工作方法，把一个方案肢解开，分解成一个个的单元和元素，然后再逐一的分析和重建，把它们重新攒起来，攒成一个我们想要的东西。那好，接下来就要看看我们手边的第一套工具了，**我们的第一套工具是两把刀：感性刀和理性刀。**注意，这两把刀有助于我们在拆的过程中，让我们时刻牢记我们想要的东西是什么（时刻清楚地知道目的和需求），保证我们攒出来的东西是当初想要的。如果当初拆的是一个林黛玉，最后拼出来个凤姐，那还不如不拆呢。（这个例子举得有点惊悚！）好了，下面开始我们的分析，不，解剖过程吧。

## 1. 定性和定量

拿到一份方案后，我们首先要做的就是分析它。一般把分析分成两种，一种是定性，一种是定量（图2）。首先，要先搞清楚什么叫定性，什么叫定量?

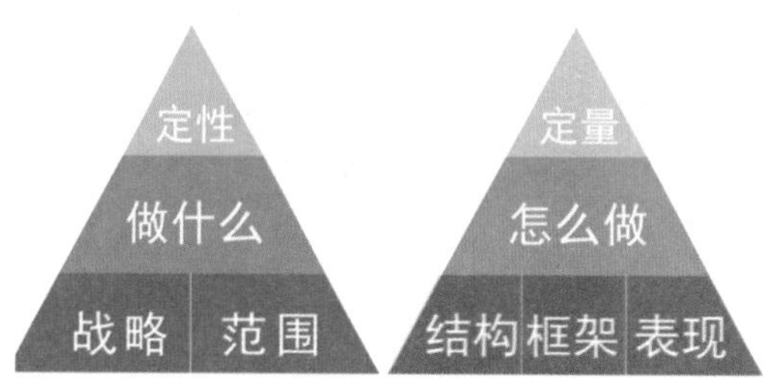


图2 定性和定量

举个例子：小明说饿了，我提供给他一个馒头，他不吃。这说明他不是饿了，而是馋了。所以，当小明说他饿了时，首先要搞清楚他究竟是饿了还是馋了。如果饿了，我只是提供给他馒头或者米饭，就可以既快捷又廉价地解决他的问题；如果是馋了，我就会提供给他糖醋排骨或者是水煮鱼。所以，是饿了还是馋了，这就是定性的问题。而具体到吃什么，怎么吃，这是定量的问题。再比如，喜欢男生还是女生？这是定性。喜欢什么样的男生或女生？这是定量。也就是说，抽象的、宏观的东西，一般都是定性的；具体的、务实的、有细节的东西，一般都是定量的。

### 定性：所谓风格

好了，搞清楚了我们基础的定性和定量的工具，我们先来看看如何在室内设计里，先给一个空间定性。

实际的工作当中甲方和我们沟通时往往问："你们擅长什么风格？"或者说："我想要什么什么风格。"

说实话，**我非常厌恶"风格"这个表述，特别是什么中式、欧式、现代风格什么的……为什么呢？因为现在风格定义的非常混乱，全部是相对坐标。那好，我们来聊一下在我们公司自己内部的沟通要用什么来表述"风格"呢？**

设计师们见到这种风格的东西，就能判断出这是邱德光大师的东西（图3~图5）。

图3 邱德光作品

图4 邱德光作品

图5 邱德光作品

再比如，这幅图是一些很现代的设计（图6），我个人很喜欢。但很难去定义它是什么风格，我也不知道这个作品是谁设计的，因此我更愿意用一些理性的、确定性的手法去看，而不是去重复这些风格的名字。所以，我画了一个“四象限图”，我们把这张图命名为“成象风格”分析图（图7）。

图6 现代设计

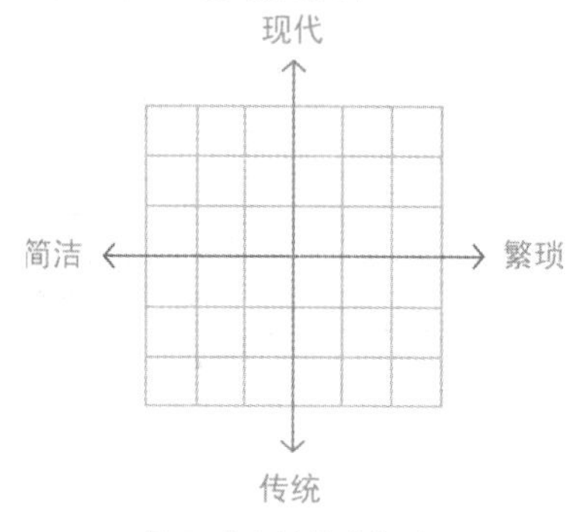


图 7 成象风格分析图

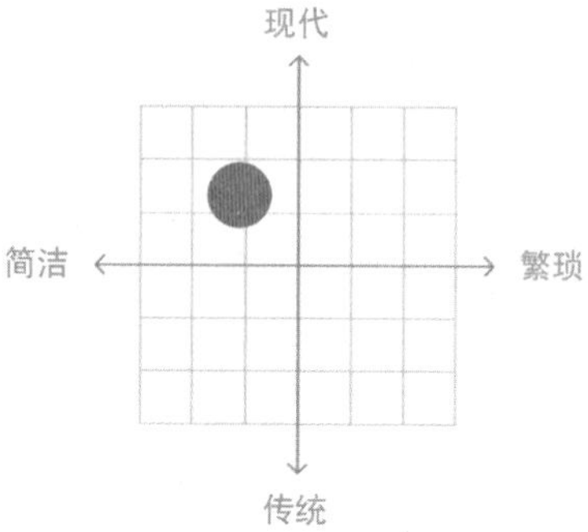

现代
简洁
繁琐
传统

图 8 梁志天作品

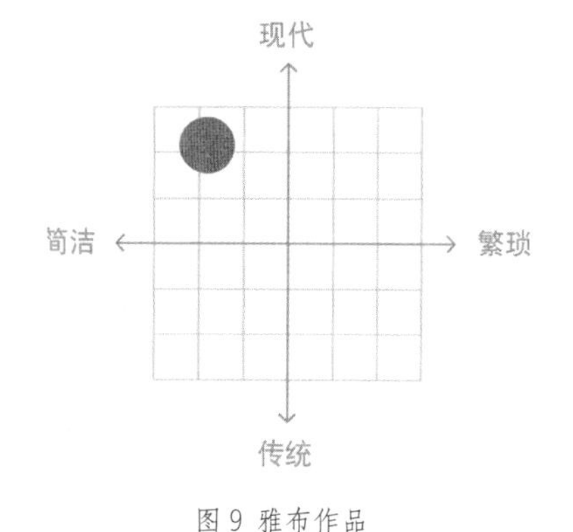


图 9 雅布作品

那好，我们看看怎么用这张图表述梁志天大师的作品(图8):

这个作品，你很难说它是现代的还是欧式的，但大陆的房地产商好像很喜欢这种东西，感觉很有品质感，看起来很现代。

但如果仔细看，他用的材料是不是都是现代的组织方式？这真的很难去定义。

不同的人在风格象限的定义都是不一样的，之上这些在象限图里的坐标是我们公司年轻设计师小董定义的，是他自己的理解，他认为：梁志天的设计偏现代一点，偏简洁一些，在中心位置偏左上方，在象限图里大约是这样的一个位置，好多人也表示认同。梁大师之前的作品和现在的作品，其实还是根据市场的需求和大家审美方向的变化不停地在更迭自己，也许之后的作品，在风格象限图中的位置还会有变化。

这是雅布的作品和风格象限图，非常的简洁也非常的现代，所以放在了象限图的这个位置(图9)。这个理解可能和你的不太一样，但是没有关系，我们的目的是为了让自己清楚这个事情，而不是为了谁对谁错。

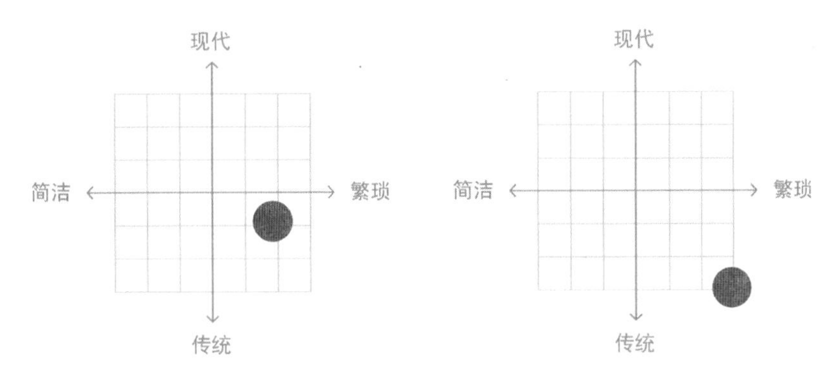


图 10 邱德光作品　　图 11 戴昆作品

邱德光的作品相对偏繁琐，偏传统一些，在四象限图里的位置是偏右偏下一些（图 10）。

戴昆作品，对一些细节的研究非常深刻，因此，在象限图上标注为非常传统，非常繁琐（图 11）。

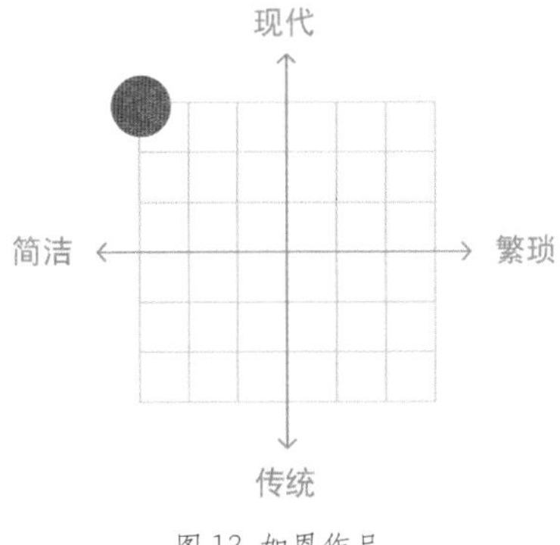


图 12 如恩作品

如恩的作品他认为非常现代，非常简洁，因此放在四象限的左上角（图 12）。

之后，我根据自己的理解用设计师的名字去定义他的工作结果，毕竟所有室内设计的工作结果都是产生于设计师。

这样一来，我用这张图给大师们排了一下坐标，调整了一下位置。可能跟你的不太一样，但并不代表我是对的或者你是错的，因为每个人都有每个人的理解。这样我们就得到一张新的图表（图 13）。

我认为如恩的非常的现代，之后是李玮珉的（图 14），再繁琐一些的是雅布，他们做的项目属性要求必须做的繁琐一点来传达情绪，再然后是梁志天，他做过很现代的设计也做过一些很复杂的，所以很难去定义他，但是基本还在一个大体的范围内，之后是邱德光，他的标签是

ArtDeco（装饰艺术）风格，是偏繁琐、偏传统风格的，最后是戴昆大师，偏传统、繁琐。所以，我们用这种方式来定义风格，把大师们嵌进四象限图里。

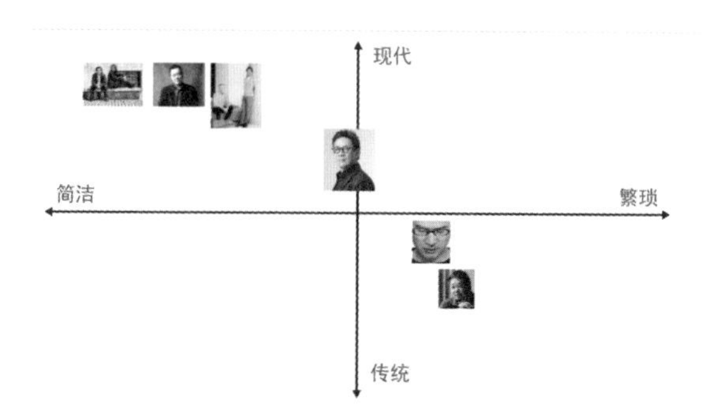


图 13 大师们在“四象限图”中的位置

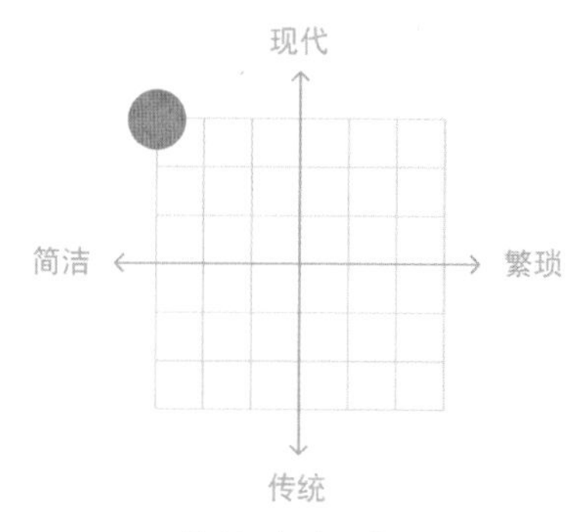


图 14 李玮珉作品

1）感受温度

刚刚我们用四格象限的工具来进行了理性分析，希望在不确定的里面找到一丝确定性。下面我们来谈一谈更没有确定性，但是却是美的主要来源的：感性和感受，也就是我们公司内部总在说的“温度”。

什么叫感性的东西？我们总强调做设计要有温度，什么叫温度？温度就是不需要任何前提和知识就能感知的东西，一大美妞走过，博士和文盲都侧目注视，这就是温度。比如读顾城的诗，都会感觉出这个文字中有强烈的顾城的风格。就如同我们刚才看到邱德光大师的作品时的感受一样，有强烈和清晰的人格属性。这种有温度的东西，对生活的无可阻挡的热爱，就会有很高的辨识度，就会形成自己的风格。还记得《海上钢琴师》里，男主角看到心爱女生从窗前走过时即兴的演奏吗？这就是温度，一个生命或场景的温度。

我们再来看看卢西奥·丰塔纳的画（图 15）。

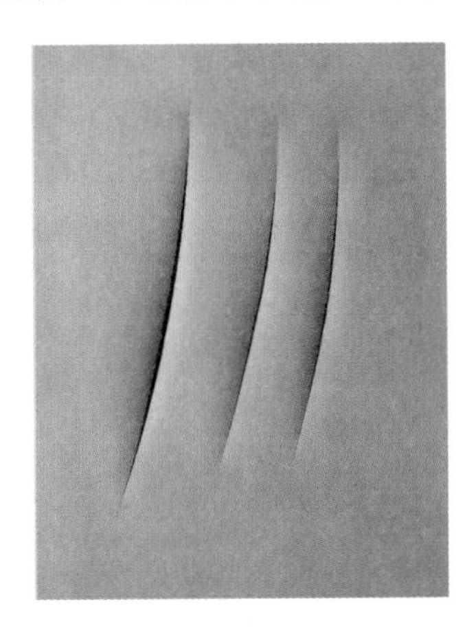

图 15 卢西奥·丰塔纳的画

看到这个艺术品的时候你有没有“疼”的感觉呢？在不需任何解释的前提下，某些层面上一个国王和一个乞丐看到这些画的反应是一样的，这就是温度感。

也就是说，一种风格，可以是电影，也可以是文字，也可以是音乐。因为我们最终想表达的不是风格，是感受！

那么我们看到一个陌生的设计时也一样，一眼就可以判断出是谁的作品，李玮珉的、梁志天的，还是戴昆的。为什么？因为温度，因为人格，所以作品有了很高的辨识度。我们喜爱的设计，好多都是因为它给我们带来 duang 的一下的感觉，这个 duang 一下的感觉和你看卢西奥·丰塔纳的画时痛的感觉都是一种机制造成的。

2）duang 就是我们的感性感知

一名美食家的第一任务是“开味蕾”，就是打开你的味觉。因为舌头每个部位感受到的味道是不一样的，层次非常的丰富，所以能够喝出来是什么产地，什么年份的酒，也能够尝出来一道菜在什么环节做法的不同。“开味蕾”，感受到最细微，最幽密的变化，让感受更敏感。所以我们要打开我们对设计的味蕾，捕捉到那种真正的慰藉人心的力量。

就如休谟所说："理性是感性的奴隶。" 我希望咱们的小伙伴，不要做麻木不仁的人，要让自己的感性非常敏感，让自己的周觉力加强，打开设计的味蕾，去训练自己的感性感知，唯有如此才能更好地驾驭我们的理性。那么同理，我们分析大师的作品的时候，我们向大师学习的时候，我觉得重点不是大师的符号，也不是大师的路径或者工具，我觉得最最重要的是：大师带给我们的感觉，大师带给我们的感觉，大师带给我们的感觉。如尼采所说，重要的事说三遍。（我本来是想说大师带给我们的感受，后来改成了大师带给我们的感觉，我觉得感觉这个词是主动的，感受这个词是被动的，“觉”是对知的二次构建，是有主体性的。——一个有点逻辑强迫症的我如是想。）

3）生活方式

当看一个住宅的作品，邱德光的、梁志天的、琚宾的或者是其他大师的，首先我们要问自己一个问题，这个作品代表的是一种什么样的生活方式（在这里请忘掉风格）？或者说作者向我们描述了一种什么样的生活主张，并且带来了什么样的感受？正如你欣赏一幅画，一首乐曲一样，尝试用颜色、用味道、用情绪去描述你的感受。那么在设计中，设计师为什么要选这种风格，什么样的人喜欢这种风格的东西？

在定性时，我们考虑过了风格，考量过了温度，接下来我们应该考量生活方式。也就是说拿到一个房子时，首先我们要搞清楚什么样的人住在里面，想过什么样的生活。

那么为什么这样的风格适合这样的生活？业主的生活状态、出身、生活经历等决定了他现在的生活方式。生活方式里面一定要有生活向往，以及对向往的改变，而不是指他们现在过什么日子就是什么日子。有向往、有改变，也有他现在已经形成的生活习惯，这些延伸出来的就是生活需求。

我们靠什么去打动别人，怎么才能让别人喜欢你的设计？

所有人的自我认知都是由几个层面所构成的，而一个好作品应当符合真实的客户，通过设计手段表达一种理想状态，来满足客户他理想中的“自己”的需求，也就是说你通过设计一种生活方式帮助他去实现自我……

生活方式像一颗种子，会发芽生长出生活需求。我们把生活需求转化成功能，将功能落到平面，最后我们要赋予平面表层表现的东西。

**定量**

就如同前文所讲的医生一样，我在定性的阶段完成了“望闻问切”的病理性研究，接下来，就可以聊聊具体的手术方案，也就是说具体的分解步骤了。

1）看空间特质

一个空间就像是一个人，他的高矮胖瘦，他的气质和气场，他的特质和特点是什么，只有了解了这些我们才能准确的描摹一个人。

同样，三维开间的尺度和长宽高，是大还是小，有什么不同的空间特质？比如有没有一个地方的空间特别高，或特别小？再比如，这个空间呈现一种什么样的态势？是明亮还是幽暗？明亮的我们能不能追求窗明几净？幽暗的地方我们能不能赋予空间荫翳之美的灵魂？也就是说分析空间的特质一定要对整体有一定的判断。当我们分析整体风格的具体特征时，首先，我们应该在之前所形成的整体感觉的基础上进行分析：第一眼特征是什么，让你印象最深刻的又是什么？

2）看空间的轴线

我们在做空间平面布局时，无论是所谓欧式、新古典、还是中式，都需要轴线。特别是一些传统风格以及其延伸风格更要强调轴线的关系，那么为什么轴线会这么重要？因为轴线代表的是对称，在自然界里越对称的形态，代表着基因越优秀。所以对称这种审美习惯是作为底层代码写进了人类大脑里的，是与生俱来的。

现在市场上小户型的产品多，所以我们公司做小户型更多些。小户型的产品样板间很难做新古典的风格，一般都是偏现代的风格多些，因为小户型要求空间更紧凑，很难强调出轴线等关系，所以做现代风格的时候，设计上不突出轴线，突出的是空间的“均衡感”。

我个人觉得均衡态的东西，是一种隐形的对称，我们管这种对称叫作“均衡”。比如下图中密斯的平面里展示出的流动的均衡就非常感人（图16）。

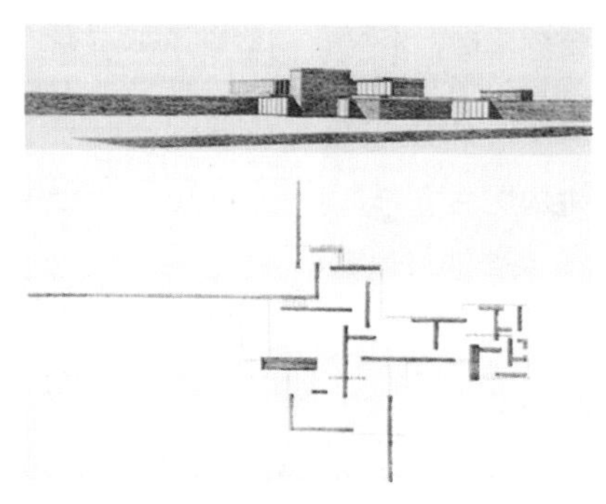

图 16 密斯的平面图

### 3）看灰空间的处理手法

灰空间有时候会决定一个空间的气质。灰空间是大还是小，是浓妆艳抹还是轻描淡写，处理手法不同，气质亦不同，例如：一个礼仪感特别强的地方，那么他的灰空间应该是特别严谨的去过渡场景和时间。

一个好的电影，要有好的转承启合，要衔接的自然流畅，音乐和噪声的区别在于音与音之间的空隙，不同的灰空间能让一个空间组合呈现出不同的面貌和特点，能讲出不同的空间故事。

一方面，我们要考量灰空间在整体的空间中所占的比例，另一方面，我们做一些大宅的设计时，要重点的注意灰空间的使用，因为这里正是突出礼仪感的地方，同时还要注意这个灰空间的对景关系，让灰空间不仅仅是一个承载通过的工具，我更希望它能扮演一个善于沟通的空间角色，给体验增加更多的情趣。

### 4）看动线关系

如果我们是一只蜗牛，当我们抱着不同的目的去使用空间时，在地上留下的痕迹线，会清楚地标记出我们的运动轨迹，这就是动线，人的动线有三种：有一种是串联，类似于鱼骨头；另有一种是并联；还有一种是复合式，即将两者结合起来（图 17~ 图 19）。

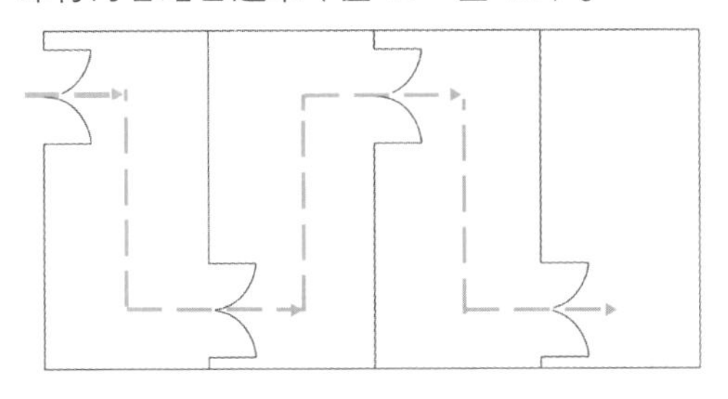

图 17 动线串联形式

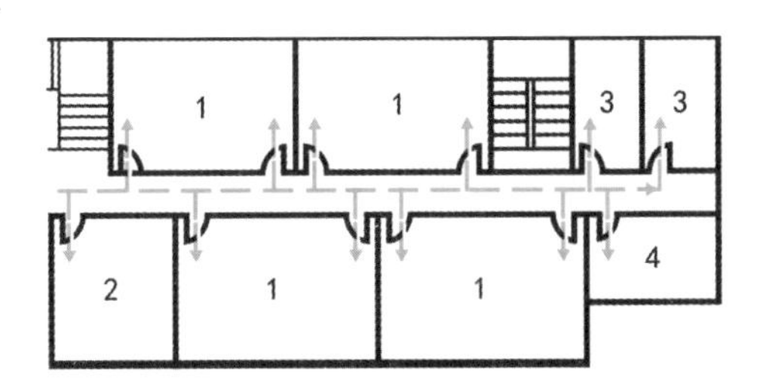


图 18 动线并联形式

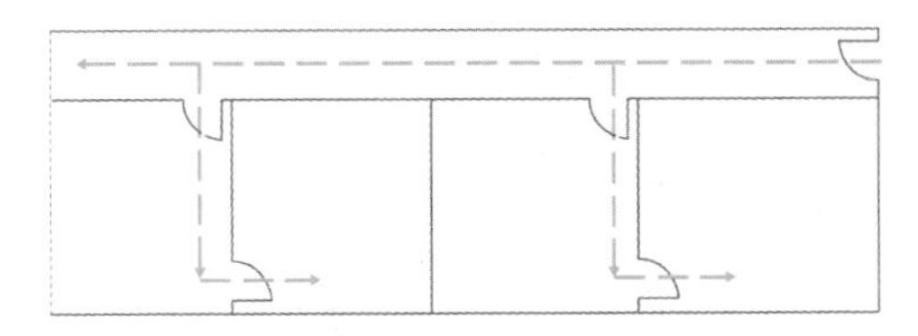

图 19 动线串并联形式

那么有人的动线，还有其他的动线吗?

当然有了，太阳东升西落会在空间里留下光的动线，我们做家务后勤，会在空间里留下物的动线，我们打开窗子通风，会有空气流通的动线，这每一种动线都是我们成象在设计时要考量的因素，当然这其中最重要的是人的动线。

5) 空间密度

每个界面都有元素或符号的组织密度，包括室内的界面。大家想象一下，一个打折甩卖的服装店里一定是把货品摆放的满满当当的，而一个特别牛的设计师品牌潮店可能同样的面积却只摆放寥寥数件衣服，这其实就是空间密度。比如，Zara 虽然价格不贵，但经营策略上，会把店面的位置、风格、品质感和货品陈设密度刻意的模仿一些大牌店面。

好了，下面来看一下我们自己研发的一个分析工具，我称之为空间密度分析表。

问：下面这两张图片，它的空间密度是高还是低（图 20、图 21）？

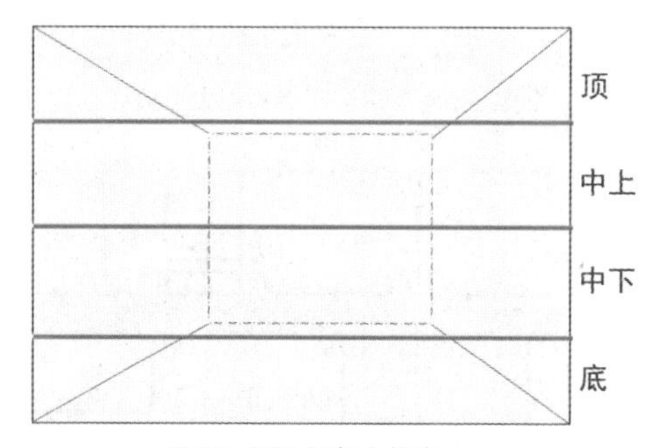


图 20 空间密度分析表

图 21 空间密度分析表

我们可以把一个空间分成顶、中上、中下和底四个部分。然后我们利用这张表格来分析平顶立面的空间密度。

同学 A 回答："顶：简洁，没有什么内容；中上：密度适中有一些灯；中下：密度高，因为有家具；底：密度中。"其实这个就是空间密度。

往往很多时候，每种风格或方式，都有自己独特的处理空间密度的方法，比如传统的风格往往密度比较高，现代的往往比较低。同时这也和空间的私密度和空间的尺度有关系，你要是想把某个空间做得更亲切，那么软性物的密度就高点，你想把空间做得轻松点，那就把空间密度调低一些……

6）符号元素

我们完成一个空间的设计，最后一定是靠具象化的东西来实现完成度的，比如壁炉和镜子是你特别喜欢的，再比如一盏特别漂亮的灯，一组特别风骚的沙发，一种特别的颜色。照明的方式、采光的方式，也有十分重要的作用。

当我们做了这么多的工作之后是时候再回过头来看我们所分析或借鉴的大师作品里什么东西给你印象最深刻?

我们在做定量分析时，要利用工具把元素和符号剪下来，包括它的需求，它的感觉，它的工艺、颜色、家具等，然后把这些提取的符号和元素放到一个我们称之为“元素漏斗”（图 22）的集合当中去，尽可能地去发酵，在研究阶段尽可能地去多发现，而后在应用阶段尽可能地把那些不需要的东西剔除掉，找到那个最关键的东西，找到对你印象最深刻的东西，找到那个不可替代的东西，再把它拿出来回到我们的设计里，把他们变成你自己的东西。

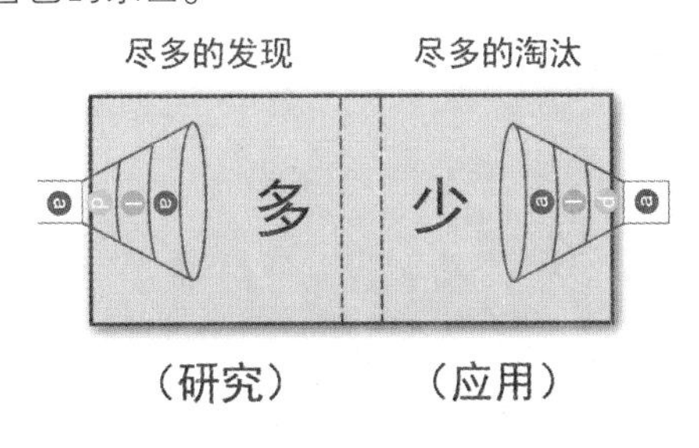


图 22 “元素漏斗”

好了，有关定量的问题我们说过了：空间特质、空间轴线、灰空间处理、动线关系、空间密度、符号元素。那么以上的六种考量对象的集合就是我们的“法”。我称之为“空间的次序”。

空间次序有什么用？ 其实我们就是尽量的通过以上的那六种工具，把缥缈的、抽象的感觉窄化成具象的符号来应用。

好了，从定性到定量，从理性到感性，我介绍了这些工具和观点。

在平时的工作中，我最重视的定性问题是做正确的事。所以我也总在公司内部强调："我们不怕做得不够好，我们害怕做得不对。"如果做得不对，那做得再好也没有一点用。

无论我们学习哪个案子，虽然我们可以把这个学习案例的形，它的物料、工艺、尺度、比例和软装等分解成元素符号消化掉。但是这些形而下的东西终归不是高级的，并不能让你对设计有更为深刻的理解，符号里的信息毕竟是有限的，我希望我们能看到我们所模仿的大师的初心，看到大师作品形成的背后的原因，学习到大师和作品那个当下的情境与思维方式。这才是真正的学习，因为这摆脱了低级的抄袭，也正因为如此，你看到了消化了作品背后更多的知识，才会运用之妙存乎于心，才会让作品保持 duang 的一下的感觉。

有句话我已经记不清楚是谁说的了，送给大家共勉。

"只有思考整个世界，才有可能成为一名出色的建筑师。如果仅仅思考建筑，即使你的作品能够体面的建成。它多半只是对于模仿品的再模仿，你的本质仍然只是一个出色的绘图员。"

知识要点回顾（图 23、图 24）。

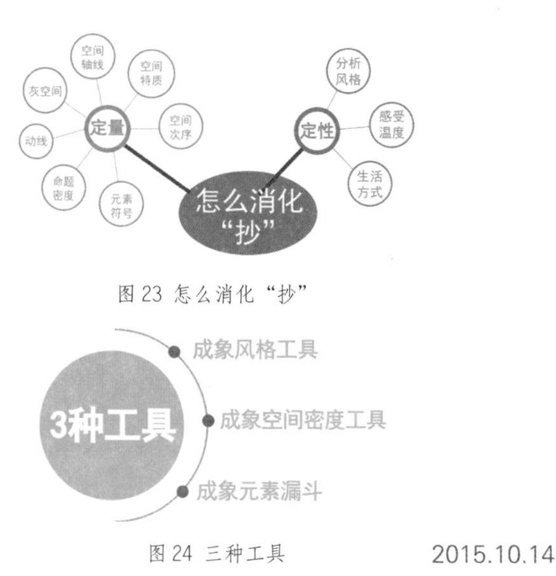


图 23 怎么消化"抄"

图 24 三种工具

2015.10.14

# 从“小白”到设计大师的学习方法

## 1. 微胖界的吴彦祖

十年前的一个秋夜，一个青年人，思绪飘忽，就在下午他参加了一个聚会，设计师的聚会，因为他也是个设计师，他猛然间在聚会时觉察到，大家相互认识五年了，而大家和五年前几乎没有什么不同，而前辈的言谈之间，好像和十年前的他们也没有什么不同，大家仿佛只是年龄增长了，其他并未有变化，年轻人很痛苦，因为他觉得这样下去，再过五年也不过是在重复入行早五年同行今天的日子。年轻人拿起电话，打给了他的一位前辈大哥，他说了自己的困惑。大哥说：“你学点管理的知识吧。”于是这个年轻人想起了机场的电视里慷慨激昂的管理学大师、国学大师，于是年轻人开始了机场管理学的修行之旅。

“哈哈哈，那个年轻人是你吧？”年轻的设计师梅有仁问道。

“是我，那个时候我还是设计界的吴彦祖，而不是微胖界的吴彦祖。”老岳说。

“老岳，我现在有时的感觉就像你当年一样，工作三年了，画图画得很熟了，工艺基本也了解，对室内设计这个工作以及设计公司的流程也了解大概了，可是再往后不知道怎么办了？有时挺焦虑的。前几天看到你们公司设计的海报说‘唯有行动可以解除所有不安’，我看了觉得很激动，我也知道，我要和你当年一样展开学习的行动了，可是我突然发现我竟然不知道该怎么行动？”小梅设计师说。

“你能说的再具体一点吗？”老岳说。

“比方说，我已经画了三年的施工图了，在公司的深化部门是老员工，我想转岗到方案或软装，我也知道，这不是说转就转过去的，我知道我需要学习，可是，我怎么学习啊。以前上学的时候，老师让我们学习主要是多背诵书本上的内容，即使是上专业课也是多临摹而已，可是我工作了，我不知道我该临摹和背诵什么？即使是临摹和背诵了，好像也没有什么效果，工作后我发现使用上学时的学习方法根本不好用。

“有时候同事或者微信上好多人推荐的书，我也买来看，可是有许多看不太明白、不太懂，更重要的是我不知道看了这些书后会有什么用？我突然觉得我不会学习了。”小梅激动地说。

## 2. 觉得好但不知道好在哪

“好的，我基本清楚你目前所遭遇的困难了，我之前也有过一段时间和你一样，不过我花了大约十年的时间才真正地想清楚怎么学习，学习什么的问题。”老岳说。

“哈哈，今天有机会学到你十年读书心法嘛？好兴奋啊。”小梅高兴地叫道。

“你不用高兴得太早，知道没有用，做到才有用，而且学习这个话题非常大且深，如果我写一本给设计师看的书，我会用四分之一的篇幅来写关于学习的内容，如果我们当面对谈，把学习这个事聊透要花费我一天时间，今天我先尝试的和你聊一点初级的学习知识。好吧，我先来问你一个问题，作为一名设计师，你主要想学习一些什么？”老岳连珠说道。

“我一方面想学习一些专业知识，比如我在看《设计中的设计》，我还买了一本《安藤忠雄传》。说实话，我看了一些句子有时会有点感觉，绝大多数的内容看过后，很快就忘了，我觉得和我的现实工作生活没有关联。另一方面我想学怎么做设计，我工作三年了，图基本都会画了，也经历过一些项目，看过一些很牛的项目，有时看大师的作品知道好，但是不知道好在哪里。大部分时候就是把大师项目的工艺、造型什么的抄下来。也不太了解为什么大师这么设计。”小梅说。

## 3. 程序性知识

“其实我们可以在两个领域展开对设计大师的学习。第一个学习领域是‘程序性知识’，什么是‘程序性知识’呢？其实就是我们从小学时就开始学习的叙事方式，比如：张阿灿和我在肯德基谈了一次方案，再比如：辩证法是低层级的理性逻辑。你看，陈述或描述一个事件、一个观点或一个事实，这都属于程序性的知识。

“我们整个文科生的生涯，其实就是不断地学习这种程序性知识，那么对程序性知识最基本的学习方式是什么呢？就是记忆，不停地背诵，直到记住的那天为止，而我们整个应试教育能教给我们的学习方法基本都是这个，我们叫作死记硬背，这个方法应对考试非常有效。

“但是在现实生活中，我们学习的目的是为了应用，所以这一招并不好用了，你就是背下整本的《安藤忠雄传》你也不会成为安藤，最多是个熟悉安藤历史的人。但是这个领域的知识和学习方法是最基础的，也是最有奠基效果的，比如，你要是学英语恐怕依然要用这个方法。

## 4. 非程序性知识

“第二个学习领域叫作‘非程序性知识’，这种知识主要是指一些技能技法的。比如，某一个钢琴演奏家，某一个水平高超的运动员，他们所掌握的专业技能就是‘非程序性知识’，也就是说，这种知识无法通过具象的表达传递。想象一下，我让你看上十年高水平拳击比赛的录像，再看一百本讲拳击的书，然后让你去和重量级拳击的世界冠军比赛，你想会怎么样？一定是被秒杀啊，这个例子说明一个什么问题？用学习程序性知识的方法是无法学习非程序性知识的。那么请再想一想，我们上学时候的文化课是不是主要由‘程序性知识’构成的，而我们的专业课及对设计的学习是不是主要由‘非程序性知识’构成？”老岳说。

———— 至此您已经阅读了本篇全部内容的1/4

“老岳，我是不是可以理解为，设计主要就是‘非程序性知识’，我不需要整那些虚的，大师的书云里雾里的我也看不懂，我就好好练习，好好练习画图，各种图，手绘，CAD，效果图，平面图等。”小梅说。

## 5. 设计是动词还是名词

“好吧，你可以这样做，但你这样做只能说明你对设计的理解非常的浅薄。

“首先‘设计’这个词当作动词的时候，也就是你把设计作为一个动作去执行的时候，做一个设计呈现的时候（还记得‘战犯购假表’里的表现层吗），设计绝对就是非程序性知识，是一种要反复练习，反复实践的技能，就如同弹钢琴一样，可以水银泻地，人琴合一，物我两忘，其实绝大多数时候设计的艺术性也主要体现在这个方面。可是，当‘设计’作为一个名词的时候，设计可以被视作广义设计的时候，设计就是一个程序性为主的学科和知识的集合。

“好吧，我知道这样说很绕，你可能理解不了，我还是举个例子来说明：想一想为什么很牛的建筑大师，有想法的当红设计师都要著书立说？如果仅仅是谈技巧、技艺，他们出个满是照片的作品集就可以了，为什么他们要出纯文字的书，要向你传递程序性的信息。其实就是因为他们拥有了更宏观、更有高度的认知，很大程度上这些认知是他们对这个世界的看法的陈述，所以他们著书立说的主要目的是告诉别人，我是这样看待世界的，所以我认为世界的问题是什么，我的解决方案是什么，我的解决方案落实到建筑或设计这些非常具象的地方时会是怎样的一种状况，而这种状况是我创造的，是我对人类知识总量的贡献，同时我也想向所有人推广我的方法。”老岳说。

## 6. 大师是什么

“哈哈，我好像有点明白了现在室内设计圈里的大腕们，要提出一个概念，要光大一种什么文化，弘扬一种什么精神的原因了，虽然他们说的那一套，我听着云里雾里的。”小梅说。

“你说的对，大腕们其实是走在成为大师路上的设计师，他们要做的工作就是尝试着把自己成功的设计经验和思考提炼总结出一套方法和体系，这也是为什么他们总是喜欢自封各种主义，霸占各种风格山头的原因。”老岳说。

“同时我们通过大师大腕的做法，应该能够察觉到，非程序性知识和程序性知识之间是有通道相互连接的，可以相互转换的。大师们就是对自己非程序性知识做出了提炼和总结，把这些只能意会不可言传的隐性知识，变成了可以在社会中传播流动的显性知识。

“举个简单的例子吧，一个马拉松的冠军，把自己的跑步经验整理成可以被叙述的状态，出了一本关于跑步的书，虽然你读过这本书，如果你不跑步的话，这本书对你而言是没有用的，不能提高你身体健康的程度，可是你要是学习完这本书再去跑步，你不但会避免运动损伤，还能取得比别人更快的进步，可能别人练两年长跑才可以跑马拉松，你有这个跑步的知识后，练一年就跑得和练两年的效果一样好了。所以，你看，这两个不同领域的知识之间的流通关系大体可以总结为：1. 大师前辈通过实践产生了‘非程序性知识’。2. 而后总结为‘程序性知识’。3. 然后这些‘程序性知识’被你学习。4. 你必须要通过实践和应用转换成你自己的‘非程序性知识’。5. 于是有一天你再次总结，再次传递，于是整个行业的知识总量不断增多。6. 那么最终你也是这个行业牛人中的一员了。”老岳说。

“老岳，按照你的说法，所谓大师就是传承和增加这个行业的知识，对吗？”小梅说。

“是的，有的大师通过出好的作品，增加这个行业的‘非程序性知识’的总量，有的大师不但拿出好作品。还通过理论建设增加了行业里程序性知识的总量，所以这些有理论建设的大师，是大师里的战斗机，比如 20 世纪的建筑三巨头，人人都有好作品，人人也都有理论建设。”

## 7. 怎么学习大师

“这样讲的话，那就意味着我要想学习大师的作品，不但要了解他们‘非程序性知识’的结果，多看他们的作品，多读他们的图，甚至多去参观他们的项目作品实地去体验感受。同时还要注意他们讲过的话，写过的书等这些‘程序性的知识’，通过这些书和大师的思想去解读大师的作品？”小梅问道。

“是的，你很聪明，我可以帮你总结一下你刚才所说的：首先要学习这个大师的作品（非程序性），看看他们是怎么设计的，包括你直接能从图上读出来的造型、比例等非常具象的信息（偏程序性），这个部分能直观看到，你甚至可以用死记硬背的方式来学习，我有个同学能默画出一百种花卉画法，使用的就是这个学习方法。

“熟悉大师的显而易见的设计语言后，你对他设计表现层的语言很清楚了，那么你需要问自己两个问题：第一，大师这样设计处理会有什么好处？第二，这样设计处理主要是为了解决什么问题？

“想回答这两个问题，必须要了解作品背后的故事，这个时候就需要更多地从大师的言传中去寻找答案，回过头来，再来看大师的身教，于是，这个过程中你能从一个平面，一张立面，甚至一张材料列表里，读取越来越多的信息，长此以往，你看任何一个作品时候，能从作品当中解读出来的知识越来越多，你会发现你进步很快。

——————至此您已经阅读了本篇全部内容的 1/2

“当你有了越来越多的解读能力后，这意味着你对自己的设计能力有了更专业的训练，遇到一些问题的时候，你会潜移默化地想起大师遇到同样问题时是怎么解决的。再假以时日，你会想起假如遇到同样一个问题，A 大师是这样做的，B 大师是那样做的，C 大腕是这么玩的，于是你开始思考哪一个设计处理方法会比较好，这个过程中，你将会拥有局部的独立思考能力，这时候你就可以问自己另外一个问题了：我能不能找到比大师更好的处理方法？ 于是，恭喜你，你在通往大师的路上迈出了重要一步。”老岳说。

## 8. 老夫把毕生功力传给你

“老岳，原来武侠小说里说的都是对的，没有武功秘籍要找武功秘籍看，而且光看也不行，还要自己反复的练，才能把武功练好，这样才可以学到绝世武功的真髓。”小梅说。

“是的，必须反复实践，反复消化，非常艰辛的道路。”老岳说。

“真希望也能像武侠小说一样，不需要练功，有个绝世高手，把他毕生的功力传给我，我就是绝世高手了。”小梅笑道。

“哈哈哈，我也希望有这样的事，不过虽然没有能一夜之间让你变成绝世高手的方法，倒是有一夜之间让你增长功力的知识。”

“啊 !!! 快说，快说，什么知识？”小梅激动道。

## 9. 拓展性知识

“好吧，刚才我们聊了一下学习的领域，为了让你了解什么样的知识可以让你功力大增，现在我们先概括性的从另一个角度了解一下‘知识’。先说一下拓展型知识吧，其实你在朋友圈传来传去的内容，都是属于‘拓展型知识’，我们日常生活和书籍里 90%的知识也都是拓展型知识。

“首先，拓展型知识的主要的功效是拓展你现有的知识，修正你已有的信息，其次，拓展型知识用来确认你已知的，让你获得‘安全感’。

举个例子，朋友圈里经常有大师案例的分享，其实就是图片合集，你看了一下，觉得真好，将来可以抄这个颜色，用这个家具，或者直接抄这个立面，哎，李姐家那个项目可以直接把这间卧室搬来用，其实这个信息就是用大师的设计作品去拓展你对设计的想象：还能这样设计，真棒！你看，这就是拓展你已有的知识，帮助你提升。那么，拓展型知识的确认功能是什么呢？其实就是你每天都在喝的各种鸡汤。”老岳接着说道。

“这个世界变化实在是太快，我们每个人都或多或少的缺少安全感，这种情况下我们需要不断的确认我们知道的这些知识还是有效的，来获得安全感。所以，我们朋友圈里各种关于教你做人的鸡汤，各种执行力的鸡汤。这些鸡汤任何营养都没有，只是起到安慰剂的作用，让我们获得短暂的安全感。

“其实，我们看的书籍绝大多数也都是拓展型知识，90% 的书是在教你怎么样把已有的事做得更好，拓展和提升你的效率，比如《高效能设计师的7个习惯》《一个户型的18种可能》之类的工具性的知识和书籍，有很强的实用性，同时也有很多成功学的书也是确认你已知道的道德教训，让你获得安全感，比如《XX 就是一场 XX 的修行》这些东西化整为零后就是微信的鸡汤。”

## 10. 重构型知识

“老岳，还有剩下的 10%的知识类型是什么？”一直认真听老岳说话的小梅说道。

“剩下的 10%的知识非常重要，这一部分就是我说的，可以一夜之间让你增长功力的知识，我把这些知识称之为重构型知识。举例来说：有没有发现，同一个学校同一个班级，同一家公司，相同年龄，你懂的我都懂，你会的我都会，可是我们对一些事情的判断和选择，我们的学习能力却是如此的不同，为什么？比如说：同样一家公司离职的两个创业者，一样的学历，一样的技术，一样的社会出身，甚至在原公司的岗位都一样，N 年后，一个最后是成功的大企业家，一个还是一家小公司苦苦挣扎的小老板，为什么？其实，之上所有的问题都可以用重构型知识来解释。

“大多数时候对一个人的格局和判断力产生重大影响的主要是重构型知识。你和大师、牛人之间的差距不在于那些拓展型的知识，而在于重构型知识。那么，什么是重构型的知识？简而言之，就是重新让你用新方式看待世界的知识。先举个科学的例子，正常情况下，人类的原始神话和传说里，基本上都是太阳围绕大地循环，因为太阳东升西落这个现象符合我们的直觉，西方的地心说就是源于这个直觉，但是随着人类的信息量逐渐增加，地心说解释不了很多人类观察到的现象，直到日心说出现，这个学说解释说我们地球围绕太阳旋转，这个学说非常可怕，颠覆了人类的直觉，所以一开始被认定为是邪说，直到后来通过验证，发现这个解释可以更简洁、更准确的解释人类观察到的现象，并且可以做天文预测，于是人类才逐渐接受这个学说 ，在日心说的基础上我们人类的近代科学文明才能得以展开，你看，没有换视角之前人类是愚昧和黑暗，换了一个角度最后迎来了光明与科学。

————至此您已经阅读了本篇全部内容的3/4

“再比如，柯布西耶说：住宅是居住的机器。这句话整个颠覆了我对住宅的理解，从此住宅对我来说不再是：客厅、卧室、卫生间，也不再是：立面、地面、天花面，而是和机器一样，关乎效率，关乎维护，关乎人际关系，关乎成本，我对住宅的认知模型改变了。比如效率，住宅的效率，包括生产建造住宅的效率，还包括人在使用这个住宅机器的效率，人是否能在房子里完成生活目标？完成的是否高效，人在房子里的生活目标又应该是什么？（居住的机器要帮人完成什么）那么人又要怎么去维护这个机器？成本如何？维护方便吗？这个机器控制起来方便吗？友好吗……你看，无论日心说，还是机器说，都是对我原有理解的重新构建和二次升级。”老岳说。

“我去，你说的看待这个世界的方法，是不是我们一直在说的世界观？柯布西耶说的就是他的设计世界观？”小梅说道。

“是的，就是世界观的意思，人和人的不同主要就是世界观的不同，所以我们每个人心里所形成的世界的样子也是不一样的，你看待世界的眼界有多宽广，那么你的格局就会有多大，生活中几乎所有的事，你所做出的选择都会和别人不同。”

## 11. 强迫症发作

“再说个详细的例子，一天，一位小伙伴对我说：‘我喜欢你的作品，老岳。’我吓了一跳，我说：‘我的作品目前有 3 个，一个是我自己，一个是我的设计公司，一个是我儿子，你喜欢哪个？’他说：‘我喜欢你的某某项目的设计。’我说：‘谢谢，那个项目是公司的作品，不是我的。’他说：‘到底哪个设计师的作品？’我说：‘设计公司的作品，不是哪个设计师的。’他：‘……作品不都是设计师设计的吗？你有点装哟。’我：‘好吧，我给你说一下我们的运营方式吧。首先它是一个系统，这个系统的目标就是生产好设计，而这个系统的管理者是 CEO（首席执行官），CEO 要对系统的健康运行负责，更要对生产好设计这个目标负责。这个系统里有好多分工，所以有好多的岗位，不同的岗位要有不同专业和特质的设计师协作，有的设计师负责研发，有的设计师策划能力强，做设计的定性工作，有的人可以给设计整体的解决方向提供思路，有的设计师沟通能力、销售能力强，负责和甲方沟通，有的设计师擅长方案，能把前期定性的工作展开和细化。有的设计师，要把设计的想法转化成图纸语言，要负责作图。有的设计师负责水电，有的兼职灯光。后面还有软装设计师的工作，包括选形师。如果我做产品研发我还要有打样师。所以这个是一个工业文明之下的生产体系，我真不好说具体是谁的作品。这就有点像是：Designed by Apple in California（加利福尼亚苹果公司设计）。

“‘同时，我知道你在媒体上看到很多大师的某某作品的署名，我相信那更多的是出于品牌传播的考量，而不是真的有个大师，戴着眼镜，穿着马甲，撸着袖子，手拿笔和尺子，趴在图板上，从头到尾的，事无巨细的，样样精通的全盘搞定，那是手工业裁缝一般的生产场景，是很经典，很感人，但对不起，那个时代过去了二百年了，即使是呼唤工匠

精神，也绝不是要倒退到那种场景里，而是对现有的工业分工生产体系的升级。'

"他：'嗯，我明白了，你们是一个团队，像一只手一样，有各个手指，最后握起来是一个拳头。谢谢老岳告诉我。'我：'对不起，你快让我的强迫症发作了，我必须告诉你，你没明白，我们不是团队，不是团队，是系统，是系统。团队是：伤其十指不如断其一指，断了就玩完了，我们说的是系统，系统是哪个指头没了，它都能自动补位，而且过段时间能长出一个新的手指……'"老岳说。

## 12. 人丑就要多读书

"哈哈哈，我几乎能想象出你一言不合，强迫症发病的样子。"小梅说。

"是的，我当时的内心是崩溃的，我相信对方也一样，因为我们两个对'作品'和'公司的运营'这两个具体事上的理解和脑海里的模型完全不同。为什么对同一件事的认知差异会如此的大，我相信这就是我所讲的，我们看待世界的方式不同。假如两个人脑海里有相同的一堆知识点，因为一个有重构性的知识，他就可以用这些重构型知识当作柱子和梁，再配合上扩展型属性的知识点，他就可以建造出三层高的大楼，而那个没有重构型知识只有扩展型知识的人，因为少了柱子和梁这些结构，他最多就盖个小平房，不可能有高度。"

"嗯，有点明白了，平时我们所说的，这个人有高度，那个人没有高度，其实说的就是，重构型知识在知识体系里的多寡吧？"小梅说。

"是的，我们常说的这个人谈吐有料，说的也是这个。"老岳说。

"那怎么才可以学习到更多的重构型的知识呢？"小梅问。

"第一，毫无疑问，要多阅读，因为重构型的知识，不均匀的分布在很多的书里 ，即使是《高效设计师的 7 个习惯》这种书里也有一部分的知识是重构型的。

"第二，1. 哲学，2. 物理，3. 数学，4. 生物学，5. 经济学，6. 心理学，7. 管理学，这个是我按照我自己的理解，对分工分科不同领域里重构型知识含量的排序，假如你有时间可以从头啃哲学，哲学书籍里的重构型信息比重是最高的，但是也是最难解读和理解的。”老岳说。

2016.7.2

# 用学习来终结抄袭（上）——设计师学习篇

“老岳，好久不见，最近一直想问你一些问题。”小梅说。

“兄弟请讲。”老岳说。

“老岳，工作三年以来，我一直由设计总监带着做设计，我也由最初的技术岗，逐渐地往方案部分靠拢……”小梅说。

“这不很好吗？”老岳说。

“可是老岳，我越来越发现自己不会做设计了，觉得自己进步的好慢啊！突然觉得自己什么都不会。平时看别人作品觉得很好，但并不知道好在哪里，自己拿来就抄点造型。看过大师的各种作品，却怎么也学不来，不会欣赏！别人说好就好，可是好在哪里我不知道。之前也看过你的文章和其他的理论书籍，我看不懂，有时甚至没有耐心看下去。比如你前些天写的关于设计销售的文章，我认真的看完了，当时觉得很有意思，可是放下文章，我依然不知道怎么办，我无法使用你的知识。还有，我觉得没有人带我，我根本不知道怎么学习设计。同时，做设计这个事，好像没有标准答案，不像上学时那样，有个什么东西能让你一劳永逸的背会就搞定。老岳，设计该怎么学习？那些比你牛的大师们又是怎么学习的？”

“哈哈哈……” 老岳大笑。

“你笑什么？”

“我想起一个笑话：一个设计师去消防局当志愿者，接受训练，消防员问他：‘凌晨三点的洛杉矶，连科比都还没有出来训练，但是你发现了街区里的一栋房子着火了，你怎么办？’设计师：‘我报警，然后分析火情，组织救援！’消防员：‘非常好！假如凌晨三点你到了一处没有任何火情的街区呢？’设计师：‘那我就把街区里的一栋房子点着！”老岳说。

“彦祖，谢谢你的脑洞，可是你跑题了好吧？”小梅说。

“呵呵，其实并没有！这位放火的设计师非常有智慧，他放火的动机其实是把自己的一个未知的、不可解决的状态，转换成了一个已知的、可以被控制的状态。其实你说的设计学习也一样。举个例子，书上的字，你全认识，可是放到一起你就不知道什么意思了。即使是懵懵懂懂的大约有点感觉，合上书本后很快你就忘了，几次以后，你甚至会觉得看书没有什么用。其实这不是读书本身有问题，而是你根本不会读书，那么你首先要做的不是读书，而是需要先学习怎么读书。那么设计也一样，大师发布了新作品，你除了觉得好看之外，就再也没有看法了。你不知道作品好在哪？不好在哪？所以在学习设计之前，你首先要解决的是如何学习设计的问题，然后才是解决学习设计的问题。”老岳说。

“哈哈，老司机快给我讲讲，到底该怎么学习？”小梅兴奋地说。

## 1. 学习的意愿

“兄弟，如果刚才的消防员继续向设计师提问：如果你凌晨三点来到一个荒芜的工地该怎么办？”老岳问。

“彦祖，按你之前的脑洞，应该是要先给这个地盖个房子，然后点着房子，再报警吧？”小梅说。

“哈哈哈，答对了！其实同样的道理，我们在学习设计的方法之前要解决学习的意愿的问题。”老岳说。

“老中医，我没有问题，我有强烈的意愿去学习，你快告诉我怎么学习设计！”

存在感

“兄弟，你有强烈的想知道答案的意愿和你有强烈的学习意愿这是两回事。再比如，一些朋友经常说，老岳你写的文章太长了，我看不完。我说：‘呵呵，你爱看不看。’因为你接受那种碎片的、垃圾的、迎合你已有观念和情绪的信息太多了，你已经习以为常了，你已经失去学习的能力了，所以看一篇长文都看不完，所以你是渣渣，你怪谁？没有互联网之前，美国发行量最大的杂志是《读者文摘》，而这本杂志的核心目的不是为了让你读书，也不是告诉你什么知识，而是让你产生‘你正在读书’的错觉。你看，大多数人对学习其实并不感兴趣，他们不过是喜欢摆出‘我正在学习’的姿态而已。于是帮你刷学习的存在感，帮你装作学习，帮你跳学习的舞蹈，变成了巨大的生意。之前我也写过关于学习的文章，但是阅读量并不高，而有趣的是，我在朋友圈向小伙伴征集文章议题的时候，最高得票的也是关于学习的议题。其实机智的我早就看穿了这一切，这绝大多数人，也不过是想刷学习的存在感而已，而非真正地想去学习。

“兄弟，你想想，你到底是因为好奇想学习？还是因为你想刷学习的存在感？”老岳说。

“老岳，我确定我想学习，不是为了刷存在感。”

“那好，之前又是什么阻碍你的学习？”

“我没有时间……”

## 生存余力

“好吧，我们每个人一天都是24个小时，为什么别人有，而你没有？”老岳说。

“我要生存，每天要上班，而且设计公司加班特别多，回到家里很累了，哪有时间学习看书？”小梅说。

“查理·芒格说他的搭档巴菲特从年轻时起，一天至少有一半的时间在看书学习，我不相信你会比巴菲特忙！

“举个例子，每人每一天只24小时，这就像是我们每个人都是一辆能跑24千米的电瓶车，我们把这个24千米的电量（精力的总量）叫作‘生存能力’。而每天你上班后老板给你布置工作任务，晚上女朋友叫你陪她吃饭，你为了完成这些事情，会消耗你的电池电量，这些事情我们称之为‘生存负担’。如果每天你的生存负担是每天跑30千米，而你的生存能力是跑24千米时，你将会疲惫不堪，始终透支，但是如果你的生存负担是18千米，你的生存能力是24千米，那么，24 − 18 = 6，你剩下的6千米的电量就是你的‘生存余量’。当你拥有生存余量的时候，你也就有了学习所需要的时间和心智资源，于是你会获得更多的生存能力。当你的能力增长的速度超过你的生存负担时，你会有更多的生存余量用来投资到学习中去，你始终处于一个正循环的过程。这也就是为什么那些牛人能够做很多很伟大的事情，同时还有很多的时间学习的原因，其本质就是通过学习让生存余量变大，越来越从容，于是人生之中的选择会越来越多，机会也会越来越多，于是长期的学习投资会让你变成：生存能力12000，生存负担9000，生存余量3000。你看，这才是牛人之所以是牛人的原因。”老岳说。

“可是，问题的症结在于我没有生存余量用来投资到学习中啊？”小梅说。



“你不是没有余量，你是没有付出代价和成本的决心而已。记得罗永浩说过，当年他独自在小出租屋里一本一本的、一摞一摞的看书，啃泡面，不时自怜到号啕大哭。你的现状岂不远好于他？好了，讨论过了学习的前提条件，我们来看一下怎么学习的问题。”

考试

“等一下老岳，我也是大学生，也是从小学到大学一场一场考试杀过来的，按道理我应该非常会学习的啊？为什么我现在觉得自己不会学习了呢？”小梅问。

“好问题，但答案就在问题里，正是因为你所有的学习是围绕考试的，所以问题都是有固定答案的。而考试就是考你是否知道答案，但你不需要联系实际。久而久之，你只会学习拥有固定答案的东西，但生活是没有固定答案的，于是当你展开面对生活的学习的时候完全没有方法。比如，之前你看到的大师的新作品，没有人告诉你这作品好在哪的标准答案的时候，你自己是迷茫的、内心是恐慌的，你过去几十年拿来应付考试的学习方法彻底地崩溃了。”

“可是老岳，现在到底应该怎么学习呢？特别是设计？”

## 2. 解码

“假如，我给了你一张光盘，里面是召唤神龙的方法，你看了就能知道龙珠的位置，你回去后往电脑里一放，发现电脑无法读取信息，因为光盘里的内容无法解码。你怎么办呢？”老岳说。

“当然是看文件格式，搜索解码器，破解文件啦。”小梅说。

“很好，学习也一样，学习设计更是如此。学习解码就是对看见的内容进行深层加工，透过表层，解读内涵，形成自己的见解，这个过程就是把知识变成自己的过程。解码高手的世界可以分成三个等级。举个例子：玩具店里有一只‘会说话的小黄鸭’，我们要对这个玩具进行解码。

“第一层级是：孩子视角。对孩子来说小黄鸭就是玩具，孩了关心的是‘小黄鸭会说什么’，好不好玩？这也是我们在读书、看电影、读设计时常用的视角，关心设计好不好看，关心这本书写了什么，这部电影讲了什么故事。

“第二层级是：家长视角。家长关心的是‘小黄鸭是什么’，比如它是一个玩具，然后家长会评判这个玩具好不好玩、安不安全。能给孩子带来什么？采用这种视角的人，更关心内容有什么价值，意义在哪里，并且能对内容进行评价和反思。

“第三层级是：制造者视角。他们关心的是‘小黄鸭是怎么做出来的’，它有哪些功能，它的电路结构和声光效果怎么样。它的产品定义是什么，有哪些核心技术，包括产品的渠道铺设和广告的内容。你看，这个层次的人，会更关心作品的内部结构、表达方式和效果呈现等方面，会对作品进行彻底的剖析。

“这三层解码等级是层层递进的，难度也逐渐增加。高段位学习者当然是处在第三个层次，可是大多数人都在第一个层次上。”

解码思维

“这三个等级有什么特点和规律吗？以后该怎么应用呢？我们可以从以下的三个方面来看待问题，运行解码思维：是什么、做什么、为什么。好了，下面我们详细的再解读一下什么叫：是什么？做什么？为什么？微信，我们每天都用，你在使用微信时提取到了什么？解读到了什么？”老岳问。

“微信，我就觉得挺好用的，经常刷朋友圈，我在朋友圈看过好多大师的作品呢。”小梅说。

“打住，我问你的是从微信这款产品你提取到了学习到了什么？”老岳说。

“微信能有什么提取？我没想过。”小梅说。

“好吧，我来详细地解释一下。”

1) 是什么

“对一般人来说，他每天使用微信，他能看到微信是一款产品，‘是’一款通讯社交产品，他使用它而已。”

2）做什么

“但对一个好学的人来说，他不但会使用微信这款产品，还能看到微信整体的功能布局，看到它是做什么的？比如微信的产品结构是怎么样的？比如微信的通讯（文字、语音）强，社交（朋友圈）和支付（红包和支付）是最主要的功能核心，这些功能是怎么分布的？同时他甚至会详细地学习微信这个产品的交互逻辑，他会研究为什么微信让你觉得好用？微信交互上有什么特点，甚至表层的视觉上的设计有什么特点？同时他还会想：微信的竞争对手产品是什么？要不要使用体验一下？差距是什么？ 当你做到这一步时，微信这个产品已经向你展开了无数的信息了，可以供你学习，但这还不是最牛的人的层级。最会学习的人不但能做到以上这些，他还能问自己。

3）为什么

“比如，为什么微信要这样设计这个体验？为什么它的产品策略是非常简洁的？为保证这种简洁的体验，产品设计师放弃了什么？微信是怎么定义人和人之间的关系的？又是怎么定义人和商业之间的关系的？又是如何定义人和信息之间的关系的？微信怎么做到这些定义的？有没有更好的方法？现在微信这款产品，达成手段的方法哪里好哪里不好？微信的产品团队的组织是什么样的？如果是我来做这款产品我能做什么？ 微信将来有可能会被什么样的产品取代？”老岳说。

“老岳，我有点懂了，可是你能再告诉我室内设计大师的作品又该如何解读吗？”

“好吧，我们接下来说说大师的作品该如何通过‘是什么、做什么、为什么’的方法来解析学习。可是在运用这些技能之前，我还需要先聊一下‘读图’的问题。举个例子：你喜欢的大师发表了一套新作品，你看了欢欣鼓舞觉得很棒，这个时候你可以尽最大可能地收集项目的信息。其实设计师日常最常做的事情就是浏览、收集、保存各种各样的图片了，而有了这些成系统的或不成系统的图片，解读起来有什么好的工具呢？我的经验就是：从感受、价值、手段三个不同的维度来解读解构。

感受、价值、手段

“我们看到一个图片，首先分析，这张图片给我带来了什么感受？是精致的、优雅的、好笑的、调皮的、静谧的、喧嚣的？格调上是东方的还是西方的？比如，一张室内图片的立面让我有高耸的‘感觉’（感觉）。

这种高耸能带来崇高感，能让这个宗教空间‘显得’（价值）神圣和庄严。同时整体的线条全部突出了竖向的延伸，更值得注意的是，空间的上部分，有特别的灯光处理，利用了人的趋光性，再一次的强调向上仰望，突出崇高感，以后我做政治场所的空间，需要特别强调崇高的仪式感的地方，可以借鉴这种处理（手段）。

“有了读图这个基本的手段，我们就可以展开我们深度解读，学习设计的过程了，首先来看‘是什么’。”

————至此您已经阅读了本篇全部内容的1/2

1）是什么

“假如大师公司发表的作品‘是’上海的一套平层的豪宅，有两百多平方米。总体来说，这套作品很好看，于是你上网一搜，很贵！十多万一平方米的房子，整体‘是’现代风格的，而且‘是’比较性感的感觉。你看，这个走廊的墙面竟然‘是’紫色的。你再看，客厅里的这个柜子‘是’这样的，我可以抄下来啊，用到我的项目上。还有，从原始平面图上看这里原来‘是’客房，而现在‘是’书房 。”

2）做什么

“在提到了很多‘是’什么的信息后，我们要来思考和审视大师在这里到底做了什么？记得有人说，读书最高的境界是：能在书的空白处读出比书中文字写出的还要多的内容。其实一个好的学习者型设计师，也要从网上看到的图片里，挖掘出远远多于图片的信息，这个就需要：强解读力，强解码能力。比如，你看到大师的作品图片，墙上做了一个与后面空间通透的架子，造型好看，细节精彩，就连工艺细节也是犀利精致，你觉得真棒，以后可以抄。而大多数人对作品的解读也就停留在这个位置了，这时候真正的高手是不会停滞的，他接下来会通过研究平面发现，大师不但把墙做成了通透的柜子，而且把墙体也向前移动了，扩大了书房的区域，缩小了客厅的一点面积，于是你会问：大师做这个是为什么？有几层意思？”

3）为什么

“这是一个豪宅产品，大师在这套作品里，把社交空间的面积缩小，把情趣空间的面积加大是什么意思？这么贵的房子，又是第一居所，面积不算特别大，户型紧凑精致，大师这样调整空间里娱乐情趣空间的比例是什么原因？是开发商对产品的理念导向升级了？还是最近大师有什么新的设计观点？于是你又看了一遍设计大师的访谈。原来大师在倡导空间里的生活乐趣。嗯，最近看新闻好像整个奢侈品行业都剧烈下滑，是因为我们的消费习惯升级了。嗯，原来大师为了贯彻他的乐居生活的理念，对这个空间布局进行了微调，空间尺度有变化，同时，原来这个空间的采光有点弱，空间体验不太好，需要一点侧面采光，于是大师把墙打通，做了透光的柜子，就是为了解决二次采光的问题。嗯，这个柜子的灯带，照明处理得很好，灯槽在中间，两边都看着居中，但因为居中暴露了灯管光源，于是大师在灯槽上加了如玉玻璃做遮挡，这样灯光均匀不刺眼。等一下，访谈里大师竟然谈到了这个设计，他说这是为了凸显中式生活和现代生活的意境与传承……听上去简直“不明而厉”，下次汇报我也这样忽悠甲方。嗯，这一套作品和大师之前的有点不同，好像使用了更多的灰色，这是作品看着更沉稳优雅的原因吗？还是因为这套大平层建筑上为了揽江观景，把一整面墙都做成了玻璃，于是在室内的时候，会让空间采光过于强烈刺眼？对了，晚上的时候，墙面颜色深一点可以避免更多的玻璃窗上的鱼缸效应，让观赏到的江景里的万家灯火会更加美丽……对了，在走廊里为什么有一面墙是紫色的？啊哈，原来这个走廊比较长，用紫色的膨胀色会让走廊显得相对的短一点，同时可以让灰色的基调在一些局部调皮快乐一些，呼应了大师的乐居理念……

“其次，你要更深入的解码大师，你就要问自己更多的为什么？你可能会把大师这几年的作品都收集来，按年份分好类，于是你一点一点地肢解大师的作品，嗯，以前喜欢用暖色，十年前大师的设计还是挺平庸的啊！我去，为什么五年前大师的作品像是开了挂一样，进步巨大啊，什么影响了他？我去看看有没有什么文章介绍他的经历。嗯，你看大师是怎么出名的？为什么？他的产品是什么？本质解决了什么问题？提供了什么价值？难道仅仅只是好看？大师的爆款是什么？什么符号、调性、颜色、材质、细节在大师的作品里出现的最多，几年前和现在有什么变化？大师是怎么学习的？他看什么书，哪个设计师对大师的作品影响最大？整体上有哪些因素成就了今天的大师……

“再比如，我经常在微信收到小伙伴的留言说，喜欢我们公司设计的作品，说看了我们发的作品图片学到了很多东西，而我总是回复他们：‘谢谢，呵呵……’其实，我们公司的一个作品，从设计的研发到版型固定，然后设计，到画图、提报、再到 CAD 物料、到图纸品控、到现场执行度品控、到拍照、文案、编辑、排版，是一个系统的链条，而小伙伴们看到的、读到的，其实都是被我们规定好、设计好的，至少我们希望你看了要产生这样或那样的感觉与行为。而一个作品的图片里所包含的信息，远远地小于一个产生图片（作品）的体系所包含的信息，如果你只能见山是山，关心图片这样的表层信息，那么恐怕你就只能是愚公，一辈子搬山，而且搬不完，永远不会知道山的那边，海的那边，是否有一群可爱的蓝精灵，所以，学习解码是一个深度挖掘的过程，就是从点入手，延伸成线，扩大成面的过程（图 1）。”

## 3. 彦祖也要多读书

“老岳，这个解码真的好难啊，会非常的累。而且，我听你举例子解读的过程中，还是有一些解读大师设计作品的知识我并不知道，我该怎么办？”

“学习本来就是一件不容易的事，要付出成本和代价，那种玩着轻轻松松就学习的方法，本质上都是像《读者文摘》一样让你产生你在

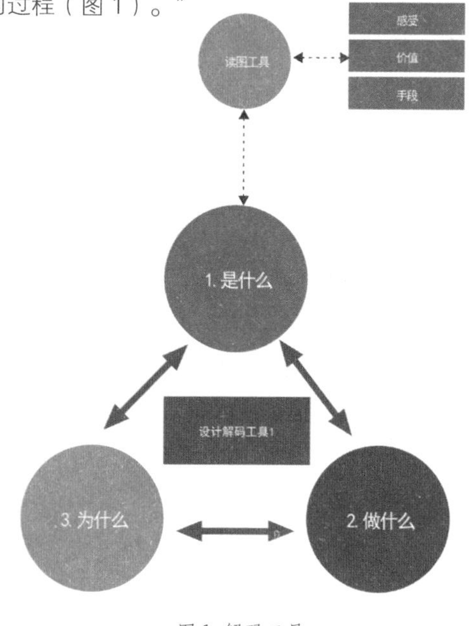


图 1 解码工具

学习的幻觉而已。同时，学习本身就是一个整体和系统的事情，牛的人物都有跨度很大的知识体系。所以，即使现在你想解读大师的作品，你也要有一些更底层的解码知识，而这些知识主要来自于阅读。那我们如何通过阅读为主的方式学习呢？”老岳说。

### 表演看书

“任何一本书，一段文字，一段语音，都可以视为信息，信息没有和你已有的知识、记忆发生关系之前不是属于你的知识。因为你既不理解，也不会应用，你更没有把知识结构化的归纳，所以你并不能从信息里提炼出有效的信息，于是这个信息很可能读过就忘了，于是你发现书虽然不停地在看，可是没有用，两周以后再翻开之前读过的书，感觉像是看新书……

“经常有一些小伙伴在微信上问我，想学习设计要从看什么书开始？我想，应该先从学会学习方法本身开始，因为你没有掌握好的方法，读再多的书效率都很低，是对自己时间的巨大浪费。

————至此您已经阅读了本篇全部内容的3/4

“我年轻的时候，也曾经有段时间不是按本看书，而是按尺看书，集中一个月看一尺厚的书，可看完后很快就忘掉了。后来自己想清楚了，我的这种行为不过也是表演看书而已。举个例子：美国一位名叫哈莉叶特·克劳斯娜的家庭妇女，每周可以读二十本书（平均一天近三本，一年超过一千本），她夺得‘美国头号读者’的称号。《图书》杂志称她读书的速度‘比子弹还快’，而她也自称是‘极速读者’，而这源于她与生俱来的‘某种怪异的才能’。可是读的又多又快又怎样？一样是个普通的家庭妇女对吧？而钱钟书先生一生当中的读书英文笔记有170多册，中文读书笔记也有不到200册，钱先生家里不藏书，钱先生看完一本书之后，会用读书的双倍时间，来整理成读书笔记，之后保留笔记，书送人，这也意味着钱先生一生的读书量一定少于那个美国的家庭妇女，可是知识的有效性、社会贡献和博闻强记以及学术水准，相比较之下恐怕一目了然吧？为什么哈莉叶特和钱钟书的差距如此之大？其实，我们学习的效果和你看了多少，甚至和你背诵了多少，没有太多的关系，反而是你能从获取的知识里，再次调用出多少知识有关系。所谓智识通达，世事洞明，说的就是你对知识的理解调用的能力。

“怎样科学的学习，提高知识的理解和调用能力呢？应该如何开始科学的阅读呢？一般而言，我们可以把一个学习的过程分为五个阶段：1. 获取，2. 理解，3. 延伸，4. 反思，5. 应用。”

1）获取

“获取知识就是你的阅读和观察，通过工作记忆来加工信息，让这个信息传递到大脑，在获取信息的过程中要注意信息的类别，分门别类的用不同的方法学习，以便达到最高的效率。而可获取的知识一般可以分为几个类型：第一，描述性信息。比如：这是个飞机、那是个汽车、赵总你好、这位是小王。这里的苹果树有 213 棵，等。这一类信息，全部是在描述一个事实、一个状态，甚至一些细节。比如英语单词，也是这个类别。第二，观点。比如：小王，我觉得你这事干的弱爆了。我认为国学能拯救人类文明。我认为你的方案有问题，特别是这个地方，让我觉得会影响将来的使用。第三，程序信息。比如，将油加热至冒烟，然后将切好的葱花放入，之后加盐少许……第四，抽象信息。比如地图，数学公式，哲学逻辑。”

2）理解

“一段信息被读取了，该如何理解？也就是说，我告诉你一段新的信息，你用你自己的话、自己的心智，怎么描述出来给别人听？

“第一，一般情况下，我们理解一个事物总是要把这个东西和我们心里已知的事物建立联系，这种联系叫作比拟。比如，火箭就是一个大点的二踢脚。

“第二，理解一个事物，我们有时候需要在脑海里把他图像化。比如，地图就是用二维的手段，把三维的地理环境图像化了。而我现在读书的时候有时会对全书做一个思维导图。比如，当年我做家装设计师的时候，客户有时候让我在现场说对他们家的布局的看法，说实话，我在现场的想法远不如我面对一个平面图的时候想法多，对空间本质的理解深。”

3）延伸

“知识获取了并理解了。一般人学习到这种足以应付考试的程度，就会停止学习了。可是对一个高手而言，这才刚刚是深度学习的起点。前面说过，理解到的知识向内延伸时，和自己以往的知识经验产生链接，用以往的知识经验，解读新的知识。那么现在我所说的延伸指的就是，用已经理解的知识向外延伸，用来外化、显化的解读自己身边的现象和事物。比如，读一本心理学的书，理解了这本书里的例子后，你还能再举出多少你生活里同一种心理现象的例子？”

4）反思

“有了知识的延伸，我们就会发现身边有些现象可以用已经学到的知识重新解释，但所有的知识都是有边界的，有些现象知识没法解释，这个时候就要开始反思知识的不足，探索清楚知识的边界在哪里？

“举个例子：假如我们设置了一个极端的边界条件——‘装修一分钱不能花’的设计要求，来引导出在这个边界之外更广阔的设计天地，于是带出广义设计和狭义设计的概念，当然这些探索来自于我的反思，同样这也给我带来了更大的知识储备。”

5）应用

“学习的目的在于应用，什么是应用？应用就是改变了你现有的行为，使你更接近目标。我们常听人说：道理都懂，可是依然过不好这一生。其实这不过是一个误解而已，道理（知道）和应用（做到）之间有着巨大的鸿沟，需要知识的学习者辛苦卓绝的把知识内化、消化、分解，而后才能应用（图2）。

“举个例子：在我后面的文章《设计师谈单没经验？那就让‘老司机’来带带路！》里讲了一个‘非补偿性评估’和‘补偿性评估’的概念，这篇文章我们公司的市场总监也看过了。上一周，她在开会时讲，现在有一个项目，空间设计做完了，甲方却在比较软装的价格，并且说别人的报价比我们低了一半，所以现在又在扯皮。我问她怎么解决，她说……我说：上医治未病，我不想听你现在怎么解决问题，我想听你分析问题是怎么造成的？

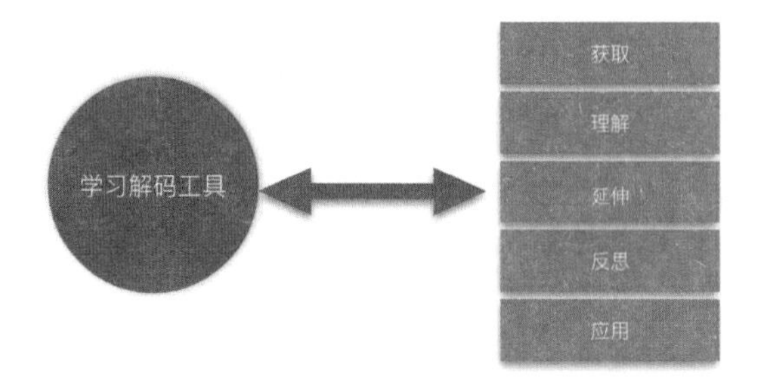


图 2 学习解码工具

“问题怎么造成的？其实在正常情况下，一个有管理能力的甲方，应该处在一个非补偿性评估的状态，也就是说看公司的能力，以及项目状况，能划定一个价格、品质和能力的范围，然后在这个范围内挑选合适的公司。而不应该是现在这种甲方完全没有选择边界的去选公司的情况。嗯，这家是小公司，他们有关系，挺热情。哎，那家是不错的成熟公司，但报价高。哟，这家公司报价适中，但能力不行。这个时候甲方的决策条件如此的混乱，只说明我们前期的客户教育和引导工作做得不到位，没有把客户从补偿评估状态提前引导到非补偿评估的状态，有了这个解读之后，我知道其他同事明白以后该怎么做了！你看，这个事情上，我的文章市场总监早就读过，道理都懂，可就是和现实生活关联不起来，这其实就是无法应用造成的。”老岳说。

“老岳，你说的这个应用我明白，可是我就是不会用怎么办？不知道怎么展开，怎么实践……”小梅问。

“好了，你今天知道怎么学了，下一步就是要学习怎么练。通过练习来增强应用的能力，落实学习到的知识和技能。”

2016.9.4

# 用学习来终结抄袭（中)——怎样才能开创自己的设计风格

“老司机，作为中华田园设计里的老中医，你说说，到底该怎么学习设计才能让自己进步飞速，又该怎样学习才能像大师一样开创自己的风格，做出前无古人后无来者的设计？还有，老司机，你的文章都是理论性的，我看着有道理，但是这些道理离我好远，我不知道怎么把这些事转换到工作现实里来。我现在依然是‘夜有千条路，天明还得卖豆腐’的状态，怎么破？”小梅接连问道。

“兄弟，你这个问题其实就是学习从理论到实践的落地问题。学习了理论，不会用，看了好作品不会抄，归根到底还是落地转换的问题。”老岳说。

## 1. 道理你都懂却依然学不好设计

“兄弟，假如我给你一本讲摩托车引擎的工作原理的书，你合上书本就能开始修车吗？”老岳说。

“恐怕不能！”

“假如你修理摩托车十年，不但理解摩托车引擎的工作原理，你也可以修复大部分引擎的问题，这时你可以造出一部可靠的摩托车引擎吗？”老岳说。

“不行，我造不出来。”

“再比如，你得到了一本辟邪剑法，你看完书里的文字，你觉得你能成为一个绝世高手吗？”老岳说。

“在金庸的小说里能！包教包会和蓝翔技校一样的靠谱。”

“那么现实生活里呢？你跟着视频学个瑜伽都那么难，看一本书你就练成高手的可能性有多大？”老岳说。

“没可能，小时候体育课学做操都好难啊！”

“可是，为什么你会认为，读过我的文章后你就学会了里面的知识呢？你读文章觉得有道理和你学会使用这个知识之间还有巨大的跨度，你学会使用这个知识和你能用科学方式生产知识还有很大的距离。这个就像是：读摩托车修理书到修理摩托车再到造摩托车一样的远。上一篇文章《用学习来终结抄袭（上）——设计师学习篇》我们讨论了怎么学习，怎么解码，可是有了知识，不能把知识转换成可以应用的技能，你依然是：道理你都懂，依然过不好这一生。”老岳说。

“可是为什么啊？老岳，我到底该怎么学习设计知识才能把它转换成设计的技术啊？”小梅问。

## 2. 一万小时的刻意练习

“知识有两种：程序性的知识和非程序性的知识。这个概念在我之前的文章《从‘小白’到设计大师的学习方法》里详细的叙述过。我们长时间经历的应试教育主要教给你程序性知识，而面对程序性知识，你需要背诵和理解就够了。理解得好，背诵得准确度高，你一定可以考一个很好的成绩，但都和应用无关。可是设计和艺术、体育一样，是非程序性的知识，用理解背诵的方式学习这种知识效率很低。而这种非程序性的知识，必须通过实践来学习。那么，背曲谱没用，必须要弹琴。那么，看拳谱没用，必须要上手练习。所以，拳不离手曲不离口。所以，只学不练，全都白干 。这也就是为什么清华和蓝翔采取不同的教育方针的原因，因为学习所面对的知识不一样。所以相对于非程序性的知识领域，你想成为大师，唯一的道路就是，多练！多练！多练！”老岳说。

“我看过一篇文章说，一个人在一个领域里努力练习一万个小时，就会成为这个领域里顶尖的高手，彦祖，我是不是努力的还不够啊？”小梅说。

刻意练习

“你这话只对了一半，成为大师不是努力练习一万小时就够了，而是刻意练习一万小时才可以。好多业余爱好者，一辈子练习一种艺术门类，但没有刻意练习，这辈子也最终是个业余水平，其实就是这个原因。很多年前我就遇到过一个年纪好大的家装设计师，照理说，他的工作年龄就是熬也能熬成水平不错的人了，结果呢？ 水平之低级（低级）让我发指……”

“老岳，成为大师要怎么展开一万小时的刻意练习呢？”小梅问。

学习区

“好问题，小梅兄弟，你打过游戏对吧？游戏里一般分为 3 个级别：容易、挑战、英雄。容易就是：比较简单的，轻松搞定，一键通关。而挑战级别就是：有一定的难度，但是你多玩几次一定可以成功通关。而英雄级别就是：自虐，玩很多很多次也不一定能成功通关。

“其实学习这个事也和打游戏一样，一般而言，心理学家把人的知识和技能分为层层嵌套的三个圆形区域：最内一层是‘舒适区’（简单级别），是我们已经熟练掌握的各种技能。中间的是‘学习区’（挑战级别），而最外一层是‘恐慌区’（英雄级别），是我们暂时无法学会的技能。一般而言，对一个普通人来说学会一个知识，掌握了一项技能之后就停留在舒适区了，不停地重复简单级别的游戏，几十年如一日，不再进步。同样，如果你突然进入学习的恐慌区，就会像一个新手进入了英雄级难度的游戏，一般八秒都撑不到就被干掉了。比如我们读一本哲学书的经历，基本上一页的前三行就足以催眠，甚至让你愤怒，因为你会怀疑自己的智商。

“那么对一个普通人来说，保持学习进步的最佳区域就是‘学习区’，就像玩游戏一样，在搞定了简单级别后，进入挑战模式，不停地打磨技术，在这里你不会觉得简单，不会觉得岁月静好，你会觉得有压力、有难度、有失败，但是这个难度和压力都是你能承受的。

“科学家们考察花样滑冰运动员的训练，发现在同样的练习时间内，普通的运动员更喜欢练自己早已掌握了的动作，而顶尖运动员则更多地练习各种高难度的跳跃动作；同样，高尔夫球普通爱好者纯粹是为了享受打球的过程，而职业运动员则在各种极端不舒服的位置打不好打的球。真正的练习不是为了完成运动量，练习的精髓是要持续地做自己做不好的事。我之前遇到的设计师，就是掌握了初级的设计技能之后，再也没有前往学习区挑战自己，所以几十年下来，他几乎没有进步（见下图）。”

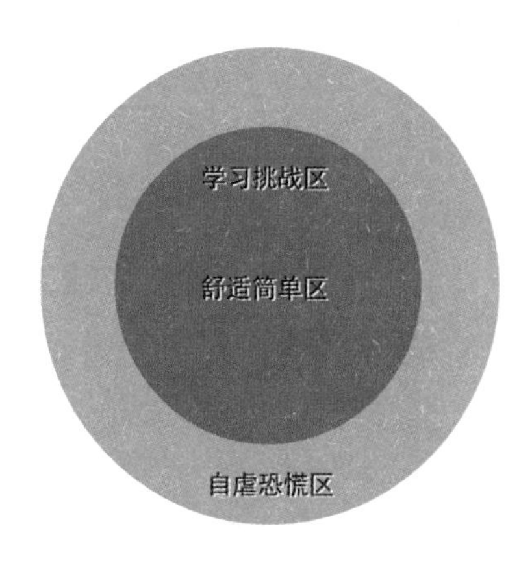


舒适简单区、学习挑战区、自虐恐慌区

## 自动完成

“可是老岳，我们怎样才能保持在学习区接受挑战呢？”小梅问。

“第一，我们人都有惰性，我们掌握一个技术、一项技能之后，即使有外力驱使，我们也不愿意长时间承受压力和挑战。

“第二，我们都有一个行为的惯性，叫自动完成。也就是说你会不自觉得按照你以往的标准完成你手上的工作，放弃了思考和挑战。

——————至此您已经阅读了本篇全部内容的1/4

“举个例子：多年前我画效果图的时候，总是有一段时间进步不了。我非常着急，问一些前辈怎么办？有的前辈说，多看多学习，有的前辈说，停一段时间不要画，换换脑子，这两种方法我都试过，但效果都不好。现在看来，其实我当时就是陷入了深度的自动完成，每一次工作、每一次练习的难度都是上一次的重复，但是自己当时在完全意识不到的情况下自动完成了手里的工作。

“第二个例子，前几天有个小伙伴问我：

“*‘老岳，你看看这是我们这一期的平面作业，一个单亲模特的家，你帮我看看呗？’*

“*我：‘嗯，你的这个平面衣帽空间太小啦，同时工作室留出的空间不够大，你再去做足功课！’*

“*他：‘你为什么这么说？’*

“*我：‘前几天陈冠希的模特女友和前夫的大战，别的我没注意，但是注意到模特的衣服、定制的饰品箱包什么的，真多！还有那个特丑的模特好像叫吕燕吧？她现在已经有了自己的服装品牌，你可以看看她谈创业的访谈节目。然后你会更多地理解模特这个群体，我看到你的平面，觉得你就是为了做一个抖机灵的平面作业而做作业，谈不上刻意练习，还不自觉得进入了自动完成的状态。’*

“*他：‘好吧，老岳，我去看视频。’*

“*我：‘兄弟，既然你的作业是给模特设计房子，首先你要认真地研究模特这个群体，了解她们的生活，更重要的是能把这个群体的生活里的需求提炼出来，然后你应该建立一个模特需求的需求池，把你能想到的、了解到的需求都放到这个池子里，越具体越好，然后给这些需求排重要等级，然后再把这些需求按照重要次序转换成功能，往你要布置*

*的空间里放。比如需求是：要收纳好多的鞋子，那么转换的功能就是一个收纳能力强的鞋柜。甚至是走秀的鞋子、健身的鞋子要分开放置。通过这样的学习，你锻炼你对生活方式的归纳和整理能力，同时你还应思考在这些特殊的生活方式背后的原因，更重要的是，你可以练习你在空间资源有限的情况下如何分布和取舍这些需求，只有这样你才能通过这一次的作业更深入的了解生活。你做作业的目的是为了把生活和设计练习到一起，不是为了抖机灵，卖弄一些手绘技巧。'*

*"他：'嗯，你说的对，我为了设计而设计了，为了作业而作业了。'*

*"我：'你现在布置平面的技法已经非常熟练了，人总是习惯性的用自己擅长的没有压力的技巧去解决问题，而练习的意义不是让你重复已经熟练的技巧，而是让你尝试那些你不熟悉、未知的领域，有时候图纸之外那些看不见的东西，对你的设计的决定性作用更强。'*

"你看，积累一万小时的练习没有什么用，不过是原地踏步而已，专业水平和业余水平之间的区别不在于什么顿悟、什么天分，本质在于刻意练习！"老岳说。

## 3. 老司机的套路

"老岳，我的刻意练习总要有个对象吧？我刻意练习什么呢？"小梅问。

"当然是练习套路啊？"老岳说。

"套路？？？"

"套路！！！"

"能详细说说吗？"小梅问。

### 好莱坞

"兄弟，你知道好莱坞拍追逐戏的时候，只有 57 种拍法吗？你想一下，生活里人与人之间应该有几乎无限多种可能发生的事情 ，为什么剧本中只有 57 种追逐方法？很简单，因为从有通俗文学那天开始，一代代的作家和编剧们绞尽脑汁，就只发现了 57 种好看的追逐戏的模式。其实在高度成熟的好莱坞，专业的编剧团队们甚至给每一种电影桥段都起了一个编号和名字，专业人士之间的沟通会直接用这种编号来说明。

“比如，甲编剧：‘主角出来后，上车，我们使用一个 YH004 的桥段，然后用 PD34 过渡一下……’乙编剧：‘PD34 不好吧，不够紧张，用 KHG78 会不会好一些？’

“你看，你要是想学习电影编剧，你必须要从这些个大大小小的几千个桥段开始学习，然后才能编剧。

“再举个例子：其实，皮克斯动画电影所有的故事都是一种结构模式：很久很久以前……每一天……直到有一天……正因为如此……正因为如此……到了最后……

“我们来把皮克斯的《海底总动员》套上这个公式，看看是不是真的符合：很久很久以前，海底住着一对小丑鱼父子马林与尼莫，每一天马林都告诫尼莫大海很危险。直到有一天，尼莫为了反抗过度保护的父亲，独自游到陌生的海域。正因为如此，他被潜水员逮到，并且困在一位牙医的鱼缸里。正因为如此 ，马林踏上了寻找尼莫的冒险旅程，一路上得到许多海洋朋友的帮助。到了最后，他们终于父子重聚，并且重新找回彼此的爱与信任！

“还有，还记得庖丁解牛吗？一头牛在一名高手的眼里不过是几个肉块，几个部分的解剖组合，不过就是另一种套路和桥段。我请教过专业的舞蹈家，我说为什么我看到一个舞蹈动作加以学习时，老师要教半天，而你们怎么看一遍就会呢？他说，他们看到的不是动作的位置，而是动作的组合，是从这个经典动作变形而来的一个动作，过渡到了一个什么动作，过渡衔接用的是某一个动作的哪一个分解小节。

“你看，专业人士都是何等的相似！人所掌握的知识和技能绝非是零散的信息和随意的动作，它们大多具有某种‘结构’，这些‘结构’就是套路。比如：下棋用的定式、编程用的固定算法、电影剧本的桥段、舞蹈的经典动作，这些都是套路 。”

## 胡姥和戴昆

“CCD 的总监胡伟坚先生（我们昵称之为姥姥）曾经在亚太酒店设计协会的课程上讲过他的设计经验，他把一个酒店客房可能出现的布置方法，尽量的总结，最后归纳为了 58 种处理酒店客房平面的方法，并且命名为《客房钻石切割法》。姥姥说：‘新手不要总想着创新，首先要把前人积累总结下来的这些方式方法吃透，等掌握精熟之后，创新和突破自然就会发生，这个慢慢来的过程反而对年轻设计师而言比较快。’你看姥姥在说什么？不就是设计酒店客房平面的套路吗？是前人智慧的结构性总结。那么姥姥总结出了 58 种客房分割方式，一名顶尖的家装设计师应该做什么？

——————至此您已经阅读了本篇全部内容的 1/2

“我这几年来一直有个遗憾就是没听过戴昆老师的演讲，当我在朋友圈里看到戴昆老师演讲 PPT 里，有个对一个鞋柜的详尽的‘设计考现’，我非常感动，戴老师在做什么？他在通过自己的归纳和研发，在为这个行业贡献知识，贡献能结构化的知识，就像是姥姥的钻石切割法一样。

“你看，人类所有的知识想被运用和传承，必须要结构化，结构化的结果就是要形成范式，形成套路！从神话故事到经典文学再到科学方法，乃至设计莫不如此！记得看过戴昆老师的一次访谈，戴昆老师说：‘其实我一直不太认同所谓设计抄袭的说法，因为每一个设计师、每一个学设计的人，我们了解每一个学画画的人都是在临摹前人画作的过程当中学习，学画的过程当中都有范例。做设计的每一个设计师一定是通过模仿、学习前人的作品长大的。这个过程是不可或缺的。所以大家很在意这个事情，一个是不了解、不理解，我觉得一个年轻的设计师直接去模仿一些成型的、好的案例，应该是他最快的成长的捷径，只不过你需要大概知道一下到什么阶段可以甩开学步车自己开始走路了，仅此而已。你在那个过程当中不用有太多的纠结，好像我在模仿，模仿是应该的。’

“如戴老师所说，什么叫临摹范例？什么叫成型的好案例？其实就是从学习前人的套路范式开始。大师所见和现代的脑科学研究得出的结论是一致的。”

## 抄袭

“记得崔华峰先生讲过一个故事，他认识一个英国的女设计师，只做传统的英式风格，她手里的图纸是她爷爷传承下来的，整理的非常系统，所以女设计师每天非常的轻松，端着咖啡笑看云涌，工作起来也不累。我当时就想，这个英国版‘样式’做得对，范式、模板、整理的真好！正因为如此，人家的这个设计可以卖那么多年。问题来了！这个‘啃老’的设计师，算是抄袭吗？

“记得有一次邱德光先生演讲（好吧，我承认我不太喜欢 ArtDeco〔装饰艺术〕风格），台下有个宁波的设计师说，当年做 ArtDeco（装饰艺术）风格，抄了邱先生的作品，挣了不少钱……我当时在想，从品牌的角度来看，邱德光老师的公司切割 ArtDeco（装饰艺术）这个品类没有问题，而且邱先生确实做得非常成功，应该就是消费者心智当中的 ArtDeco（装饰艺术）风格第一人，但是我不太同意做这种风格的设计就是抄邱先生，当然我承认，邱先生为 ArtDeco（装饰艺术）天才的提供了一种新的范式和模板，光凭这一点就堪称大师。同样所谓美式风格，也不是戴昆老师发明的，但戴昆老师为美式风格提供了新的套路和范式。

“其实人类知识和文化的传递方式，永远都是新知识在旧知识之上层累和叠加出来的，正如牛顿所说：我只不过是恰好站到巨人的肩膀上。所以人类有历史至今，为人类提供了全新的思想范式的人不超过十个，而牛顿算是一个。其余的人或多或少的都是在做局部的推动和改善，就像是站在巨人之肩。那么在这个理解的基础上，我们可以清晰地看到：学习层面上讲根本不存在所谓抄袭，因为学习套路范式是必需的过程，无论学习的是什么？（当然，直接盗图不算学习，没有什么好说的，盗图就是偷。）”

“老岳！照你这么说，假如套路穷尽了，人类不就停止进步了？谁来产生新套路呢？”小梅问。

“这是个好问题，就让我们把视角拉回到电影的故事，电影里探索新范式、新套路，原创新剧情是高雅文学和文艺片的事情，流行文学和商业片只需要‘好用的’剧情。评价严肃作品，往往要看它是不是发明了独一无二的人物和剧情（套路）。所以严肃文学作家是科学家，通俗文学作家是工程师 。这也就是我所讲的：什么是大师？就是给整体行业增加了知识总量的人。

“你看，人类从远古起就有专职负责解释世界的人，最早是巫师，再到部落首领，再到哲学家、思想家，再到宗教教主，再到现在的科学家（主要是物理学家），由这些人提供基础的思想模型、思想范式，然后这些更新的世界观，影响到艺术家，推动艺术创新和实践。（比如发现相对论之前，没有哪个剧本使用过时间旅行、穿越这个桥段。比如没有电的输入、输出和存储，你不可能看到现代武侠小说里的内力！）然后艺术的进步带来新艺术范式，新艺术范式强烈的影响设计，而设计行业中的一级大师提供设计行业的新范式，二级大师负责演绎这个新范式（做加减或变形），并在这个范式的基础上沉淀出更多的小桥段，小的变化。”

闻香师

“在上一篇讲学习设计的文章《用学习来终结抄袭（上）——设计师学习篇》里我们讲过了如何解码大师的作品，假如你不了解设计行业里都有哪些经典范式、经典套路、经典风格，你是不可能学习到精髓的。”

1）风格层析法

“一所培训闻香师的学校，首先要培训学生识别香味和香味组合的能力，他们把这叫做香料的层析法，比如：奇华顿香料学校的实验室收藏着奇华顿集团使用的 1300 种原料，每种原料都装在一个瓶子内，瓶上标签注明里面是单一原料或由多种原料制成的混合物。吉夏尔说，学生们必须熟练掌握其中 500 种原料，‘就像字母表的字母一样’；随后是‘和弦’，就是一些已知的原料混合；最后是‘短语’，也就是学校创始人让・卡尔定义的气味家族，包括柑橘香调、花香调、木香调、蕨类香调、东方香调和西普香调……

“同样的道理，一个会学习的设计者，应该像一名闻香师一样，使用风格层析法，看到某一个作品的时候，可以非常明确的解码出来：嗯，这套作品的前香来自于雅布的衡山路，平面基韵来自伍仲匡老师的四季餐厅，哈哈哈，还有一点桥本的性感和土豆的调皮，又加上了斯卡帕的分离做调和……”老岳说。

“老岳，我有点明白了，针对套路和范式烂熟于胸的学习，才能让我真正的形成自己的风格，哎，以前为什么没有早些听说这个练习方法啊？”小梅说。

————至此您已经阅读了本篇全部内容的3/4

“呵呵，你早就听说过啊，只不过你知道，但并不了解罢了，你以为我们常说的苦练‘基本功’这三个字是什么意思？其实不就是让你苦练套路，勤学范式吗？”老岳说。

“哦了，老岳，我回去就对套路展开学习。”小梅说。

2）苦练杀敌本领

“嗯，很好，可是你知道基本功要怎么练最有效吗？我有几个方法：第一，重复，重复；第二，有针对性；第三，带着问题；第四，及时反馈。

“先说简单的重复，这个应该很清楚，也是让你在没有练习到理想效果前不断地重复，重复。

“其次练习要有针对性，已经掌握的套路就不要重复练习了，去学习新的。如前文所讲，始终让自己处于学习区的位置，不断地给自己小压力和小挑战。

“最后是带着问题去学习，这个最重要，举个例子吧！

*“小A：‘老岳，我刚工作没多久，想去工地学习施工图，我该了解木工的哪些知识？该问木工哪些东西？因为我实在太迷茫，不知道怎么办。’*

*“我：‘我建议你去工地之前，先把你要去的工地的施工图找来，从头到尾的临摹三遍。不懂不要紧，不明白也不要紧，先抄上三遍，这三遍临摹完了，你就非常清楚自己要学什么，要问什么了，你的问题不在于你不知道学什么，你的问题在于你针对学习对象完全没有问题，你没有问题，你去工地基本就是在旅游。’*

“那么回到我们说的学习基本功、练习套路上来，假如你不带着问题去学习的话，效果会非常差。以前军训的时候，教练教我军体拳，学了好久后，我们基本上把拳打成了操，细节总是不对，气势不足，没有杀气，后来教练问我们是否知道每个动作的实战作用？然后开始教我们每一个动作在实战中的意义，于是我们明白了为什么要有这个细节和动作，于是进步非常快，拳打出来虎虎生威。

“最后，我们说说及时反馈。之前我们说过，设计、艺术和体育一样都是以非程序性知识为主的，学习非程序性知识必须通过练习，而且必须是刻意练习，但是刻意练习的结果好坏要及时反馈出来，最好有高水平的人在一旁指导。这就是为什么高水平运动员的教练如此重要，顶尖的导演如此重要的原因，他们不停地修正运动员和演员的动作或表演，及时提供反馈。其实学习设计也一样，两个毕业于同一学校，年龄、甚至智商、学习能力等都非常接近的年轻人，一个去了大设计公司，一个去了小设计作坊，即使一样努力，五年后他们的差距都是巨大的，这个一方面是因为大公司套路深，对范式等知识的总结归纳能力强，你学起来更快。而且更重要的原因是：大公司里高水平的同事和上司，可以对你的工作做出及时的反馈，帮你及时修正行为，少走弯路。”老岳说。

3）去你的天才

“老岳，学习果然是一件非常辛苦的事，好羡慕那些天才可以生而知之。”

“是的，我承认现实生活里是有天才的，可是天才的概率少之又少，而且远比你想象的少，目前为止，我还没有见到过设计行业里有没法用科学解释的天才，所以你不用羡慕天才，我个人认为这个行业里根本没有天才，去除运气成分，只有看谁的训练学习更科学。

“都说设计是创意行业，要讲究天分，那么我们就拿比设计创意更讲究天分的文学创作这个事来举例子吧：文学讲究天分、天才。我们谁都不相信曹雪芹是可以被培养的，就连王朔也赞美刘震云：上帝那一刻在握着刘老师的手写作……以至于我们从来没有想过，如何科学地培养作家。长久以来，中国作家的训练就是写小说，评论小说，然后一篇一篇的写完整的小说，除此之外，大约就是到各地体验生活。问题在于中国大学的中文系从来没有成功地培养出一个像样的作家，面对这种局面一般人马上会得出结论：写作靠的是天赋，作家不是能培养出来的。可是美国的大学是可以培养作家的，而且还培养了中国的作家，比如哈金毕业于波士顿大学文学写作专业，而我最喜欢的作家严歌苓毕业于哥伦比亚学院文学写作系。大部分中国作家几乎从来没有经过专业的写作训练。而在美国，专门的写作课程非常多，内容也很成熟。很多中国作家对这种基础的训练非常不屑，认为这种课程会带来一身工匠气，但这种写作班至少能够告诉你，如果你的小说写到 3/4 时崩溃，你该怎么办？一个真正的艺术家是不会被教坏的。作家应该怎么培养呢？应该像训练小提琴手和篮球运动员一样练基本功，展开针对性的练习。

“其实，设计师又何尝不是如此呢？请问你学习设计的时候，花过多少时间做过针对性的自我训练？中国的设计师是不是也像中国的作家一样，除了天天参与设计，就是看图片评论设计，最多背着相机去某个项目拍拍照？专业训练在哪呢？学习不是一件容易的事，做设计，创造，更不是一件容易的事！

“每当我看到一个好产品、好作品、好书的时候，我都会觉得很性感，心里和年轻时撩到一个妹子一样的高兴。现在我自己开始尝试做产品、开始尝试写作才能明白每一个性感的背后那种日复一日的重复训练、重复打磨，其实根本不性感、不美丽乃至是痛苦煎熬。所以，天下没有白做的事！”老岳感慨道。

“嗯，彦祖，你给我说过了，学习设计时，获取知识的解码，以及获取解码后的练习，其实这些知识，我隐约的有感觉，总结不出来，只是没有能力像你一样说出来罢了……”小梅说。

“兄弟，首先，做出这些知识总结的人不是我，是研究人类学习模式的科学家，我只不过是做了我自己的解释和翻译，以便能最快让你吸收而已。同时，我不能忍受你的这种‘我原来就知道，只是说不出来’的弱智言论。相信我，你原来好像隐约知道，不过是你的错觉而已，就像你来到一个地方似曾相识或觉得某个场景你梦里见到过一样，都是大脑的错觉把戏。这种把戏阻碍了你继续深度的学习。你知道为什么我能讲出来，写出来，而你不可以吗？”老岳说。

“不知道！不过你现在问我问题的这个场景我好像梦里见过……”

最后用经典的《盗梦空间》的桥段来结束这篇文章，向伟大的范例生产者致敬。

2016.9.10

# 用学习来终结抄袭（下）——没有新认知哪来新创意

## 1. 认知

“老岳，理论到底有什么用？”小梅问。

“为什么这么问？”老岳说。

“我前些天把你的文章推荐给一个做家装的老前辈，但他说，理论没有用……”小梅说。

“嗯，相对于他的认知水平而言，理论就是对他没有用，他没有说错……”老岳说。

“……嗯？”小梅问。

“嗯！”老岳说。

“这就完了？不像你的风格啊，老中医！你没有想说的吗？”小梅说。

“不想说，长久以来我一直有一个理念，就是既然上帝已经把低智商人群惩罚为低智商人群了，就不要试图改变他们！挑战他们的心智。”老岳说。

“老岳，你这话说得好难听……”小梅说。

“好吧，我用不难听的话再说一遍：理智的人从不辩论。”老岳说。

“老岳，理论到底有什么用？”小梅问。

“理论可以提高你的认知水平，而高认知水平可以让你迅速地抓住事物的本质。”老岳说。

“可是老岳我还不是特别明白，本质认知到底和设计有什么关系，你能再说的详细一点吗？”小梅说 。

“认知水平高的人永远都是第一时间发现问题本质的人，面对本质时根本不需要抖机灵，去做那些噱头型的创意。同时，日常的工作里，你有没有发现以下的几个问题呢？第一，你有时候有没有觉得听专家说话或者看很牛的文章书籍，里面唠的嗑你感觉似曾相识，自己隐约好像也知道，但自己又说不出来，就差了那么一层窗户纸？第二，当你习以为常的事被牛人丝丝入扣的解读，得出来一个非常有见地的却和你的常识不一样的答案时，你是不是非常羡慕别人的智力能力？第三，同样条件下，有的人进步非常快，有的人进步很慢，而有的人在到达一个时间点后进步的速度非常快，大器晚成，这究竟是为什么？”

“嗯，有发现，但我不知道为什么这样。”小梅说。

“答案很简单：还是因为认知水平太低！而认知水平低就是因为缺少理论体系。”老岳说。

“什么是理论体系？”小梅说。

“理论就是一种‘知识结构’，理论把凌乱的、无序的知识点、经验点，按照有序的结构和次序归纳整理出来。”老岳说。

## 2. 游戏

“还记得中学就学过的钻石和石墨吗？它们都是碳原子构成的，只是二者之间的结构不同，造成了二者的属性之间的差异。同样一本书，一个知识结构化形成理论体系的人，和一个没有理论体系的人，阅读过后的结果也是完全不一样的。这就像我们玩游戏的时候，遇到了一个‘怪’，你打死它，增加 500 的经验值。同样是那个一模一样的怪，被一个高手打死，高手却增加 50000 点的经验值，你会非常的纳闷，觉得游戏很不公平，于是你质问游戏公司，游戏开发者对你说：‘你在游戏里的等级越高，你打怪时获取的经验值也就越高，你一个一级的玩家，打死一个怪，就有 500 的经验值，而那个增加 50000 经验值的人，他在游戏里修炼到了 30 级，所以你们的取值范围不一样。’另外游戏开发者还告诉你，在游戏里，还有 320 级的、1000 级的、10000 级的游戏玩家……于是你会觉得这个游戏太差，级别越高的人，升级反而越快！”老岳说。

“老岳，这么不公平的游戏怎么会有人玩？”小梅说。

“呵呵，我很遗憾地告诉你，这个游戏你天天玩，而且除非 game over（游戏结束），否则你不能退出、不能存档后悔，这个游戏有个让人百感交集的名字叫‘生活’！

“现在你知道为什么会有马太效应（指强者愈强、弱者愈弱的现象，出自圣经《新约·马太福音》：凡有的，叫他更多；没有的，连他仅有的也要夺去）这种事情了吧？经济上的贫富差距可以看得到，人和人之间的智识级别的差距却是肉眼无法分辨的。物理学家分级的朗道效应指出人和人之间的认知能力的等级差距何止万倍！那是百万级的！即使从生物数据来看，大家的智商最多差距几十个点。”老岳说。

“老岳，怎么才能提高认知水平？怎么才能理论化自己的知识，让我爆怪的时候也能有几万的经验值？”小梅说。

——————至此您已经阅读了本篇全部内容的 1/4

### 3. 城市

“唯一的办法就是结构化你的知识。举个例子：结构化就是在你的大脑里建立起一座高度发达的知识城市，这个知识城市四通八达、交通便利、盘根错节，你所有的知识都‘居住’在这个城市里，它们在城市里相互联系，建立关系。于是你每学习（移民）一门新学科就像在脑子里建造一个城市区域，而每一个这个学科的知识模块都是这个区域里的一栋建筑，建筑内部不但四通八达，而且要和其他建筑也建立最高效的链接。简单说就是每一个新的知识点都要和已经熟悉的知识点相关联，新建筑和旧建筑迅速融为一体，形成一个城市区域。

“新移民（学习）来的知识，也能迅速地在城市里找到工作，留在这个城市里生活，为这个城市服务，同时这些知识还在这座城市里繁衍，每天都出生非常多的小知识。很快这个城市的吸引力越来越大，对外的接口越来越多，每天这个城市里出生的小知识越来越多，外来的移民知识也越来越多，这个城市越来越繁荣，规模越来越大，原来只有一个叫‘设计’的城区，很快这个设计的城区周围开始有了叫‘经济学’，叫‘心理学’的卫星城，又过了一段时间这三个城区全部连在一起了，还修建了码头、地铁、高速公路、机场、物流中心，很快周围一些诸如营销啊、广告学啊的小镇也逐渐加入了这个‘知识城市’的大都市圈……

“在新学习（移民）来的知识里，有两种知识，一种叫拓展性知识，一种叫重构性知识。拓展性知识来到你的心智城市之后，会自动的前往自己所属的建筑物归队，于是这个建筑越盖越高，你对某一个知识类别也越来越有精度，越来越专业。而重构性的知识，通过学习来到你的心智世界后，会帮助你开疆扩土，扩大城市面积，开拓出新的可用地块，同时对已有的城区重新排序，提高交通效率，帮你实现高楼林立的一片繁荣。”

## 4. 罗马不是一天建成的

“当我们的心智还是个小村子，我们又在学习拓展性知识和重构性知识时，这两种知识的学习和增长的曲线也不一样，很多小伙伴错估了自己的收益和进步速度，当学习结果和自己的预期不一致的时候，就会变得失去耐心。我们学习相当于单个心智建筑部分的拓展性知识的时候，这种知识的增长是对数增长模式。一开始学习的时候进步特别快，但随着时间的推移，增长就会变得越来越难。比如，你学会操作画个效果图三个月就足够了，想画好可能要两年，而想要把设计做到炉火纯青，可能要做二十年。这种对数式学习刚开始效果特别明显，可是越是到后面越变得格外困难。不光是学习设计，包括语言能力、读写能力和音乐技巧也是如此，初学时进步飞快，但在掌握之后，想要精益求精、更上一层楼比登天还难。我们要注意的是，后期成果越来越不明显的时候越要坚持。

“而我们学习属于心智城区部分的重构性知识的时候，我们面对的是指数增长。和前面说到的对数增长截然相反，指数增长一开始的时候进展缓慢，但随着时间的流逝，你的收益会呈现加速增长，比如投资、社交等。比如我们平时的阅读和学习探索，刚开始的时候，即使看了好多本书，好像也没有什么用，但是只要你坚持，那么很长一段时间后，你自然而然的腹有诗书气自华，逐渐你积累得越多，进步越快，阅读学习的效率越高，速度越来越快，就像是文章开头讲到的游戏升级一样。

“读书这个事对我而言有明显受益的时间是五年，前五年几乎感觉不到什么效果，但是越往后越有开挂的感觉。那么，在这种增长模式下，我们遇到的主要麻烦，就是如何在成果不明显的前期，保持自己的勤奋，迎来收益爆发期。

“随着拓展性知识和重构性知识的积累，很快这个知识城市也由室内设计作为支柱产业，慢慢向创意产业升级，这个城市不但是室内设计之城，还可以对所有广义设计产业输出能力。于是产业升级了、资源重组了，在外界看起来你是一个可以随意跨界都可以取得成功的牛人了。

“你看，当年一个几十人的小村子，发展成了几千万人的都市圈，规模扩大了几百万倍。这就是人和人之间智识的等级差别。”老岳说。

————至此您已经阅读了本篇全部内容的 1/2

## 5. 元知识

“硅谷的投资家彼得·蒂尔在面试时都会问应聘者一个问题：‘在什么重要问题上你与其他人有不同看法？’其实这是一个超级难的问题，我花了一周时间才勉强地找到自己的答案。为什么这个问题这么难？因为我们绝大多数的人对这个世界其实并没有看法，更谈不上自己独有的看法，想要对世界有独有的看法，你需要重新回过头来，用好奇心和元知识重新的认识这个世界。

“我曾经提到了有一个概念叫不自觉的‘自动完成’，其实我们很多时候，对我们所处的世界也是不自觉的自动完成认知，失去好奇！每当我看到一些在朋友圈里刷屏的所谓国外设计师的好创意的时候，大家仿佛认为我们和国外的好创意差的是技巧。其实我们真正差的是对世界的独特看法，正是因为视角不同，我们眼里的世界不同，所以差异化解决方案才会出现。也就是说看似创意的差距，本质上还是我们世界观的差异造成的！那么怎么才能审视改造自己的世界观？”

## 6. 本质

“世界观是由元知识塑造而成的，元知识是对世界基本的解释，是一切知识的底层基础，是解释这个世界本质的最原始的知识，是解锁世界的第一把钥匙，是提取知识的第一层知识，一般而言，我们也会把这个叫做第一原理。人类的进步都是元知识的进步，由此带来的认知模型的变革，会引发第二轮、第三轮的知识海啸，于是解释和延展元知识的新知识出现，于是解释的解释出现，注解的注解涌现，第一原理一旦刷新，会延展出一个文明的新样貌，但究其本质依然是元知识作为基座支撑的。这也就是为什么中国古人说‘书不读秦汉以下’。因为，秦汉以来中国人形成的认知世界、解释世界的模型几乎没有什么进化，秦汉奠定的元知识，在秦汉以下，不断地被语意重复，不断的解释、注解，出现了解释的解释，注解的注解。这种情况一直延续到了隋唐后佛教整体改造中国文化完成之后才有所改变。

“再比如，大物理学家费曼说，假如一天人类所有的科学知识都消失了，只有一句话要给后代口口相传，那么这句话应该是：‘所有物体都是由原子构成的！’你细致想一下，这句话里蕴含的哲学，几乎可以导出整个现代科学。你看，这句话就是元知识，接近了世界的本质，是打开这么庞大的科学知识系统的钥匙之一。

“那么经济学的那句话是什么？是‘社会分工创造财富’还是‘国

家不是家庭？’那么设计的那句话又该是什么？我自己的答案是‘设计就是解决问题’。

“再比如，要探索世界的本质，就要探索世界的两个属性：时间和空间。绝大多数的人是从来不会想什么是时间，什么是空间的！我曾经问过我周围的人，他们的回答都是：‘时间就是时间啊，逝者如斯夫！空间就是空间啊，一个空的地方……’你看，面对这个问题的时候，大家始终是用空间来解释空间，用时间来解释时间，这就是典型的语意重复。

“怎么看待世界的本质，怎么解释时间、空间是元知识的基石。牛顿以来，建立了绝对的时空论，在绝对时空论这个解释世界的模型之下，人类迎来了工业革命的二百年，也使人类突破了马尔萨斯陷阱。而1905年物理奇迹年，26岁的爱因斯坦颠覆了牛顿，他提出了相对时空论，于是人类进入了电子时代。整个电气革命、互联网革命的世界观基础也源于这次元知识的进步革新。世界观的重要部分就是你认为世界的本质是什么。我们人类从神话故事到宗教故事，再到现代科学，都要解释这个问题。

“同样的，作为一名设计师，你想有非凡的创意，你必须思考你要解决问题的本质是什么？就像我开头讲的‘干脆面君的故事’一样，当一名室内设计师面对一个医院的项目时，该怎么思考：什么是医院的本质？什么是医疗的本质？什么是社会保障体系的本质？现在的医院问题在哪？体验上有什么可以改善的？那么一家商场呢？一家餐厅呢？那么商业的本质又是什么？没有针对本质的思考、反思，怎么会有巨大的创新？认知的突破？”老岳说。

## 7. 尺度

“天有不测风云，科学时代之前的人类，即使能够通过详细的天文记录找到天气变化的规律，但是依然不能解释为什么会有风云雨雪的变化，于是各个民族也都有自己的解释天气变化的神话，大致都和我们的雷公电母差不多。如果古代人也能有一个视角，可以像我们现代人这样在太空看到大气、云层、气团、赤道等，恐怕古代人也不再会用雷公电母来解释风云变化了。你看这是什么原因？其实就是视角尺度的改变，从一个更宏观、更全然的角度，会得到更接近本质的结果。

——————至此您已经阅读了本篇全部内容的 3/4

“同样，在达尔文之前，生物学无比的繁杂，达尔文之后，生物学终于找到了一个更简单、更有效的模型来解释生物和生命，也就是说进化论可以从一个更高、更大的尺度观察生命的规律。

“再举个例子，我比较喜欢看历史。初期的时候，关注历史的故事，喜欢传奇和功业人物，后来慢慢喜欢看历史人物里的人性的表演，所谓的权谋机智，再后来喜欢看‘成住坏空’的兴亡总结。直到有一天看到了黄仁宇先生谈到的 15 英寸等雨线的概念，以及马尔萨斯陷阱的概念，彻底颠覆了我从三国演义里学到的那种王朝兴衰和道德有关的儒家历史观。其实黄先生的历史观就是在一个更大的尺度上观察中国的内忧（马尔萨斯陷阱）外患（15 英寸等雨线），观察历史的总脉络而得出的认知。

“同样的道理，如果是你，你该如何看待设计呢？设计的总脉络是什么？设计！现代意义的设计是工业革命的伴生物，工业革命是因，现代设计是果。无论是工业设计还是建筑设计，要理解其最基础的理论，如果脱离了工业革命技术进步这个历史背景，你永远不可能真正的理解建筑学为何物！也不可能理解这些建筑大师到底解决了哪些方面的问题推动了人类的进步，以及他们解决问题的路径对今天是否有启发意义。

“再比如，如果设计就是为了解决问题，那么人类历史上有哪些重要的发明创造？他们解决了什么问题？轮子算是最伟大的发明之一吗？你有可能重新发明轮子吗？如果大自然是最伟大的设计师，那么鸡蛋壳算是最伟大的包装设计吗？为什么？如果人类的一些问题本身是由于感官规定性造成的，那么进化心理学有用吗？如果有用，人类的行为在多大程度上可被预测和控制？其实，我在文章《啥也不聊就给你讲个设计故事》里提到的广义设计和狭义设计之间的区别不恰好就是认知世界的视野尺度的差别吗？设计行业是更大的社会分工的一个部分，我们处在这个价值链条的一环，能看到上下游的趋势和改变吗？我们接触一个项目的时候，能够看到项目所处的社会结构中的位置和价值吗？

“举个例子：如果你做一个餐厅的设计，你的尺度从房子里考量，你看到的是立面、顶面、地面，你所想的是造型。假如你从一家餐饮空间的尺度考虑，那么房子之外看不到的部分也被你纳入到了思考范围，比如：厨房、仓库、后勤区、系统运作的流程等。假如，你的观察尺度继续放大，你看到的是产品，那么你考虑的是系统运行的成本，是不是能快速的复制多开店，你考虑的是怎么通过性价比提高餐厅的流量，增加营业绩效。假如，你的尺度继续放大，你看到的是需求，那么你可能就会推翻你之前所做的所有的设计，你可能会认为你解决的不是建设一个地方提供一顿美味，你要解决的是让一顿美味来的无比简单。那么你可能会从建立中央厨房、建立产品研发、建立配送投放渠道、建立融资渠道开始。是的，这个时候你已经是一个创业的企业家的视角和尺度了。

“微信上转载了好多未来设计职业会横扫天下的文章，我表示认同，但是我认为，如果看待世界的尺度问题没有解决，思维水平和认知水平都是老样子，鬼才信设计师们会有大作为。”老岳说。

## 8. 瓶子

“嗯，明白了，老岳，人的能力不可能大于自己的认知水平！也就是说认知水平是能力的上限。”小梅说。

“很好，你总结的非常棒，之前我们聊的学习问题，主要针对能力的学习提升，而今天所聊的认识和智识问题，就是你装能力的瓶子，你有多大的瓶子就装多少能力。当然，你有个大瓶子，不代表你的瓶子里装满了能力，也有可能能力很少，这就是传说中的眼高手低。一个人的时间和心智资源都是固定的，要合理的分配，你多花时间在要造大瓶子上，自然学习能力的时间就少了，于是一瓶不满半瓶晃荡。假如你不花时间提高认知，只学技能，那么很可惜，你智识不足无法整合存储利用这些技能！”老岳说。

2016.9.18

# 你参加了那么多分享课为什么依然很低级?

## 1. 我的内心是困惑的

经常有人问我：“老岳，我想系统的学下软装，你能推荐一个软装学习的课吗？”

“老岳，我要学室内设计，你能推荐一个学设计的班吗？”

“设计该怎么学？”

“色彩该怎么学？”

“管理该怎么学？”

“谈客户该怎么学？”

说实话，每当遇到这些问题的时候，**我的内心其实是困惑的**。我不知道为什么会有这样的问题。我也不知道该怎么回答！因为从业以来没有谁特意地教过我，一切都是自己逐渐摸索的！同样，我的公司从 2012 年开展软装业务直到今天为止，没有人教过我们怎么做软装，我们也没有参加过任何软装培训，反而是 2016 年我们自己开了个软装培训课。

同样，没有人教我管理。没有人教我写作。没有人教我运营。没有人教我思考。没有人教我如何做产品。但我都做了。是的，就这么发生了。做以上这些事之前，我从来没有想过，我要先去培训机构学习一下。所以我无法解答那些求推荐课程的问题。**我不知道有什么技能是不可以自学的，是不能边干边学的？**

一天，有个小伙伴来办公室和我聊天，他问我："能不能加盟你们公司，在某某城市开个分公司？"我问他："为什么需要加盟我们，你觉得我们能给你什么？"他说：**你们能给我输出啊，无论什么！**我一瞬间恍然大悟。我说：那我们是谁给的输出？

一阵尴尬……

我觉得这个需要有人输出的小伙伴和前文提到的问哪里能学软装的小伙伴是一种人。刚开始的时候，我也以为他们是好学，后来一想，不对！一个好学的成年人怎么可能不懂得如何开始学习？**其实他们只是希望找到一个现成的输出，一个可以速成的捷径。**他们就像是到处寻找电池的人形毛绒玩具，希望外部能给他们打包好的、完整的、不需要二次处理的电池，插上就能用，自己马上就可以电量十足，征服星辰大海。其实，这个世界上哪里会有这种完美的电池和输入？**真正可以翻山越岭的人都是自带鸡血、自带流量、自带光芒的！**不用说！当然也自带自学功能！

## 2. 我的内心是崩溃和鄙视的！

我的每一篇文章发表后，我都手动回复读者的留言，我看到过很多的小伙伴在我讲怎么学习的文章下，留言问我，该怎么学习？在我讲怎么谈客户的文章下，留言问我，怎么谈客户？在我讲怎么经营的文章下，留言问我，怎么经营……

我问他："为什么这么问我，文章你没看吗？"他回答："看不懂。"

**我的内心是崩溃的！**

还有设计师朋友给我说："哥们儿，你写的文章太长了！我没有时间看。""老岳，你写的太难懂了，虽然我知道有好多干货，可我看不下去，因为读起来太吃力了。"

**我的内心是鄙视的！**

每当听到这些话的时候，我总是想起柳井正说过的一句话：**不会游泳的人就让他淹死好了！**学习和健身一样，是一件过程中充满痛苦，结束后才有乐趣的事。这也就是为什么每个人都知道学习重要，却少有人真正学习的原因。我们每个人都声称，自己明白生命只有一次，可是如果真明白，那周围为什么会有那么多的苟且和琐屑？最为搞笑的是，告诉我没时间看我文章的人，问我的第二个问题竟然是："哥们儿，你应该非常忙，你又做设计公司，又搞智能硬件，又要看书，还能每周写文章，你是怎么安排时间的？"

**我的内心是崩溃的！**

我想说：我都有时间写，你却没有时间读，而你还问我时间是怎么管理的？

第一，你都没时间学习，当然不可能做好时间管理啊！因为时间管理是需要学习的！

第二，你不愿意付出心智资源和注意力去承受学习带来的痛苦。你希望看着图片、唱着歌、最好还能吃着火锅，就把学习这事办了，那请问如此廉价的学习怎么会有价值？

——————至此您已经阅读了本篇全部内容的1/2

我在之前的文章里说：很多人分不清楚学习性阅读和娱乐性阅读之间的差别。本质上他们分不清的是：**真正的学习和学习的幻觉之间的差别**。真正的学习，就好比是健身里的力量练习，是一种负重练习，非常累，但只要坚持就能进步，因为**大脑就是用来思考的肌肉，只要方法正确，持续刺激，这个"肌肉"一定可以越来越强壮**。而学习的幻觉，就是那种号称能减肥的震颤机，你充满仪式感一动不动的站到上面，机器晃你半小时，你也能出点汗，但本质上除了能得到一点自欺的心理安慰之外，你一无所得。你在朋友圈里有没有转发过诸如《不收设计费鬼都怕》的文章？你有没有觉得咪蒙的文章讲得太有道理了？好吧，这都是学习的幻觉，娱乐性的阅读你的时间都用在震颤机上了，稍微有点负重的练习你当然吃力！所以你读不懂！因为你的大脑实在太缺乏应有的锻炼了。

**不会游泳的人活该被淹死在鸡汤里！**

## 3. 我的内心是悔恨的

和一位我非常尊重的朋友交流做智能硬件的经验时，我发现我们同时犯了一个同样性质的错误，踩了同样的一个坑。这个坑的本质**说起来简单到让人发指：制冷的空调要在最热的夏天卖！**可往往最重要的事情里所蕴含的最简单、最基本的道理，我们总是熟视无睹难以发现。比如**鱼总是最后一个发现水的存在**。但如此简单的道理却让我们的科技公司交了几百万的智商税，让我朋友的创业项目失败。

**我的内心是悔恨的。**

于是，我重新地审视学习这件事！审视这件如此简单又几乎决定我们生命质量的事！我终于有了 2016 年最大的收获。我发现：**没有掌握学习方法的所谓学习，都是浪费时间**。是的，就是如此简单的一句废话！过去的几十年里我竟然完全没有意识到，我的学习效率太低，以至于我浪费了大量的时间，**我一直在用一根铁棍砍柴！学习能力本身才是一个人最大的元技能**。

一个希望学习的人首先要解决的不是学什么的问题，而是如何学的问题，也就是说没有掌握好的学习方法之前，所有的学习都是一种对注意力的浪费。于是我开始整理关于学习的方法，我第一时间写了三篇关于学习的文章 [ 即《用学习来终结抄袭》（上、中、下）]。这三篇文章共计三万字，我把我能找到的关于学习的方法全都消化成和设计师相关的内容做了输出。你猜怎么着？讲学习方法的文章是我所有文章里打开率、阅读量以及 NPS（净推荐值）指数最低的。

说实话，开始我还认为，这些心得都是真金白银烧出来的，这么廉价的给你们，我觉得太可惜。我发现我错了，因为很少有人看这部分文章，即使看了，也少有看完的，即使看了，还有抱怨文章太长的，这说明所谓读完了，**不过就是认了一遍字的阅读水平，**完全 get（获得）不到价值。

是啊，你用娱乐的、自欺的方式去阅读，当然会觉得长和累！于是你丧失了耐心，马上进入迫切找电池的毛绒玩具状态，要么就赶紧看一篇《不收设计费鬼都怕》或《设计师有什么成本》这样的文章压压惊，以便让你从怀疑自己智商的压力中解脱出来，又刷了半小时的朋友圈，一切烟消云散后，蓦然回首你还会说：老岳这都是写的什么啊……

没错，**你从来没有打算为学习这件苦差事付出代价和成本，你在心里根本没有这笔预算，**所以你会觉得一万多字一篇的文章很长。因为你从来没有有效学习过，**你大脑未经训练肌肉孱弱无力，所以稍微和你原有的直觉不同的知识，在输入时你都会觉得累，**可是和你直觉相同又能简单输入的是知识吗？又有什么用？

在这种情况下就更不用讲学会学习的技能了，因为你从来没有觉得学习能力这个事是问题。相信我，**鱼是看不到水的，再无能的人也不会觉得自己无能。**于是你参加了各种分享，围观了各种演讲，煞有其事的在微信群里讨论和争辩。一年过去了，你的平均进步水平并不高于外部世界的发展速度。心急如焚的你抓紧买了几本书，翻了几页后，你还会拍个手持铁棍砍柴的读书照，然后晒个朋友圈说：你看，我学习得多努力、多辛苦。

**利用铁棍砍柴不辛苦才怪。**

## 4. 总结

**最后，让我们来总结一下为什么你参加了那么多的课程却还是没有用：**

**第一，一个真正主动学习的人是输出者，他们有狩猎能力，懂得主动学习，还能生产知识，但就是不会寻找捷径。**

**第二，学习是要付出成本和代价的，会学习的人随时准备为学习痛苦的成本买单。**

**第三，磨刀不误砍柴工，先解决学习方法的问题再解决学习的问题。**

2017.1.16

# 你利用了99%的碎片时间来学习，却输在1%的“知识管理”上

“老岳，我每天都有做不完的工作，平时也只能利用碎片化的时间来看看网上的文章，大家都说碎片化的学习和阅读没用，我自己也觉得这样学习效果不好，不系统。更别说应用了，记都记不住。但我确实挤不出整块时间来学习啊，有什么办法能把碎片式学习变得更系统吗？”

唐宋八大家之一的欧阳修有个观点：“余平生所作文章，多在三上，乃马上、枕上、厕上也。盖惟此尤可以属思尔。”其实大文豪也是利用边角的碎片时间来学习和工作的，所以问题的关键不是干掉碎片化，而是如何提高碎片化学习的效率，而提高效率的关键是要建立起知识管理的体系。有了知识管理的体系，你输入的信息，会迅速地找到相对应的“存储”位置，不会再有左耳进右耳出的情况，你的知识管理体系越完整，沉淀信息的效率越高，所以只要输入质量没问题，即使是碎片化的输入

一样可以丰满你的头脑，提高智识水平。

### 1. 生涯管理

但是我们要了解知识管理体系必须先了解个人的生涯管理，因为知识管理属于生涯管理的一个部分。生涯管理有几个基本管理项：时间管理、智识管理、健康管理、财富管理、关系管理。

时间是一切的基础。彼得·德鲁克说：“管理就是在资源稀缺的情况下把事做成的能力。”人生当中无时无刻不在面对资源的稀缺性，而所有的稀缺资源中，时间资源是最稀缺的。但时间不可管理，所谓的时间管理都是管理自己。因为时间没有弹性、不可再生、不可逆，某种意义上说时间几乎就是人生的本身，而一切资源都是运行在时间这个基座上的。任你多富有、多聪明、多漂亮，时间没了，时间之上的一切属性都烟消云散。

智识需要管理的原因也是因为每个人的心智资源是有限的。智识资源分为：处理能力、输入和输出。总的来说，智识就是用来处理信息的，把信息处理成知识，把知识锤炼成智慧，而这个从信息到智慧的转换关键就是智识，智识决定了转换效率，也拉开人和人之间在心智上差距，而这种差距甚至可以达到几百万倍。人生百年，大家的时间总量差不多，为什么有的人功成名就，有的人碌碌无为？原因就在于智识效率的高低，你的效率高一倍，相当于寿命比别人长一倍。更何况高百倍，千倍！

人总是会老的，身体的机能会随着时间变化衰弱，身体健康关系到生存的质量，所以健康也需要管理。健康的状况也会影响心智的构建，更重要的是健康可以决定你能活多久，这决定你有多少可使用的时间。

财富在现代社会是一种自由的必要条件，可财富本身就是时间的副产品，它还可以是其他资源的催化剂，能够节省时间，能够让你更健康，接触到更多优秀的资源，拥有更多的体验，增加人生的丰富度。

马克思说：人是社会关系的总和。也就是说你是谁，是由你的社会关系决定的。特别是这个建立连接迅速，关系复杂的现代社会，你必须管理这个可以决定你是谁的社会关系，这其中包括亲情，强社交的朋友，弱社交的友人。

而之上所说的一切，本质上就是对时间分配的管理。而我认为把时间分配到心智资源上回报率最高。

了解过了生涯管理，我们来看看智识管理是什么情况。

## 2. 智识管理

之前我们说过，智识管理可以分为：输入、处理、输出。而知识管理主要针对信息处理这部分的能力展开工作。比如信息输入到了硬盘后，知识管理就是整理硬盘，让硬盘的读取速度更快。其实信息也好，物品也好，管理的前提都是可以分解为：分类、存储、方便取用这几个步骤。作为一名家装设计师，就让我们先从收纳谈起。

我想设计师朋友们对物品收纳都特别熟悉，想一想我们是如何收拾衣柜的？我们要先把衣服分类，男人的、女人的，外套、内衣，夏装春装，大小长短，等。其次我们要把分好类的衣物规划到衣柜的相应位置，过程中有些不喜欢过时的衣服还要挑出来丢掉。然后再把这些衣物分门别类地放到衣柜里，要考虑应季的衣服放到最外面好拿的地方，还要考虑衣物之间的搭配，甚至把搭配好的衣服放到最外面方便第二天早上穿。

————至此您已经阅读了本篇全部内容的1/4

## 3. 知识管理

如上所述，其实知识管理和收纳管理或者管理库存的步骤也都差不多，可以分为：分类、剔除、巩固、贯通（图1）。下面我们就来了解一下这几个步骤。

### 分类

我们可以把知识分为以下几种：陈述知识、程序知识、思维知识。我们在展开学习的时候要人为的训练自己，按照知识的分类来为输入的知识作分类处理。

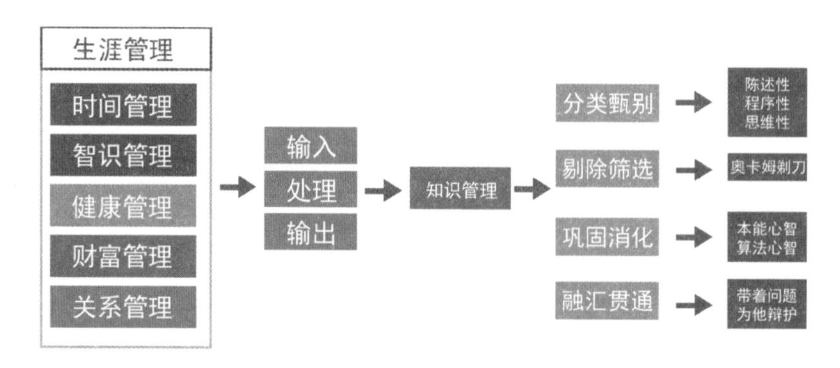


图1 从生涯管理到知识管理

1）陈述知识

什么是“陈述性知识”呢？其实就是对某种事件的陈述，比如：老张和我在肯德基谈了一次方案。比如，圆周率，化学元素表。我们来看一下陈述知识怎么分类处理。

假如，我今天看到了一则历史故事，我觉得其中一个情节特别有意思，于是我首先会把这个小情节记录下来，放到我的笔记本的历史类的笔记当中。我和朋友吃饭，他讲到一个很有趣的比喻，我也会按分类把这件事记录下来。你看，陈述类知识的关键在于记录，而记录分为两种：内记忆和外记忆。内记忆就是记在脑子里，也就是我们常说的背下来，而现代社会的信息量实在太大，不可能全都背下来，所以这个时候就需要外部记忆，也就是我们常说的笔记，我个人喜欢用手机里电子版的笔记，有些人喜欢用纸质的笔记，这都不要紧，关键是要建立系统的外部记忆体系，可以方便地检索资料。

2）程序知识

程序性知识也就是我们平常所说的方法和技能，而方法和技能在某种程度上都可以被理解为一种算法或程序（软件）。比如：先这样，再那样，然后只能这样不能那样，遇到这种情况就要这样，遇到那种情况要那样。这种先后关系的条件判断就是一种程序。我们再来看一下程序知识怎么分类处理。比如，我看了一本叫《如何阅读一本书》的书，书中讲了关于高效阅读的方法，我看完这本书之后，会把这本书的笔记（陈述性知识的外部记忆）整理到我的程序性知识的分类当中去，然后下次我再看书阅读的时候我会刻意的按照书上教我的方法开始练习，逐步的提高我的阅读能力。直到有一天这阅读的程序变成了我的阅读习惯，我不需要刻意的思考，就能自然而然的使用这种阅读技能了。

再比如，我看到设计网站上很好的案例，一般我会按照自己对风格的理解进行外部记忆的整理分类，把图片案例分配到相关的文件中去，更重要的是我会把其中启发我的处理方式的资料单独存放，反复研习，遇到合适项目的时候，我会尝试用新学到的方法去解决。程序性知识的关键在于练习，刻意练习。（什么是刻意练习请阅读我的文章《用学习来终结抄袭（中）——怎样才能开创自己的设计风格》）

3）思维知识

最后，我们再来看一下思维知识怎么分类处理。

思维性的知识一般指的是非常抽象的信息。比如哲学上的概念，比如，对逻辑和理性的思考。也就是所谓的“批判性思维”，比如对一个事物进行分析、判断和评价的能力，正是这种能力带来了我们的独立思考。

目前为止，我所知道的最有效的“批判性思维”就是哲学科学体系，这也就是为什么我花了很多时间看科普书的原因。当我阅读到其中的反思性的知识的时候我就会把它归纳到思维知识的类别中。

批判性思维带来的结果就是生活中我们常说一个词：洞见。洞见有个特别的特征就是：一旦你学会使用洞见所提供的视角观察世界，那么你再也无法忍受自己以前的愚蠢了。也就是说，一旦学会了新的思维方式，你会不自觉得用这个思维方式来看待世界，这个过程不可逆。神奇的是思维方式记录下来没有用，你必须要理解，理解了就不用记下来，你一定也不会忘记。思维知识有点像是你电脑的底层启动程序，只要你安装了，每次电脑启动都会调用。

举个例子，有小伙伴问我：“怎么样才能设计出空间的呼吸感？”我说：“我不知道什么是空间的呼吸感，这个说辞大概是你听某个大师的演讲时听来的吧？”

——————至此您已经阅读了本篇全部内容的1/2

这个词是一个感受，不是事实，更不是一个有效的概念，因为它无法被清晰定义。感受就是小马过河，而这个感受是大师的，不是我的，也不是你的，我没有感受过，我也没法定义它，有一天我有了这个感受，也许我可以说，原来大师说的空间呼吸感指的是空间里的流动性，那空间流动性就相对好定义了。我可以定义空间的流动性为以下几个部分组成：空间中动线的通畅程度、空间中视线的开敞程度、空间中空气的流通程度。也许你会说，不对，空间的呼吸感，呼吸嘛，强调的不是通透和流畅，强调的是起伏节奏！那好，既然如此，我们就要定义什么是节奏，确切地说是室内设计视觉上的节奏是什么？我们可以定义为：空间体量大小的重复与对比、空间立面造型的尺度的重复与对比、空间色彩的重复与对比、空间明暗交织的光阴关系的重复与对比。

有了具体的内容和定义，我就能展开学习和讨论。你看，思维性的知识重点在于反思，它可以让你不再迷信，能让你在这个充满套路的世界迅速的辨别出什么是真正的真知灼见。

剔除

就如之前所说的整理衣物，知识分类之后就应该剔除，舍断离。剔除什么呢？剔除无效的知识，剔除多余的概念。什么是无效多余的知识和概念？

举个例子，现在任何一个初中学过化学的人都会知道，燃烧就是剧烈的氧化反应，但是在人类搞清楚燃烧之前人类假想了一种叫“燃素”的东西，物体里有了这个燃素，所以物质会燃烧，而没有这种燃素的物质就不会燃烧，比如水。你看，燃素就是一个无效的知识和概念。

再比如之前提到的空间的呼吸感，就是无法被清晰定义的一个概念，最多是个词汇，而不是知识。针对知识做剔除动作的时候，有个大名鼎鼎的工具需要介绍一下，那就是：奥卡姆剃刀。

奥卡姆剃刀原则用一句话解释就是：如无必须，勿增实体。简单来说就是，如果同样的一件事，一种是用两个步骤来证明，一种是用三个步骤来证明，那么两个步骤的更简洁的有可能更接近事情的真相。比如，《皇帝的新装》中，看到皇帝光着屁股在大街上行走，大臣的解释是：1. 皇帝穿了一件世界上最华丽的衣服。2. 衣服很漂亮，但蠢人看不到。3. 我很蠢，所以我看不到这件衣服。而童言无忌的小孩的解释是：皇帝没穿衣服。所以小孩的解释更符合奥卡姆剃刀原则。

是的，上帝喜欢简单，奥卡姆剃刀剔除了那些多余的、无法感知的、无法检测的条件，最终科学家用奥卡姆剃刀剔除了上帝存在的必要性（霍金在《大设计》中解释了为什么宇宙的诞生不需要上帝这个假设）。

巩固

分类和剔除删减之后，我们需要做的就是巩固我们已整理过的知识。

人的认知有两种基本模式：算法模式、本能模式。不同的知识输入时会通过不同的心智模式处理。

1）算法模式

算法模式是用来学习程序性知识的，它也可以被理解为一般意义上的理性智力，比如智商，比如数学计算能力、逻辑的归纳演绎能力等，我们在使用算法模式进程的时候，往往很痛苦，很累。比如你心算一下78645.75 X 389875404.8743=？这个时候你使用的就是算法模式。

我们学习弹钢琴，学习设计，学习编程，学习围棋，这些程序性知识都是由一个一个细分的步骤展开的，想学好它们就必须不断的练习，一个步骤一个步骤的练习，一个小程序、一个小流程的刻意练习，直到把这部分程序性的知识练成本能反应，可以直接被本能模式调用而不需要理性计算为止。

比如学习一门语言时从说得磕磕绊绊到说得流利，甚至如同母语一样的本能，这个练习过程就是把程序固化成本能了，变成了心理表征模块。也就是我们常说的熟能生巧。

——————至此您已经阅读了本篇全部内容的3/4

2）本能模式

指的是不需要大脑思考的，本能的反应，自动的、直觉的反应。比如你在拥挤的大街上一眼就认出自己的朋友，比如，你可以一边思考一边走路，你可以一边骑自行车一边说话唱歌。本能模式对应的是一些本能的、直觉的、条件反射式的反应，比如一个武术高手，打斗时都是下意识的见招拆招，一名钢琴家即兴演奏的时候，大脑不会考虑手指该怎么动，乒乓球大师不可能等球到眼前了才做反应，对手击球的那一瞬间，他就已经判断出球路、球速，调整好自己的挥拍的方式了，一名资深的设计师一眼就能看出平面布局的不合理，一名文物专家一眼就能分辨出赝品，这种不需要思考的快速反应能力，就是本能模式。

我们平时通过阅读来学习时，我们识别出书上的字，这个过程几乎是本能的，不需要太多思考，这是因为我们从小就接受了大量的阅读训练，但是当我们看一本哲学书的时候会非常痛苦，我们觉得书上的字全认识，但讲什么完全不清楚，因为这个时候我们的学习调用的已经是算法模式了。通过不断的刻意练习，有一天终于你的阅读开始顺畅流利起来，之前大量的刻意练习让你把许多哲学概念的理解变成了本能式的反射。

你看，无论学习什么，在学习的开始阶段我们都要使用算法模式来输入，然后我们要通过大量的刻意练习来巩固这些知识，把这些知识固化成心理表征的模块，让本能模式实现自动调用。也就是说，没有通过刻意练习变成模块沉淀到本能的知识都和你半毛钱关系也没有，改变不了你的认知，也提高不了你的技能（图2）。

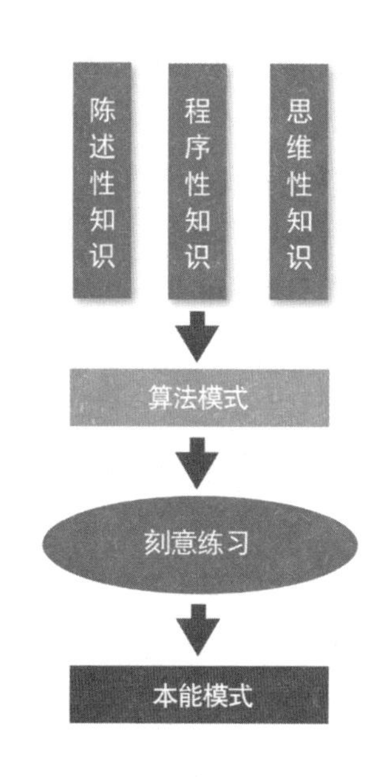

图2 算法模式，刻意练习，本能模式

贯通

其实融会贯通的前提就是系统，知识之间有组织、高效率的相互联系就是系统。建立系统的前三步我们已经讲了，分别是分类甄别、剔除筛选、巩固消化，接下来我们聊一下融会贯通。

首先，知识的融会贯通的前提是提问题。也就是说你在学习一项技能，了解一项知识的时候，最好可以带着问题学习。比如，你上网看到了好多中式的设计案例，觉得美美的，于是这个时候你要给自己提出问题：为什么以前绝大多数的样板间欧式的居多？这几年又为什么中式的曝光度很高，好像大家都突然发现了中式之美了，为什么？为什么之前的中式不火？现在很火的中式和以前的中式有什么不同？空间组织方式是中国传统的吗？符号的变形是往什么趋势上变化的，为什么？家具呢？现在的中式家具和传统家具相同的地方在哪？不同的地方在哪？

要回答上面这一系列的问题，你要在整理过的知识库存中调用：营销学的知识、消费心理学的知识、地产产品变迁趋势的知识、建筑史方面的知识、室内设计的资料、大师的案例。这些知识有陈述性的知识、有程序性的知识、有思维性知识、有专业知识、有理论知识，原本这些树状的在知识库中的垂直分布的知识，因为有了问题开始建立横向结构从而相互关联。

如果你对以上问题真的有了自己的答案，你对中式设计的理解绝对不会再停留于“没有中式就没有贵气”这种水平（图3）。

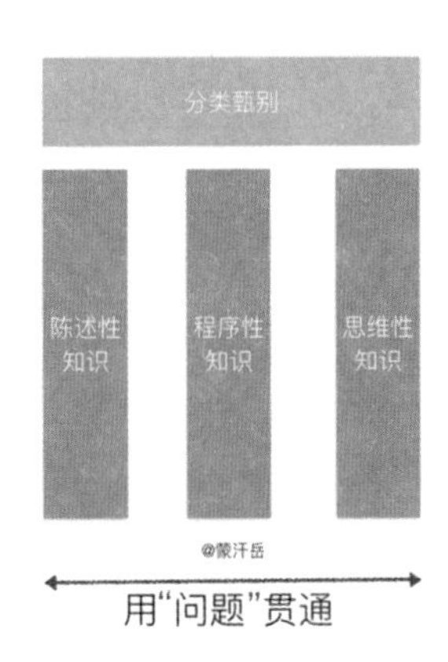


图3 用“问题”贯通知识

其次，想要融会贯通，要尝试着为这个知识辩护。也就是说，你能够把这个知识用自己的语言给别人讲清楚，你能用它去解释知识以外的事情。比如，我看了很多遍讲相对论的科普书，刷到第三遍的时候我觉得自己能够讲给我自己听了，刷第五遍的时候，我尝试着给一个同事讲，但是依然失败了，我无法用他能理解的事实和例子讲清楚这件事。你看，这就是我没有能力为这个知识辩护。

再比如，在我后面的文章《你错就错在该拼感情的时候拼了价格》中提到的 DVF 的动力公式，原本是用来解释学习动力的，我拿它来解释消费心理也一样非常的贴切，其实这种迁移也是对知识的一种辩护手段。

利用之上讲的四种知识的管理手段基本可以做到：梳理问题、管理知识、储备知识。如瓦齐曼斯所说："使物体严丝合缝，使生活的世界更有秩序，这就是控制感带来的愉悦。" 我想，对知识的管理不但可以让我们高效的学习，也同样会带来这种控制的愉悦。

2017.2.12

# 第三堂课 说服客户

HOW TO CONVINCE THE CLIENT

# How to Convince the Client

# 你谈不好单真的不能怪性格

“老岳，我一个刚毕业做家装的师弟，觉得自己性格不适应谈单，非常迷茫，问我是不是要换工作到纯设计公司，我该怎么回答他？”小梅说。

我最近也收到不少小伙伴关于这方面的留言，我把其中一位小伙伴和我的对话原文粘贴出来你先感受一下：

*他：“哈喽，成像刚开始是有三个人，你们对准了地产这块儿，那你们是怎么和它们沟通的呢？”*

*我：“我没明白你的问题。”*

*他：“我也是个设计师，刚从工装转到家装，都说家装设计师要的是谈单，而我的性格恰恰最不会的就是签单。”*

*我："你想说什么？请归纳问题。"*

*他："我回去和你说，我在路上，回去给你写详细点儿。"*

*我："不需要了！我现在就告诉你你的问题。比如你讲给我的'成像刚开始是有三个人，你们对准了地产这块儿，那你们是怎么和它们沟通的呢？'请问你指的是我和谁沟通呢？开发商？还是这句话开头的三个人？为什么是'它们'不是'他们'？为什么是'成像'而不是'成象'？*

*"第二段你又完全换个话题聊你的职业困境。比如***'我也是个设计师，刚从工装转到家装，都说家装设计师要的是谈单，而我的性格恰恰最不会的就是签单。'***那么这段话你想问的潜在问题有：第一，你想问我你职业规划从工装转家装是否合适？第二，你想问我怎么能提高谈单能力。所以我叫你归纳问题，因为我不想猜你的问题。然而之后你又告诉我：***'我回去和你说，我在路上，回去给你写详细点儿。'***那么你的心里预设是：***'老岳一会儿一定会听我说。'***请问凭什么？老岳的时间不是时间吗？我为什么要听你说你的问题？更重要的是你想占用我的心智和时间为你解决问题，可是你连想说服我的努力都没有。你在向我咨询，占用我的时间啊！可是你根本没有为此准备过，你的问题混乱、逻辑不顺、错字连篇。仅仅以上这么一小段对话里的问题，就影射出无数漏洞，你目前谈单好才怪呢！"*

*他："你说话还真犀利……"*

（摘抄于真实的微信对话，做了轻微文字处理。）

我写过很多关于谈单提报的技巧等文章，但我相信楼上这个小伙伴即使背下来这些文章都是没有用的。因为这些**谈单技巧的改善需要有一个沟通能力的基本面**，如果基本面出问题了，再多的技巧机灵都没有用，皮之不存毛将焉附？而现实生活中绝大多数的人，从来不会觉察自己的基本沟通有问题，**毕竟在真实世界中了解真实的自己并不容易**，正因为不容易，少有人能意识到，所以也觉察不到沟通基本面才是问题的根源，反而随手找了一个廉价的理由——性格！

## 1. 输出、处理、输入

你对外部世界说什么，做什么，这些行为就是“输出”。也叫作表达能力或者沟通说服力。而你的所作为的、所执行的，就叫行动能力。我们平常所说的谈单、提报、说服、沟通，都是我们的输出。而你输出的内容是否精彩，行动是否能达到目的，语言是否能说服别人，这就是所谓：输出质量。而输出质量是由什么决定的？是由“处理能力”决定的。“处理能力”就是你头脑中所有的处理信息能力的集合，主要包括：观念、逻辑、方法论。人们要在这些基础的、底层的信息处理能力之上，才能构建出所谓的设计能力、谈单能力等方法论。所以“处理能力”就像是你买来的一部新手机自带的操作系统，你的设计能力、谈单能力都只是安装在这个操作系统之上的应用。

那么，人的“处理能力”从何而来？难道真的像手机一样自带的吗？当然不是！一方面我们通过自己的实践经验得来，另一方面我们主要通过学习而来！其实学习就是我们的“输入”！而学习一般可以分为三个阶段：读取、理解、应用。

我们现在可以清楚地划分出一条线索（见下图）。

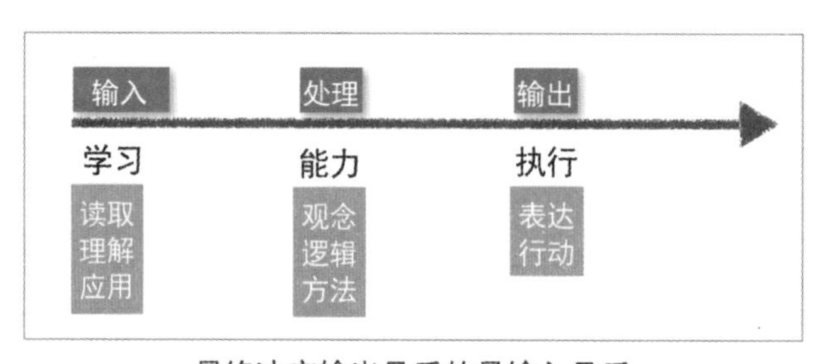


**最终决定输出品质的是输入品质**

输入、处理、输出

你看，对于好多小伙伴而言问题出在“输出”层面，可是问题的原因却在“处理”层面，而问题的根源在“输入”层面。

——————至此您已经阅读了本篇全部内容的1/2

比如楼上那位和我沟通的小伙伴，通过这么几句话，我首先看到的就是观念上的问题。他不是一个事事准备的人，可能还非常随意，当然假如我是他的朋友，他这么随意也没有问题，关键我不是，是他有求于我，甚至连基本的问题都没有准备一下，可想他平时的观念里对提前准备这个概念的理解，我也能想象出来他接待客户的时候所做的准备工作的程度。其次，整个语言的逻辑非常混乱，没有归纳总结，其实这恰恰是思考力不足的体现，从来没有思考过问题是什么，只能苍白的描述自己的直觉感受和应激反应，假如你连问题都不能准确定义，怎么可能解决问题（吉德林法则）？另外完全不注意沟通节奏和沟通方法，缺少同理心，这只能说明他本身不敏感，对情绪、对沟通的语境不敏感，而不敏感的原因一方面是不投入、不在意、无所谓、不认真，另一方面更是缺少方法，未经训练，不职业。

假如，我们换个场景，他是一名找工作的设计师，而我是他的面试官，恐怕就凭这么简单的几句话所反映出来的问题，我绝对不会录取他。那么假如我是他的客户呢？恐怕他根本不会活到和我讨论设计、使用谈单技巧的那一集！

平时好多小伙伴会得到许多关于自己谈单的反馈，这些意见有些甚至是自相矛盾的。什么谈单的声音大一些或小一些；有气势强势一些或柔软细腻一些；什么逼单狠一些或更耐心一些，其实这些都根本不重要，重要的是：**你首先要是一个优秀的人，并且明确地表现出一个优秀的人应该拥有的素质**。也就是说，你要先拥有一个优秀的操作系统作为平台（处理能力）。有了这个优秀的平台作为底座，我们才能有机会去打开那些谈单技巧的应用！

那么怎样才能提高处理能力，升级操作系统？没错，你猜对了，那就是：**提高学习能力使输入质量提高**。前几天有小伙伴给我留言说，深度的学习一篇我的文章太累了，我说，这就对了，不然呢？这个世界上绝大多数的人，一辈子只进行过娱乐性阅读，看一些虚构类的书籍，看电视视频，看图片。大脑始终非常轻松，随着娱乐的节奏和情节起伏。但是这真的不是学习，我们每天都在微信上接触大量的图片和信息，请问一年过去了，你记住了什么，又获得了什么？真正的学习，真正的学习性阅读，本身就是非常的慢，非常的难，需要逐字逐句的深读，过程中不断的反思延伸，需要付出痛苦的心智成本、时间成本，而只有这样才能真正地内化，把知识下沉到你的操作系统的底层，做到改变你的行为。消化掉知识和记住知识不是一回事。记住的多，得到锻炼的是记忆力，不是理解力。这也就是书呆子和腹有诗书气自华的区别。

## 2. 信任

**通过学习、思考、消化（应用），我们把自己的大脑训练成一个有基本思维能力，条理清晰的操作系统，让它首先具备运行一些更高级技能的条件，然后我们才能去讨论升级一些技巧，**否则只会在原有的问题里打转，在有一些表象里飘忽。

对于一个会学习的人来说，不论学习任何技能都要找到这个技能里的第一知识，也就是这个技能里的竞争关键要素。比如，学习开车的第一要素是：慢。学习英语的第一要素是：用。搏击的第一要素是：距离。那么学习谈单、学习沟通的第一要素是什么？答案当然是：信任！

谈单是一个销售的过程，每个人都曾听过那个道理：**想销售出产品之前，我们要先销售出自己！**是的，是我们自己，甚至不是你的方案，也不是你声音大小是否温柔等。一个值得别人信任的人，应该展现出什么样的素质？那么对一名设计师来说呢？如果你连语言逻辑都梳理不清，你的口齿再伶俐有什么用？如果你的专业有问题，你就是再迎合客户或再强势又有什么用？市场上即使是对价格最敏感的客户，在做决策之前也要首先考虑信任问题吧？更何况那些对价格不敏感的优质客户呢，他们最看重的就是信任二字。

我认识一个极其优秀的设计师，其实谈不上巧舌如簧，因为语速慢，甚至给人有点口拙舌笨的感觉，但是他该表达的观点、要点，从来都是简洁清晰明确不掉链子，整体的长相又给客户老老实实的感觉，拿客户非常高效，即使他的设计平庸，报价不占优的情况下，成单率也非常的高，这就是他特别会建立信任感使然！

曾经有作家说，写作这事重点不是动手写，而是开脑、开眼。为什么？因为开脑、开眼，之后你才能真正地对这个世界有看法，表达出你的看法基本就是水到渠成的事，几乎不需要特意训练，有想法的人会按捺不住地想和这个世界聊聊。其实，谈单也一样，你都不用是个非常优秀的人，**只需要做到靠谱就好，**什么叫靠谱？对客户而言就是：**思维清晰、逻辑分明、对专业充分了解、有责任心能主动承担**。绝大多数的客户不傻，一个人的基本素质怎么样，是不是靠谱，都有自己的基本判断。而大部分抱怨自己签单不好的设计师朋友，按照以上的标准，你敢说你自己靠谱吗？如果不是，就不要再拿无辜的性格做挡箭牌来掩盖大脑很低级的事实了。

2016 圣诞节

# 为什么你做出的完美设计，客户却不买账？

## 1. 悟空，别追了

“多年前，我还在一家家装公司做设计师。有一个别墅的单子，好几家公司在竞争。我压力很大，对手很多，客户很牛，市场部追得很紧，店面领导也非常重视。虽说是号称不给客户出效果图，可是奈何别的公司都出了，于是我也咬牙和助理开始出效果图，开始是四五张，可后来市场部的同事都说别的公司都出全套的效果图了，我们再约客户来看，要有新东西，于是我们也出全套的效果图……最终，我还是一如既往地在竞争中失败了，成功维护了我当年济南业绩最差的家装设计师的称号。还记得客户拒绝我的那天，送他出公司，我内心非常的沮丧，客户的车开出去有几十米了，因为公司门口的车实在太多，他开不快，所以我追了上去，拍开他的车窗，我问他：‘某某先生，您能告诉我，您为什么没有选择我吗？’客户：‘嗯……你挺好的，公司也很有实力……嗯……只是我不太喜欢你的设计……’我：‘谢谢您能告诉我原因，谢谢！’

“说实话，当年我看着客户远去的车，一个人站在路边百感交集，我觉得我汗毛都竖起来了。我不知道怎么和加班画图的兄弟交代，怎么和领导以及市场部的同事交代。于是我一遍遍地像刷屏一样的身体发冷，但是我的内心却又非常的火热，虽然难受又有点安慰的感觉，觉得我虽然没能拿下单，但是终于找到了自己失败的原因。我自己技不如人，设计得不好，这还有什么好说的？以后好好地学习，下个客户再认真一点，天道酬勤，我一定可以进步，我一定行的……

“因为客户的家离我办公室不远，所以他家开工的时候，我抽出一天来专程跑去学习……从客户家出来的时候，我泪流满面，我内心比他拒绝我还要难受一百倍，而且我内心里有某个地方崩塌了……

“多年后，我看到一个名叫徐勤的诈骗犯被捕，当媒体披露了他汤臣一品的家里豪华且恶俗的、像十年前夜总会一样的装修时，全世界的人都在嘲笑他糟糕的品位，而我仿佛又看到了那天夕阳下追着客户汽车奔跑的自己，那是我一片忧伤的青春……”老岳说完这一段后，陷入了回忆。

## 2. 阳春白雪

设计师小梅哈哈大笑道：“没想到你当年也有那么落魄的时候……可是你那天之后呢？你心里什么崩塌了？”

“其实，我接触这个客户的时候，是知道他不太阳春白雪的。所以，在做他们家设计的时候，已经非常克制的强迫自己往俗一点的套路上走了。我用了我能接受的最多的金色的线、白色的墙板、米色的瓷砖、最多的回形纹理，这是我的极限了。可是去他家看到一位比我年轻得多的设计师出的设计，我的内心崩溃了，我的极限才是人家的起跑线，怎么比？我终于明白了客户为什么说我设计不好了，我服……

“从客户家出来之后，我内心一直在问自己一个问题，我这辈子还能不能做出这样的设计？我内心非常清楚地知道，我做不出这样的设计，这辈子都不会！我宁愿不做设计了，我也不会做这种东西！我又问了自己第二个问题，目前市场里这样的客户多吗？多！90%的所谓高端客户全是这个样子的！怎么办？换一个环境吧。换一个设计更有价值的环境，我相信做好设计是有价值的。于是在一年之后，成象设计诞生了。”老岳接连说道。

“如果时间倒流，你会做同样的选择吗？”小梅设计师问。

“不一定。我当时太年轻，欠缺了很多知识，同时自己对世界的理解也和现在不一样。所以，我不后悔我的选择，但我知道自己这个选择的后果是什么。其实直到今天为止，我都没有构建出服务家装客户的能力，好在其他合伙人有这个能力，所以现在极个别的家装项目，我们也能顺利服务下来。”老岳说。

“你能说说如果你穿越回 2009 年，你再次遇到这样的客户，你会怎么做吗？”小梅问。“嗯，好吧，如果我能穿越回去和那时候的‘我’聊聊的话，我会从几个角度来说说这个事，就此展开分析。”老岳说。

## 3. 好设计的标准

“首先我会问自己一个问题，解开自己的心结。‘什么是好设计？’‘满足用户需求的设计，设计师觉得好同时客户觉得好的设计。’‘好吧，如果设计师觉得好和客户觉得好不一致呢？’‘那应该是客户觉得好的为准吧？毕竟好设计的前提是满足客户的需求。’‘可是客户觉得一个蠢极了的方案好呢？’‘……’‘好吧，我强迫自己听他的，毕竟他付钱请我。’‘那么我们是不是可以确认一点：设计是以用户的需求为转移的，而我的责任就是给客户他想要的，甚至更好的？’‘是的，这应该就是设计的核心目的和价值。’”老岳不停地自问自答。

————至此您已经阅读了本篇全部内容的1/4

“设计这个事本身就是一种服务，智力加技术的服务，就像是餐厅做菜一样。那么一个饭店做菜的要求是什么？第一，能吃、上菜快、要做熟、食材没有问题，这个是最基本的。拿家装举例子，就是各种套餐家装公司。第二，菜挺好吃的、菜品质量好、味道稳定，我可以根据我的要求点菜。这个叫：有能力给客户想要的。家装里能做到这个的公司，宣传的各种品牌策略基本都是突出品质啊、高端啊、管理啊、信任啊之类的关键词，他们属于中高端家装公司。第三，让你觉得非常好吃，而且每一道菜都是为你定制的，最符合你的口味，属于私房菜，私家菜。每个菜里都有故事，超出预期有惊喜，这个叫给客户更好的。而这一类的都是非常高端的工作室类的公司，往往在一个非常小的圈子里有影响力，比如我听说过一个深圳的设计师服务了好多一线的明星，但这个设计师并不是特别出名，他只是在那个明星的圈子里有名。”老岳接连说。

“而之前我的故事里的问题出在哪？”老岳问小梅设计师。

“嗯，客户想要的你其实没有做到，更没有做到给他更好的，虽然他要的非常恶俗。”小梅说。

“是的，那个时候我对设计的理解不够深刻。我认为：我觉得好大于客户觉得好。连客户想要的都没有做到，更不要说给客户更好的啦。”老岳说。

“怎么才能不但给客户想要的，甚至给出他们更好的呢？”小梅问。

## 4. 隐性需求

“首先我们要分析需求。一般而言，客户的需求分为显性需求和隐性需求。比如汽车大王福特说：如果我问我的客户需要什么，他们会说：给我更快的马车。在这里，更快的马车就是客户的显性需求，而更快更便捷的到目的地，这个需求就是隐性的需求。你看，伟大的福特为了满足用户更快、更便捷的到目的地的隐性需求，造出了便宜的汽车。你想一想，苹果手机也是这样啊。诺基亚认为客户想要更好的手机，这是当时的显性需求。而苹果认为客户想要的是更方便好玩的电脑，于是客户的隐性需求被苹果满足。”

## 5. 让我看起来牛

“那么回到我的故事里，客户想要更多的金色线条、更多的回形纹理，其实这些都是客户的显性需求，那么客户的隐性需求是什么？ 他其实想要的是：让我看起来像一个非常有钱的人。而他身边所有的人，对有钱人应该住什么样的地方，应该装修成什么样，是有自己的看法的。即使你告诉他，李嘉诚、马云家不是这样的，他也不会认同，因为他的本质是为了他的社交圈的认同而装修的，某种程度上他的社交圈决定他的审美，这也就是为什么徐勤的豪宅装修备受嘲笑的原因。”

## 6. 饿

“曾经我接触过一个年龄挺大的客户，他对我描述，他对生活最好的想象就是：当年他在老家放羊，躺在山坡上时，对地主生活的想象。我相信你可以脑补出来他家里能装出什么风格来吧？”老岳说。

“呵呵，想想就觉得带劲呢。”小梅说。

“是的，确实能提神醒脑，可是这个客户的显性需求是地主生活，那么他的隐性需求是什么？”

“琴棋书画，花鸟鱼虫？地主嘛，文化人。”小梅回答道。

“哈哈，我可以告诉你，根本不是！他家的别墅前前后后养了很多动物，记住，是动物！能吃的动物！不是宠物，即使夏天的时候味道很大。在没有社交需求的情况下，他家的厨房餐厅都很大，需要的面积远大于他家的人口数量。由此可见，他心理的隐性需求也不是地主阶级的文化水平，而是富足，心理上的富足感，以前穷怕了嘛。你遇到这样的客户恐怕要想想，什么样的设计会带来他的富足感？做到能满足他的隐性需求，让他能觉得你特懂他！”

## 7. 爱马仕腰带

“遇到这种口味清奇的客户还真是考验社会阅历！”小梅说。

“是的，有时候看他怎么说不如看他怎么做。曾经有一次我们遇到了一个非常有文化的客户，真的是琴棋书画、谈笑鸿儒、往来雅客。他提出的要求是有文化，调性高。设计师和他谈得非常愉快，出方案的时候，整体的方向很纯粹，干净，甚至有点冷淡，但绝对有文化，风格上是现代新中式：舞台腔。我看了，就问设计师有没有注意到客户的爱马仕腰带？这个成功人士儒雅健谈，情商很高，也颇为低调，可是为什么用一条扎眼的金色腰带？他的隐性需求是什么？后来我们调整了方案的方向，从那种修道式的风格，变成了积极入世的感觉，由陶渊明的‘采菊东篱下’变成了‘韩熙载夜宴图’，最终顺利过关。”

“老岳，前面说的饭店其实面对的就是，基础需求、显性需求、隐性需求这三个层次，同时这三个层次也是需求由低到高的层次。而你当年和客户的问题主要是没有满足客户的显性需求，也没有满足隐性需求，所以才会沟通不顺畅，是不是？”小梅说。

## 8. 卡罗曼茶壶

“是的，当时我太自我了，用我的需求，我想做一个什么样的房子，来替代了客户想要什么，更没有了解他的隐性需求，更可怕的是我还悲情的认为客户土到了变态的地步，于是没有想明白的我，晚进步了好几年。所以这个世界上没有：好的需求，不好的需求。只有：很好解决问题的设计和没有解决问题的设计。

“对了，说起变态的设计，这个由卡罗曼设计的茶壶（见下图）是我见过的最好的设计之一呢！”

卡罗曼茶壶

“晕，这个壶怎么倒水啊？这还是好设计？连你刚才说的基础需求都没法满足！”小梅说。

——————至此您已经阅读了本篇全部内容的1/2

“你站在你自己的设计师立场上看，他的功能当然不能用。可是如果这把壶的功能就是：不能用呢？如果我告诉你：这是一把给自虐狂设计的壶呢？你能想象自虐狂使用这壶时会有多抓狂，多么爽吗？所以这个世界上没有好的需求、不好的需求，只有很好解决问题的设计和没有解决问题的设计。所以我们是没有理由嘲笑客户的需求‘土’的，一方面你要理解他的‘土’，另一方面你要想一下这个‘土’的本质是什么？怎么才能提供一个更‘土’的设计给他，更好地满足他，而不是设计师自己认为的这个‘土’或那个‘不土’。”老岳说。

## 9. 我也想做舞台腔的作品

“老岳，你说得很有道理，可是却让人绝望。如果我接触的客户都是挺土的，而我需要给他更土的来给他惊喜，那么我岂不是这辈子都不可能做出你们样板间设计大师的那种‘舞台腔’的设计来了？”小梅说。

“好问题！我刚才所说的解决用户需求，只是让你在技术层面解决你觉得好和客户觉得好不匹配的问题。而在高一层级解决这个问题，必须要用客户管理的手段才可以。”

“客户管理？不是聊‘我本将心向明月，奈何明月照沟渠’的事吗？怎么又扯到客户管理上了？”小梅说。

## 10. 客户管理

“上医治未病！问题出现再解决，不如让问题不出现。一个设计师，特别是家装设计师，入行的时候大多先从简单的需求开始设计。店面经理派单，也是从需求最简单的客户开始，然后随着设计师的成长逐渐给设计师不同等级的客户，直到设计师完全成熟。而所谓设计师完全成熟，不是意味着设计师每次都可以直击所有客户的隐性需求，通吃所有客户，而是设计师清楚地知道什么样的客户是适合自己的。自己的性格、知识储备、爱好、经历和哪一个类型的客户最匹配，自己最了解哪一种类型的客户的隐性需求。设计师和这些客户深度互动，设计师越来越了解这些客户的生活方式和思维习惯，客户也越来越觉得这个设计师懂自己，于是客户和设计师相互的强化。其实这个过程就是逐渐地把设计上升到定制，所谓高端的过程。”老岳连续说。

“从前在网上看到，针对一张衣帽间平面图里的化妆桌，一个设计师说：‘在衣帽间里放书桌是什么意思？设计师脑子进水了吧……’还有一次，一豪宅的餐厅有一张非常大的餐桌，有很多餐位，另一名设计师说：‘这个房子里才住几个人啊，放那么大的餐桌有必要吗？’我回复他说：‘我在电视上看过一个节目采访杨澜，她说她目前生活里最不方便的就是家里的社交空间不够用。’其实这些有些扯的回复恰恰说明，好多设计师没有接触过这个层级的客群，不理解他们的生活方式。”老岳说。

## 11. 取舍

“你是微胖界的吴彦祖，你说什么都是对的，哈哈哈，可是设计师怎么开始管理客户？”小梅说。

“客户管理的第一步是取舍，第二步是取舍，第三步还是取舍。一名成熟的设计师，知道自己擅长什么。比如之前我的故事里，既然意识到我这辈子不可能做出那样的设计，那么我首先要做的，不是强迫自己做出满是金线的设计，而是应该拒绝这样的客户。因为对于一个擅长做这个风格设计的设计师来说，因为非常的熟悉客户需求了，也能迅速和准确的判断客户的显性和隐性的需求，所以他们搞定这个客户的成本非常低，用个四分的力气就可以搞定，正因为如此，他甚至可以同时处理两个这样的客户，心智上还能有两分力气的富裕来处理客户的突发事件，考虑给这个类别的客户更多的惊喜，给他们更多的‘卡罗曼茶壶’。而我不适应这样的客户，我要花十二分的力气去做这个事。而且即使我达到极限了，我的上线依然是人家的起跑线，我们和那位胜出的年轻设计师同时做这一个案子，我们的心智成本完全不同，别人的效率比我高两倍以上，如果客户能选我那才是奇迹。当然，如果遇到适合我的客户，这个做土豪炫酷风的设计师会被我秒杀掉，因为在我擅长的领域他的竞争成本高，所以重要的是搞清楚哪些客户在你的优势领域里。”老岳说。

## 12. 怎么开始

“可是老岳，我现在是生存阶段，都是客户挑我，哪里轮得到我选客户啊？我一挑客户，我收入就受影响啊！”小梅说。

“好吧，我们先说怎么开始管理。管理客户不是让你一刀切！小梅，你在公司里，大部分时候你的客户管理是由派单的人帮你管的，其实你自己没有主动管理过。所以我觉得你管理客户要这么开始：客户管理的取舍有个前提，就是你在某些方面有优势。优势怎么来的？训练来的，积累来的。在你本来就有优势的地方，加强训练，别人总盯着大单、土豪的时候，你可以先花时间研究一下年轻人怎么住？反正那些暴发户的生活你也不懂。和你一样的年轻人，你总能搞懂吧？你在日常展开学习，你先观察你自己生活里的痛点。当公司给你派这样客户时，你要拿出绝对的精力服务，做好设计，把之前你研究学习所积累的知识经验全用上，极端情况下，你甚至可以不用考虑设计费，你只要全力以赴的争取机会，最终如果客户选择你了，你所有的设计就有机会呈现了。认真的，全力以赴的当作品做，过程中你一定能学到非常多的知识，这些知识就是你下一次接待同类客户的优势。最终你尽了最大努力后的作品，不管是不是完美，你都认真记录，交付一段时间后，认真的回访一下客户居住的感受，哪里好？哪里不好？这样一来你又会学到新的知识，这些知识又会加强你对这一部分客户的理解，下次你遇到这样的客户时会更有优势。如果客户不买账，你更要认真的收集反馈信息，务必找到没有签单的原因，然后反思。下次遇到这个类别的客户时，你拿下的概率就会更大。只要拿下单子，就可以展开刚才所说的。

——————至此您已经阅读了本篇全部内容的3/4

“这时如果你还在公司里，手里可能还有别的类型的客户的单子，不要想着对所有类别的客户都全力以赴。你要认真地找出最有可能成功的，你最擅长的客户类别，把你的精力投资进去。 当其他类别的客户影响到你服务好这单一类型的客户时，要毫不犹豫地拒绝，再牛的土豪客户都要拒绝，集中精力搞知识储备，建设未来。当你再次遇到这个类别的客户时，你第一个客户的服务故事就可以讲给他们听了，你又展开新一轮的学习和深化技能，然后拿下客户。

"你依然要尽最大努力追求作品，因为这个过程中你要求越高，你能收获的能力越多，于是你的自信在成功的路上又一次被加强了。而后，你甚至可以给公司提要求说：我希望能更多的接触这个类别的客户。当然从开始到现在，你的收入会受点影响，但长远来看，将来都会加倍补回来的。最终几十个同一种客户下来，你一定会成为专家，同样，这个类别的客户的家装你越做越多，因为客户的信任，和你的专业度的提高，你甚至能拿出完成度挺不错的作品了。于是随着积累的客户越来越多，你信心越来越足，你服务也越来越好，你会发现不断有以前的客户推荐朋友装修给你，你要服务好他们。直到有一天，你觉得自己出去创业，才能更好的服务好这些客户。于是你开了一家公司，这个时候，你服务的客户随着年龄的增加，开始有人换大房子了，于是你开始尝试做点大房子的设计，因为你懂你的客户，你了解他们的生活，他们的隐性需求，于是你可以很顺利的把以前积累的优势转移到新的项目上来，而且跨度并不大，于是你和客户一起成长转变。" 老岳说。

"听你这么一说，我仿佛看到了我当上 CEO 迎娶白富美的未来呢！" 小梅说。

## 13. 付出代价

"呵呵，小梅你先别高兴，我才刚开始说完管理，下面要说说你要做的心理准备，这个更难。其实，心智模式才是你的思维方式一直难以进步的原因，如果不改变这个思维方式，你永远不能选择客户，永远被客户选择。这个世界上好多人总是倒果为因。比方说，我叫你管理客户，你的直觉反应是你现在做会受经济损失。你下意识地说：等我经济基础好些了，承受能力强了再管理客户。但问题是，你不管理客户，你进步的速度会非常慢，时间效率会很低，你什么时候才能建设好经济基础？你有这个想法说明你本质并不接受一个事实，那就是：所有的成功的基础，都不是抖机灵，搞技巧。而是赤裸裸的两个字：代价！你要付出代价，血淋淋的代价。你想不影响收入，你想轻轻松松的选择客户，你自己觉得这可能吗？”

## 14. 牛人

“你从现在起只有按照牛人的要求来要求自己，你才能成为牛人。纽约的第一任黑人市长说：我从五岁起就按照纽约市长的要求来要求自己了，四十年后我终于成了纽约市长。再比如，我的公司从2010成立以来，从不拿材料回扣，两年前有个材料商来找我，说要合作，要我们推材料。我说：‘我们合作可以，前提是我们设计上确实需要，同时要按我们的要求服务好项目，我们没有那么多屁事，不需要返点回扣。’材料商说：‘老岳，你们现在做大了可能不需要这点小钱了。’我说：‘请打住，你弄反了！我们是因为要求自己不拿回扣，所以只能靠设计费活下去，所以我们只能把设计做好才能生存，正因为如此，我们才在这个方向逐渐成长的，而不是你说的我们现在做大了开始装了，所以你搞反了。’”

“哈哈哈，老岳，你果然是个不太受人待见的人。”小梅说。

“谢谢夸奖，你忘了我们公司友善但不随和的价值观了吗？扯远了，继续说回客户管理 。所以，客户管理首先要搞好你的心理建设，对于选择所需要的成本、代价，你要愿赌服输要有不惜代价的决心。”

## 15. 大师

“好吧，从现在起，你只有按照大师的要求来要求自己，将来你才能成为大师，这包括像大师那样管理客户。”老岳说。

“明白点了。怪不得好多大师的作品有很强的识别性呢，一眼就能看出是他的作品，也有很强的延续性，风格不会前后差异过大，其实这不正是选择的结果吗！大师不会什么项目给钱就做的，对项目不会不加选择的。”小梅说。

“是的，对项目的选择也是对客户的选择。大师风格的形成，一方面是大师的心智模型逐步成熟决定的，另一方面也是选择客户的结果。不喜欢他的风格的客户不可能找他设计，甚至只有非常喜欢他风格的客户，才能有机会请大师设计。所以这就是一个正反馈的循环，大师的品质和风格，甚至是对设计的理解，都在对客户一轮又一轮的筛选中反复加强。反之，只要是有这种需求的客户，首选也是这个大师，于是大师做设计的效率越来越高，提取隐性需求的能力越来越准，作品越来越精……最终成为一代大师。”老岳说。

2016.7.9

# 设计师谈单没经验？那就让“老司机”来带带路！

## 1. 小奥的故事

小奥是一名设计师，家装设计师，工作了两年的家装设计师，刚从助理转设计师岗没多久的家装设计师。小奥最近挺烦的，辛苦画图，认真设计，拿出了自己觉得最好的设计，可是客户总是跑掉！所以有一天小奥找到设计界的“老司机”蒙汉岳。

小奥问：“老岳，我不太会说，我不是那种营销型的设计师，我是不是要找家设计公司，转型做纯设计？”

老岳说：“拜托你不要来祸害我们纯设计公司了好吧！你从哪听来的，我们做纯设计的公司不需要营销能力的？我们纯设计公司能活到今天，也是一张图一张图的画出来，一张图一张图的卖出去，然后再把钱收回来的好吧！”

小奥："可是，我们家装的销售压力好大的，领导天天逼着出业绩，还要卖主材……我该怎么办？"

老岳："好吧，我来帮你梳理一下，我们先看看什么是销售。那你先来说说你是怎么理解销售的吧。"

"嗯……以前公司培训的时候说起过，销售要先建立信任，再晓之以理动之以情说服对方，最后成交，大约就是这几个过程和步骤。"小奥说。

"嗯，既然你之前接受过从说服客户这个角度出发的销售培训，接下来我们可以从客户是怎么样来决策的角度来看销售的问题，然后再来反思你自己的谈单过程，我想这样会更有针对性。也就是说，**我们可以研究一下客户是如何做决策的，从而让你更加清晰的了解你应该如何的施加影响说服客户。**"老岳如是说。

## 2. 小红和大明

"首先，我们先来看一下两种典型客户的状态，第一种：**小红，女，以前没有装修过，对装修这个事一知半解。**但是她非常期望自己的家温馨、完美，而她老公则希望要高端大气。小红自己在网上搜集来很多的装修图，各种风格各种色调的都有，这个也想要，那个也觉得不错，对装修大概需要花多少钱仅仅是有个模糊的范围。第二种：**大明，男，装修过两次，对装修这事门儿清。**经常逛业主论坛，前两次装修看了无数个装修日记，对材料和工艺简直比刚入行的设计师都不知道要强到哪里去了。这次换大房子装修对自己想要什么非常清楚，预算也非常清晰。好了，给我们的两位客户做了客户画像，我们接下来就可以分析他们在各种场景中的决策偏好。"

"好像小红和大明比起来，小红不太清楚自己要什么，而大明好像很清楚自己想要什么？"小奥说。

"是的，虽然看起来这两种客户在日常的工作中都存在，其实这不过是同一个和你成交的客户的不同阶段而已。也就是说，很多成交客户都是要经历从需求不太明确（**不清楚自己要什么**），到需求明确（**知道**

**自己要什么**)这么一个过程，一个从小红到大明的过程。也就是一个从‘我想要什么什么’到‘我就要什么’的过程。当客户处于小红状态的时候，大多数情况下他们并不知道自己需求不清楚，所以就会出现一种情况，叫:我猜，我猜，我猜猜猜。**设计本身就是为了解决需求的，当需求不明确的时候，再牛的解决方案都没有什么用。**往往这种状况一发生，我们改图的速度永远赶不上客户拍脑袋的速度，即使今天下午客户认同你的设计了，明天上午她可能又打电话说她又有了一个新想法，所以当改图总是发生的时候，我们首先要警觉得是需求是否明确！”

“可是我们怎么才能明确客户的需求，把小红变成大明呢？”小奥问。

## 3. 场景

“你平时看广告吗？某某凉茶，某某可乐的广告你看过吧？”老岳问。

“看啊，经常看到啊……”小奥说。

“你有没有发现，这些广告中的情节都是在描绘一个故事，而且都是消费这个饮品的故事？比如在一个空间里，一个或一群人，正在做一件高兴或刺激的事，于是打开饮料，来了一瓶……那么问题来了，这些广告在说什么？为什么你看了这些广告会有消费一罐可乐或凉茶的欲望？”老岳接着说道。

“嗯，他们在说‘怕上火’。”小奥说。

“好吧，我来告诉你，这些广告是在描述一个场景 。这个场景里有地点，比如说一个餐厅或一场演唱会。有人物，比如一群朋友欢聚，或一个人休闲看电视打发时间。有时间，比如节日、春节、高兴的日子，聚会的一刻。还有更重要的是情感，比如和和睦睦的温馨的家庭节日聚会，比如朋友之间的开心聚会，再比如一个人无聊的看比赛（看球）到使用饮品后的一个人的激情与欢呼……”

“老岳，你说的场景，怎么听起来像是故事的四要素啊：时间、地点、人物、事件？”小奥打断老岳说。

“非常好，你终于能开始思考了，**场景就是：时间+地点+人物+情感。**

事件这个词太笼统了，情感，情感，情感，关键是情感，请记住这一点，一会你就知道这是为什么了。”老岳说 。

——————至此您已经阅读了本篇全部内容的1/4

## 4. 场景激发情感

“好了，让我们回到被你打断的问题，为什么这些广告有效？那是因为它在描述一个场景，可是为什么有了场景后广告就会有转换力，让你有了想来一罐的欲望呢？”

“不知道。”小奥一脸无辜地回答道。

“其实这是因为，**场景可以最大效率的影响你的情感，而情感是需求的主人，情感可以最大限度地产生需求，控制需求**。举一个例子，比方说，你看《舌尖上的中国》的时候，往往你是吃过晚饭的，可是看一会儿后你竟然会觉得自己饿了（产生需求，甚至是生理需求），而且你对你想吃什么也非常清楚（需求非常明确），就是电视上这个农民伯伯在做的美食。”老岳说。

“老岳，怪不得你是微胖界的吴彦祖……”小奥说。

“闭嘴，你还想不想听了！”老岳怒喝。“你想一下，为什么《舌尖上的中国》会对你的影响和驱动那么大？”

“是因为场景，《舌尖上的中国》这个视频全是场景，全是时间，地点，人物，情绪！”小奥得意地说道。

“很好，是因为场景，更是因为场景里的情感，另外，你要特别注意的是场景的细节，**人们常说：细节里有魔鬼，其实不仅仅是因为细节可以非常精致漂亮，更是因为细节有强大的说服力。**”

## 5. 舌尖上的中国

“可是，老岳，你给我叨叨半天美食节目和广告有啥用啊？和我怎么说服客户不相关啊，你是什么‘老司机’啊？绕路差评。”小奥不满地说。

“别急，马上就说到重点了，我只不过是用你自己经历过的感受来加强你的印象而已，其实我们说的所有的广告都是在使用场景，**而场景可以激发感情，感情驱动并清晰了需求**。那么你想一想？对小红这样的客户，有没有可能用使用场景这个工具使她尽快地变成需求明确的大明，从而签约呢？还有小奥，你想一下，谈客户的时候你该怎么描述你的场景呢？或者说，你是怎么让你的客户有场景感的？”

“我和大家一样啊，我找了好多的家装图片给小红看，她喜欢欧式的我找欧式的，她喜欢现代的我找现代的，找到以后分客厅、餐厅什么的，按空间给她看……对了，我几乎下载了你们公司所有的作品图片呢！”

“好吧，谢谢你的喜爱，可是你的这种罗列图片的方法，效果不会理想，这就像没有《舌尖上的中国》的介绍，你不会认为你老家，隔壁王大爷家的自治水晶粉条好吃。记住：**图片不等于场景，你要介绍的是场景以及场景里蕴含的一切。**”

## 6.BBC

“那我们该如何的描述场景，利用场景呢？下面让我们来看看描述场景有没有成熟的工具和方法。比如之前说过的《舌尖上的中国》，虽然讲的是中国的故事，但是这部片子所用的信息结构完全是 BBC 纪录片的经典结构，也就是说，《舌尖上的中国》这部戏直接使用了 BBC 的方法和工具。既然方法论是相通的，那么我们描述场景的工具到底是什么呢？”

## 7. 锤子

“‘是属利情’这个工具，你听说过吗？” 老岳说。

“我去，这又是什么鬼？”小奥说。

“好吧，我来解释一下。是：是什么的意思。比如说这个场景：‘雷神先生，这是一把锤子。’属：属性的意思。比如：‘雷神先生，这是一把锤子，锤子头由万年玄铁打造，锤子把手由千年胡杨木雕刻而成。’

你看我这就是在介绍属性。利：利益，我能给你带来什么样的利益。比如：‘雷神先生，这是一把锤子，锤子头由万年玄铁打造，万年玄铁保值增值，坚固耐用，不但可以让世界上没有难砸的钉子，而且可以让您世代相传。雷神先生，这把锤子的把手由千年胡杨木雕刻而成，六边形的截面设计让您拿握方便，敲钉子还是敲人都发力精准，操控简单！让您事半功倍。’你看这就是介绍利益好处。情：情景。比如：‘雷神先生，这是一把锤子。锤子头由万年玄铁打造，万年玄铁保值增值，坚固耐用，不但可以让世界上没有难砸的钉子，而且可以让您世代相传。雷神先生，想一想，万年玄铁万年不锈，百年后您的子孙一定能从这把锤子身上受到激励，能够看到您拼搏进取的奋斗历程。雷神先生，您再看这把锤子的把手，把手由千年胡杨木雕刻而成，六边形的截面设计让你拿握方便，敲钉子还是敲人都发力精准，操控简单，让您事半功倍！雷神先生，这千年胡杨木在使用一两年后，会出现薄薄的包浆，和您的鸡血木手串搭配在一起，可以彰显您高贵的气质和从容的国学修养。想一想，当您和您的朋友在神盾局开会时，看到您使用这么好的新款锤子，他们会多么的羡慕嫉妒恨，特别是钢铁侠他会多么的羡慕您的这个新装备……” 老岳停下喝了口茶接着又说 。

“小奥，你看通过‘是属利情’工具我们轻松可以把一把新锤子卖给雷神。那么回到现实中来，事实上绝大多数的人对场景感的描述也就是达到‘是什么’和‘属性’的程度，少有人能讲到利益，更少有人能说到情景。”老岳接着说道。

——————至此您已经阅读了本篇全部内容的1/2

## 8. 厨房

“哈哈，老岳，太好玩了，下次我谈家装客户时一定用上这个‘是属利情’。比如我一边对着平面图给客户看参考图片，一边可以这么说：‘张太太，这是您的厨房（是什么）；它两面通透，分为中厨西厨，中厨封闭好，西厨开放敞开（属性）；中厨封闭好，不会让您炒菜的油烟外泄，让家中有异味，而且我们专门为您选了最好最安静的油烟机，可以保护您的皮肤不被油烟侵害，同时磨砂的玻璃推拉门保证采光，不但让厨房窗明几净还能让做饭时有个好心情（利益）。想一想，在这样一间明亮到明媚的厨房里为家人进行爱的劳作，做出的不仅仅是食物，更是生活的艺术品啊！您享受到这些艺术品的家人一定会比现在更幸福（情景）……我们设计的开放式的西厨，充分地考虑到了您和家人之间的交流，让你们可以更方便更多的交流和沟通，同时开放式的西厨也能让您的社交活动更加方便（利益）……请想一想，早上您在这里为孩子和先生准备早餐，送他们出门，晚上您在这里准备晚餐迎接他们回家，这里就是您的阵地，是生活战斗的地方，必须要做到一丝不苟井井有条。周末时，您可以在这里为您的先生和孩子准备水果间餐，偶尔也可以在这里和您先生来一个烛光晚餐，携手相叙……（情景）’”小奥哈哈笑道。

“非常好，你马上就学会了，可是我们刚才所聊到的这个是用场景来转换小红这种处于感性阶段的客户的，那么除了场景之外还有没有其他的工具和手段能够影响到小红这种用户，从而促进签单呢？”

## 9. 非补偿性评估

“还有什么手段？老岳，你套路很深啊！”小奥说。

“你别说，还真是套路，你想一想小红和大明这两种客户在选择家装公司或设计公司时有何不同？”

“没有不同吧，不就是比设计，比价格吗？”小奥说。

“你只说对了一部分，**当客户达到了对自己的需求非常明晰的状态时，他确实是比较价格和具体参数的，**比如大明，他想：我清楚地知道我要用省心的公司，我清楚地知道环保比好看重要的太多，我清楚地知道这个房间我要用来放我的书，你就不要再给我设计成客房了。我非常清楚我喜欢新中式风格，你就不要再和我说欧式了，我甚至非常清楚地知道，我就喜欢这款样子的电视背景墙和这个牌子这个价格这个型号的瓷砖，所以如果你的服务能达到我的要求，你的设计最接近我心里那个样子，你的报价最接近我的预算，我就选你。你看，大明选择决策的过程是先剔除再挑选的，也就是说大明因为清楚自己要什么，也清楚装修是怎么回事，所以他会先在市场上剔除不符合他选项的公司。比如他想：我要少操心，我选家服务好，材料靠谱，工人不错的。嗯，我要什么自己清楚得很，做什么样我都想好了，设计不重要了……所以我打算在这两家公司中选一个。你看，大明首先会选择服务、材料、工艺这三个核心优势明确的公司，然后在具备这些条件的公司里选择。”老岳说。

“是不是就像我在网站上买手机，我的搜索选择范围就是 3000 块以内，摄像头 2000 万像素，屏幕 5.7 英寸，4G 网络，双卡双待，不能满足我这个需求的不会显示给我看，搜索出能满足我条件的产品后，我才会把符合要求的产品放进购物车比较，最后选一款手机？”小奥说。

“是的，你的这种选择方式叫作：非补偿性评估。其实我们面对非补偿性评估的客户时没有什么机灵好抖。你说你设计好，他觉得环保最重要，你觉得你材料好，他觉得价格是第一位的。所以这部分客户他们最理性，你最后就是拼他在意的几个方面的性价比。”

“那接到不重视设计的大明类型的客户岂不是很无奈？”小奥说。

## 10. 补偿性评估

“某种程度上讲，是的。但你不要忘了，几乎所有客户都是从小红这个阶段过来的，在客户处于小红阶段的时候你要充分的影响她，你可以把她塑造成重视设计的大明，至于手段，就是利用之前讲过的场景影响力。”老岳说。

“同时，如果客户在小红阶段，她的选择决策方式非常不一样。她和大明恰好相反，因为她的需求不明确，所以她是首先比较，然后选择。比如她会想：你看这家公司实力不错，那家公司设计不错，咦，这家公司接待我的小奥热心积极，还有一家公司是新公司，虽然品牌小了些可是我看他们工地的管理真好啊！咱们如果还是拿你刚才的选手机比喻的话，也就是说小红不太懂手机，她的淘宝购物车里放的是，美颜相机，iPhone plus，三星 note 6 等。她会觉得这个手机拍照好但屏幕小，92 分；那个手机屏幕大但拍照不好，所以也是 92 分。你看，小红的选择和判断标准是相互补偿的，不同类别的优点是可以放在一个筐里算总分的。所以这种心智模式称之为补偿性评估模式。直到小红搞清楚什么对自己才是最重要的功能的那一刻，她才会变成大明那种——非补偿性评估模式。”老岳说。

“这个小红看起来好没有正事啊，反反复复的，我接的多数客户都是这个德行的。”小奥抱怨道。

————至此您已经阅读了本篇全部内容的 3/4

“你看，虽然这个阶段的客户最不靠谱，需求不清楚，可是绝大多数的客户都是在这个阶段过来的。客户一旦到了大明的阶段，需求明确了、理性了，反而你对客户的影响力就下降了。所以，真正好的设计师是在这个阶段未雨绸缪，把客户塑造成适合自己的样子，然后完成交易。

“我们刚才讨论过了小红和大明不同的评估方法，我们先总结一下：小红是先比较再选择，大明是先选择再比较，所以客户到了大明阶段我们可以用的套路不多了，影响力下降，最后就是拼性价比。可是客户在小红阶段，即我们的影响力可以大有作为的感性阶段，除了场景，我们还有其他可以用的工具没有？”老岳继续说。

## 11. 低感知模式

“不知道，‘老司机’你快说说……”小奥说。

“小红阶段的用户，因为自己需求不明确，同时做决策的相关信息和知识也不是非常清楚，所以小红在做比较时，相应的处在一个低感知模式。也就是说，小红没有很多的装修相关的知识，对好多事以及装修里的坑一知半解，在这种情况下，面对那么多的信息、那么多家装修公司，那么多的套餐，那么多的施工程序、材料信息，小红觉得做判断好累、好麻烦、压力好大，任何一个人在面对认知和决策压力时都会启动一个低认知模式的行为模式，主要表现为：第一，迷信品牌；第二，从众心理；第三，迷信场面、排场。”

“哈哈哈，怪不得好多家装公司做活动时要摆那么大的排场，要做那么大的店面，要在公司里面挂那么多假锦旗，明明昨天刚成立的新公司，也要吹牛说自己是百年老店，原来都是套路……下次我再遇到需求不清晰的小红型客户，我就多给她选择和信息，加大她的决策压力，然后我再多展示我们的品牌和实力，反正我们公司是当地最大的家装公司。”小奥说。

## 12. 外部线索

“是的，你又学坏了，大家都是老司机，套路都蛮深的。刚才我们说了客户启动了低认知模式，其实低认知模式状态下，客户主要会被这些外部线索为主的影响力所扰动。比如，之前说到的品牌排场，这些高大上的套路大部分都是搭建给客户看的场景，是促进成交的外部线索！除此之外，对你这个设计师而言还有没有其他方法可以增加成交概率的呢？”

## 13. 损失厌恶

“嗯，我觉得打折给优惠在我们公司的店面里是蛮实用的一招。”小奥说 。

“打折主要的作用是提高性价比，对需求趋于明确的大明阶段的客户，确实非常有用。客户这个阶段基本有了选择的范围，在心里已经拟定了在两家符合要求的公司里面选一家的预期，这时候其中一家打折，相对的性价比提高了，所以客户做出倾向性选择的概率非常大，但是仅仅打折还是不够的，必须要在这个打折前面加一个稀缺的紧迫因素才可以。比如你说：您如果现在能定下来，我找店长给您一个优惠，或者您马上交定金可以获取个套餐，再或者这是活动的最后一天了，您今天交定金可以怎样怎样。总之，就是给客户性价比的同时给他们紧迫和稀缺。原因很简单，就是利用损失厌恶的力量。什么是损失厌恶？简单来说，就是日常生活里我们挣到一百块的快乐是和我们丢了一百块的难过是不等价的，显然我们对损失和失去更敏感一点，我们人性的设置就是把没有占到的便宜，在潜意识里算作损失的。”

“那损失厌恶这么厉害，可以用在讲方案里吗？可以用来吓唬客户吗？”小奥问道。

“当然可以，难道你没有观察到吗？你费了大半天劲给客户讲很多看得见摸得着的好处，都不如一个风水骗子信口胡诌的几句故意吓人的谎话？其实这也是利用损失厌恶的一种。”

“老岳，如果按照你的说法，小红阶段的用户这么迷信外部线索，小家装公司该怎么生存？”

## 14. 小个体的逆袭

“好问题！大公司利用客户心理规则找到适合自己的优势，小公司也可以的啊！**首先，描述场景的能力和公司大小是没有必然关系的。其次，假如小公司设计能力强，就可以在前期多突出设计价值的场景，主动的塑造客户的需求偏好，大公司可以利用认知压力把客户搞糊涂（让客户进入低认知模式），让他们更迷信大公司，那么小公司可以消解大公司的这些招，拼命给客户做教育工作，做顾问，做家装知识的传递者，设计价值、服务价值的颠覆者。总之，小公司或个体设计师可以引导客户进入高认知模式**。比如那些没什么品牌的，也没有什么排场的设计师，要死磕设计服务和现场服务并把这些优势场景化、产品化，要尽快地把什么都不懂，需求不清晰的小红型客户，教育成清楚地知道自己偏好好设计、好服务的‘大明型’用户。你不要忘了，‘大明型’客户是先做范围选择再做比较的，你入选了客户选择的购物车后，这个时候大公司和个体设计师比设计或比服务很难，因为同样的服务，大公司和小公司做起来成本完全不一样。”老岳说。

“嗯，我大体能明白一些了，也知道为什么之前和客户谈的不太顺利和我为什么说服力有些弱了……”小奥说。

2016.6.25

# 几个套路就让你秒变营销型设计师

“设计界的老司机，吴彦祖界的老中医，老岳哥，快开车，带带我，阿里里，阿里里……”小梅设计师唱道。

“兄弟，你太污了，有话好好说，别唱……”老岳说。

“好吧，我从 2012 年到现在，一直在画效果图、施工图、做报价，偶尔接触客户，今年才真正开始正式接触客户。接触的客户房子面积都比较小，经济能力有限，有些客户甚至是因为市场部约访的实在太烦了，来公司应付一下了事，我不善营销，有很多客户接触过一次就再也约不来了。客户总是说最近忙，或者说是等房子下来再说，要么就是到年底再说吧！甚至有客户说要设计师出报价，出效果图我再来。结果效果图报价出来了，客户依然说：你们那个打电话的太能说了，我是随便应付的，最近比较忙，等年底交房再说吧！”小梅设计师说。

“那你能再详细讲一下你遇到的情况吗？”老岳说。

“一般情况下，客户经理把我简单介绍给客户后，我就简单寒暄几句，扒拉一下户型，谈户型优缺点，问客户接触过装修吗？客户说：‘没有。’我又问：‘您对您家的房子有什么想法吗？’客户答：‘没有，你们不是专家吗？我听听你们的。’谈到最后，我说：‘交个定金吧。’客户说：‘我回去考虑考虑，我去过很多家装饰公司，你们套路都一样！’甚至有的客户上来就说：‘我看看我们家那个户型的效果图，我看看我家那户型的样板间，你们做要多少钱？价钱合适我就找你们。’到报价出来后，还有客户说：‘你们公司做什么？三万块钱什么都没做啊？瓷砖、厨房、洁具、橱柜都要我们自己再花钱买啊！’我遇到这些情况的时候，根本不知道该如何继续谈下去。我出的方案一次次被否定，而客户说：‘我不想改动太大！’之后我就不知道再如何往下谈了！有时在房子现场见客户时我也不知道该从何讲起！只能拿到 CAD 根据尺寸合理的安排布局后再和客户谈。

“老岳，我在谈客户这个事上非常的迷茫，你之前的文章，我看的似懂非懂的，端起你的文章觉得你很厉害，很有道理，扔下文章，面对客户我就又不知道该怎么办了……”小梅说。

“好吧，我不说人话的毛病不是一天两天了，对不住啊，小梅兄弟，我尽量说具体一点，你能说说你到底想问哪些问题呢？”老岳不好意思道。

“我想了这么几条啊，你听听。1. 如何提升加深客户对我的印象？2. 如何培养提升自己的信心？3. 如何锻炼自己嘴皮子？4. 如何谈话能有理有据引领客户，而不是跟着客户走？5. 如何能把方案讲的不生硬，通俗易懂？6. 设计师穿着是正式点好还是个性张扬点好？老岳，你怎么看？”小梅困惑地问道。

## 1. 营销型

“兄弟，你提出了很多项问题，但在我看来就是一件事：如何有节奏的、科学的谈客户。我希望能系统的说，而不是东一榔头西一棒子的。

我们在点上解决问题是没有用的，我希望这次我们可以挖得深一点。最好是能让你形成对营销、对设计销售的整体感觉，甚至建立起一个知识体系，这样将来你才会有能力做好设计运营。我们整体的来描摹一下我们设计师该如何谈客户，如何与客户成交。其实我不太想用‘谈单’这个词的，我更愿意用‘影响客户’这个词。因为成交其实就是客户接受你影响的结果。”

工具

“你对客户说：‘A 方案好，B 方案不好，你要选 A，因为 A 能给你带来什么样的好处，帮你实现什么样的梦想。’于是客户选了 A，接受了你的影响，你也完成了设计销售。而你影响客户的工具有哪些呢？首先是外部工具：一是你的形象，你的衣着打扮，你的扮相，你的卖相。二是你的肢体语言，你的气质，举手投足。你和别人沟通的时候，肢体能否配合语言？（我们日常说的抖腿，其实就是不好的肢体语言，或者说这个人弓腰塌背、流里流气的都是讲肢体语言。）三是你的说服工具，在设计行业说服工具包括：参考图、效果图、预算。你要用这些工具阐明你的想法，说明你的性价比，促使客户交易，还有你公司提供给你的道具，如公司品牌、如优惠打折、如服务质量等。

“接下来是最重要的工具，你的内部工具：一是你的谈吐。比如一个设计师满口四线城市方言，你会认为他的职业性有多高？其实短短几句话，阅人无数的人就可以判断出说话对象的语言逻辑水平，语言逻辑水平对一个人真实水平的判断准确性，要远远高于学历的作用。

“二是你对你所从事的这项工作的理解。比如，你告诉我，你是一名设计师，你告诉我你多会画图、多会做预算是没用的！这最多算是你对设计技术的理解。设计技术的理解远不如你对设计本质的理解来的有价值；而你对设计本质的理解远不如你对家居生活的理解有价值；而你对家居生活的理解远不如你对生活本身的理解有价值；而你对生活本身的理解远不如你对人性的理解有价值；而你对人性的理解远不如你对物性的理解有价值。所以，好的设计不是建立在设计技巧上的，是建立在人性上的。

三是耐心、耐心、耐心。这个是最容易被忽视的一个最重要的工具之一。你看我说的这些工具，基本可以涵盖住你的问题。”老岳说。

“然后呢，我知道这些工具没有什么用啊！我要拿单我要应用，我要征服这个不靠谱的行业！”小梅着急地说。

前提

“小梅，我们刚说完要有耐心，你就急不可耐了？刚才我们清点了一下我们设计师能用到的工具，接下来我们聊一下使用这些工具的前提。

“所有的工具都有有效性，也就是在一定的前提和范围内才有用，而承认有前提和范围就是知识和鸡汤的区别。而你所讲的这个行业不靠谱的原因之一，就是行业里目前知识不多，鸡汤遍地。比如，我给你用千里耳（手机）这个功能，但我的前提是对无线电的应用，要有基站，要有协议，要有电源，要有解码，要有技术和商业系统，没有这个基站覆盖的地方就没有信号，你就不能用千里耳的功能了，你看有一系列的前提和限制以及范围，这就是知识，它清楚地告诉你它的前提和范围。而鸡汤就是：给你一句听起来有合理性的概念，没有前提和范围，回避可能性。比如，你要修炼，修炼的德能配位，修炼要心诚则灵，最后一定能练成千里传音，变成千里耳，这就是鸡汤，是扯淡，是装神弄鬼。老岳不想装神弄鬼，所以老岳一定要告诉你，你有效使用这些工具的前提。”

1）专业

“对设计师来说，专业是第一位的。设计师个体也好，一家企业也好，他的价值一定来自于提供差异化的价值。

“我们来看一下市场上的这几家比较好的设计公司，风格差异都很大，每一家都有自己非常擅长的范围，风格范围，成本范围。再如这几个大佬或公司的产品种类细分。如酒店，某种类型的酒店；餐厅，某种类型的餐厅；样板间，某种类型的豪宅或大平层等细分。在这个范围内，这家公司一定是第一，比如戴昆老师，比如邱德光老师，他们一定差异化的提供了某种市场需要的价值。

“再比如现在的家装公司里的爱空间（小米家装），其实去说它好或坏，没有意义，关键是它提供了非常差异化的价值，而且市场也是接受的。那设计师的差异化价值是怎么来的？差异一定是钻研专业来的，所以一个设计师专业不好，职业发展的余额一定不足。”

2）专一

“这个世界没有一家营利性公司是可以把服务卖给所有人的，不是受地域限制，就是消费限制。也就是说一家好公司，一定是选择领域、选择市场、选择消费者的。苹果手机定位上不是卖给草根，但恰恰草根都要人手一部，比如老岳。万宝路香烟最初就是定位死磕直男这一个细分，用牛仔做形象，最后成为经典品牌。

“其实设计师也一样，找到适合你的客户，你做这个客户的服务和交易成本都低，所以一定要有所选择，好公司总是把客户细分再细分，而差公司总是想着我要做所有人的生意。

“有个别设计师朋友说：自己现在生活困难，所以没办法选择客户。我想说：第一，你要把老子的文章看完，文章的最后说了，你现在的生活困难的原因之一就是你没有客户管理。第二，解决你现在尴尬的方法就是马上开始管理和定位，马上开始行动，一点点的扭转局面。其实2012年之前，成象设计什么都做，设计、深化、精装、商场、酒店、办公，基本给钱就做。2012年我们遭遇了巨大的经营危机，几乎撑不下去了。我痛定思痛，决定往专业专一的方向发展，放弃了除了样板间售楼处之外的所有设计方向，而且我们当时的决策就是：只做小户型的设计，不动摇。有好几次比较好的酒店的项目来找我们，都是老客户了，我们努力一下可能能拿下，而且单值挺高的，但是我们在困难的情况下顶住了诱惑，因为当时我们实在不想回到老路上来了。做了正确选择之后，结果几年下来我们的进步和发展都相对快于2012年之前，我不相信你当年会惨过濒临完蛋的成象设计。”

3）敏感

“我之前的文章提到过，无论哪种人格特质，都有一个非常重要的点，就是敏感，无论你是向内敏感，还是向外敏感，其实都一样，都可以完美的接受外部的信号，从而可以让你了解一些隐性的、看不到的需求或秘密。而不同的客户类型的基本划分，其实本质是对需求不同阶段的划分。而你对文章里这个概念使用的基本前提是：你要理解什么是需求，你最起码要有理解力来理解我所讲的这个场景，能自己得到我说的需求的探索和引导的意思，然后再把它应用到你的工作当中去。其实这个应用和理解的问题，和之上所讲的，内部工具的第二项‘你对你所从事的这项工作的理解，你对生活的理解’有不可分割的关系，如果你的整体理解水平低，你不可能敏感地察觉到什么隐性的需求，更不可能理解和应用这些科学工具。举个例子，这位兄弟就是看过我的文章后没用开启应用模式的。

——————至此您已经阅读了本篇全部内容的1/4

*“他：‘岳老，您好！最近在搞一套家装设计，客户要用以前的家具（简欧），做了两套方案了，客户也给过我她喜欢的感觉的图片参考，现在一下就迷茫了，面对电脑根本无从下手！怎么破？求您指教指教！’*

*“我：‘我也不知道怎么破。’*

*“他：……*

*“我：‘你给我这点儿信息，给我描述一个状况，要求我给你答案，我又不是街边算卦的，怎么可能给你答案，除非你想听鸡汤：加油，你一定可以的，再试试其他办法，心诚则灵，坚持！’*

*“他：‘客户的家具是这样这样的……28岁，女，儿女双全，老公做房地产的，岁数也差不多30。’*

*“我：‘你的客户生活上有什么痛点吗？’*

*“他：‘客户是护士职业。’*

*“我：‘她新房子的使用上有什么痛点吗？’*

*“他：‘我了解的应该没什么痛点吧。’*

*“我：‘哈哈哈……，所以你只能给人家聊装修啊。’*

*“他：‘什么情况？’*

*“我：‘人总有期望吧？总要有期望成为理想的自己吧？总要梦想过一种生活吧？你老是给人看装修立面，有什么好聊的，而且你的设计平庸到吐血……’*

*“他：‘这个没了解太深入，大致情况应该是正常起居，照顾孩子，孩子都在上幼儿园，老公工作忙，还没见过她老公。’*

*“我：‘聊装修，今天这样明天那样，没有确定性的，是小红型的客户，你想办法激发她成为大明型的客户啊！明确需求，赞美未来的幸福生活。’*

*“他：‘你发那个我看好几遍了，有些还是不能理解。’*

*“我：‘请你明确了解你的客户的需求，深入的了解她之后，发掘到她的痛点和梦想，然后你再出个平面就搞定了，你自己没做透了解客户这个工作。你工作多久了？什么城市？什么公司？’*

*“他：‘嗯嗯。’*

“你看，这位兄弟的问题就是受应试教育毒害太深了，我都告诉他管理需求，管理客户了，脱离开我的文章，回到现实生活，他依然不知道怎么应用。所以这位兄弟首先要解决的不是谈单问题，而是学习的问题，我们绝大多数人一辈子只会一种学习方法就是应试教育教给你的方法，是以应试为目的的。而真正的学习，是以应用为目的的，学习问题不解决，就像是手机的充电接口坏掉了，充不进去电，再牛的软件你都没法下载，于是谁来教都没有用。”

### 营销型设计师

“老岳，我知道你为什么说，你的文章是写给工作三年的设计师看的啦，你担心刚入行的设计师，理解力没有到一定的水平看不懂，是不是？”小梅说。

“是的，看来这回你理解我的意思了。我担心刚入行的设计师对行业的理解不足，看我文章没有能力收获知识。好了，我们言归正传。之前你说你自己不善营销是吗？那你觉得什么是善于营销的设计师？”老岳问。

“嗯，我们公司里有一个设计师，设计做的俗不可耐，也没有什么作品，一个镶金边的电视背景墙的造型能卖好几年也不带换的，平时也是对材料商各种吃拿卡要，但是偏偏长着一副老实实在的面孔，也没有什么太好的口才，可是客户就是吃他这一套，签单效率非常高，我嫉妒，我不服……”小梅愤愤地说。

“哈哈哈……，你讲得太可爱了，被你一讲，我都开始崇拜这个设计师了，人家能只做一次设计，卖好几年，这恰恰说明设计师的本事啊，同时也说明人家的效率很高，成本很低，你不要老是对人家道德批判，他有这个本事一定是有道理的，我们要向人家学习。同时我一点都不认同你的关于营销和设计对立的表达方式，在我看来营销和设计这是一回事。”老岳说。

“老岳，你说过，专业是第一重要的，怎么又强调营销了呢？既然专业是第一重要的，我不搞营销只死磕专业可以吗？”

“当然可以，只不过，你只能一辈子做个技术性的专才，更难以自己展开创业，很难做到设计管理的岗位上来。”

1）什么是专业

“我认为，专业 = 营销 + 技术 + 创造，这三部分的组合才是一个完整的专业。”

2）营销

“营销指的是定性的工作，是一种发现，你要有能力发现客户的需求，未被满足的隐性需求。更高一个层级的人，甚至可以做到发现未来的需求，也就是说他们发明了需求。比如当年的汽车，比如苹果手机，这都是伟大的天才的发现。发现未来的可能需求，然后设计一款产品来满足这个需求。”

3）技术

“设计技术是一名设计师最核心的能力。所谓工匠精神指的就是这个部分。一方面技术就是你为客户提供价值的方法，对于一个汽车公司来说，技术就是知道怎么样造一辆好汽车，满足客户的需求。对于一名室内设计师而言，技术就是知道怎么样打造一个好空间，满足客户的需求。比如你有好的理解力，把客户的需求解析成各种解决方案，再把方案落实到图纸上、工地上。设计技术，就是你开平面的能力，就是你做立面的能力，就是你选出最适合的物料的能力，就是你控制预算的能力。而技术本身只有一个目的，就是解决需求，而营销的目的是发现需求。”

4）创造

“创造就是指我们的创造力，也就是我们用新的方式解决问题的能力，汽车取代马车就是解决问题的方式变了，于是技术也变了，而按照以往的马车的解决方式，大家一直采用的都是用更快的马这个方法。

“对于设计师而言，我们的创造可以是你新尝试的一个新造型、一个新材料、一个新工艺，也可以是一种新的平面布局方式，更可以是你对一种新的生活方式的探索和表达，你甚至可以创造出自己的独特的设计语言系统，形成自己的标志性风格，更或者如第一篇文章里举出的那个极端的盲人餐厅的例子，你对某个业态都有自己的创新。当然创新的目的是为了更好地使用技术来解决需求，在某种程度上讲，需求本身也可以创新，技术也可以。

“好了，我们先来看看你之前所说的营销型的设计师，他们恰好是专业的三个组成板块里营销方面非常强的，也就是说，他们有能力发现一些需求，又能有节奏的逐步影响客户。但是它们的技术方面可能不好，而且技术层面的创造性不足，所以他们会一个背景墙的造型卖好几年，但是他们一定是在把握客户需求层面上有创新的，有独到的地方，所以才能把一个背景墙卖好几年，始终业绩非常好的。这不恰恰是他发现需求能力的见证吗？他们不过是卖给了客户不好的解决方案而已，而技术和技术创新可以给客户更好的，甚至接近于最好的解决方案。你看，好的设计师基本都是专业的、三个方面非常健全的，一般的设计师即使能拥有两项专业上的长板技能也都会非常优秀了。同时，一家成熟的设计公司，这三个方面也要非常健全，可能这三个板块的任务会由不同的部门或人员承担。比如，一家理想的设计公司里，营销和创造强的人负责概念，技术和创造强的人负责落地，营销和技术强的人负责协调方案。”

## 2. 建立信任

“好了，解决了营销和专业之间的关系问题，接下来我们要展开营销好的设计师的一些方法和步骤，以方便我们研究学习。

“其实在接触客户的初期，有条理、有节奏的引导客户是非常重要的，而有条理有节奏的第一个步骤就是和客户之间建立信任。只有客户信任你，才能跟随你走完所有的步骤，完成销售，实现共赢。”

“你说的对，我不能给客户留下深刻的印象，客户根本都记不住我，更别提信任我了，我就吃亏在不会说上，不会忽悠……”小梅愤愤道。

“你的问题真不在口才上，你的问题出在对信任这个事没有深刻的了解，问题还在于你的认知上。信任和口才没有关系，如果这样，沉默寡言的人早就被进化淘汰了，人和人之间的合作的基础就是信任。如你所问的，我们加深印象的目的是为了让客户觉得你好，提高签约的概率，毕竟我们不会从一个自己不信任的人那里买东西。那么问题来了，我们信任什么样的人呢？”老岳问。

“我们信任人品好的人，道德高尚的人……”

“打住，你一点印象都无法给客户留下的设计师，你怎么能让客户有兴趣留下来，花时间了解你是个好人？再说了，选择做什么样的人，是你自己的事，关客户什么事？假如你天天接客户，天天在陌生客户那里证明自己是好人，道德高尚，你觉得有可能吗？累吗？谁能证明做好人和销售好有必然关系？再比如，如果你天天和一群道德不那么高尚的人打交道呢？你道德高尚会帮助你把商品卖给坏人吗？恐怕不行吧。所以信任的基础和你是不是好人没关系。”

“老岳，快说吧，到底信任的基础是什么？”

### 同频共振工具

“其实这个问题很简单，我们都喜欢‘像我们的人’，也就是说我们喜欢和我们相近、同一个类别、同一频率的人，才会和我们产生共鸣、共振。只有我们和客户同频了，他们才可能接受我们，就像是同频的无线电才能相互通信一样。”

“可是我们该怎么和客户同频呢？我才工作没多久，我服务的客户有可能是个大款，我们没法装作和他们是一类人啊？”小梅说。

“让你同频，不是让你假装，你以为阅人无数的成功人士看不出你的漏洞吗？所以你是谁就是谁，不用装，坦然本色真诚反而更好。那么接下来我就来给你推荐几个同频工具。”老岳说。

1）积极回应

“其实，和客户建立信任本身和泡妞撩妹是一样的，不是说所有的撩妹高手都像老岳那么吴彦祖，也有一些颜值不高的，我们可以先来从撩妹开始讲起。假如你遇到一个妹子，你想和她熟悉起来，你都要怎么做？你要给人家打招呼，对吧，那么这个时候，你是不是要表现得非常的积极呢？注意，我说的积极不是让你死皮赖脸的纠缠。



“首先我是让你有节奏的对别人的回复表现的热情积极，没有回复的积极热情，就是没得到邀请的骚扰。其次有句古语叫，父母呼，应勿缓。就是说要在第一时间响应客户的信息，不要有任何的等待。总之，你见到客户后，给他的感觉就是你非常的积极有分寸感，不是满嘴跑火车的人，也不是很功利迫切的在营销人家，客户都不傻，你积极的回应客户给你的信息，一点一点地扩大信息交换的范围。慢慢来反而会比较快，这一点也和撩妹一样。”

2）同步姿势

“积极回应不仅仅指文字或语言的信息。你必须用你身体姿态、思维，甚至话语腔调对客户积极回应，一般人会认为只有客户的语言或文字是信息，某种程度上讲其实客户的身体姿态、表情，甚至呼吸也都是重要的但容易被我们忽视的信息。曾经有心理学的实验发现，在人际沟通当中，只有7%的信息是通过语言传递的，声音里的情绪本身能传递38%的信息，而55%的信息是通过表情传递的。当我们的身体、语言、表情、情绪都统一起来的时候，会形成强大的影响力。同时更为重要的是，我们要直接的模仿客户的肢体动作，其实只要你注意观察就会发现朋友聚会，老友相见，不一会，两个人的坐姿就会同步，采用一样的身体姿态，这种现象在心理学上被反复验证。如果陌生人在一起聊的投缘，也会很快的同步身体语言，会形成非常相近的身体姿态。那么问题来了，这个过程可以反方向应用吗？是的，完全可以。这在销售行业早就不是秘密了，如果你模仿客户的肢体语言，会在不知不觉中影响客户对你的感观，能更快速地建立信任。甚至我听过有销售培训要求，销售人员要保持和客户的呼吸节奏保持一致。

“我认识一位设计师，使用同步策略的时候，甚至会模仿客户的情绪，比如他遇到傲慢的客户的时候，他也会很傲慢，遇到非常谦逊的客户的时候，他就会非常谦虚。有一次，遇到一个挺狂的客户，到店面给安排了一位设计师聊，客户直接对他说：你把你们这里最好的设计师叫来，我不跟你聊。结果聪明的设计师把手里的东西‘啪’的一声拍到桌子上，盯着客户的眼睛说：‘我！就是最好的……’成功的拿住傲慢的客户，其实设计师采用和客户同步态度的策略是手段，最终目的是要把态度异常的客户引导和扭转到正常的有序和有效沟通的轨道上来。”

3）似曾相识

“有时候我们遇到一个新认识的朋友但觉得很投缘，聊得很开心，绝大多数情况下是因为：你们之间有共通的经历。人和人之间，最快速的建立起共识和信任的方法就是找到你们之间的共同点，比如来自同一个地方，比如同一个大学毕业，比如都去过同一个地方，吃过同一家餐厅。

“我曾经听说过，一个设计师和一个客户聊了好久打不开局面，直到闲聊的话题扯到去意大利旅行，大家都去过同一条小街的同一个旧首饰店，买过首饰，于是客户兴奋起来了，聊得非常开心，建立了信任。

“再比如，相同的爱好也是非常重要的点，你和客户都喜欢什么？书画、钓鱼、跑步、健身、电影、文学、美食？几乎所有的人都有喜欢做的事，这个点非常容易找到共同话题，展开深入的接触。同时喜好也是生活方式的切入点，能和客户聊起来这个话题，对你理解客户的生活非常有帮助。”

4）共同的烦恼和敌人

“理解客户的生活，是为了知道他现在的生活状态。了解他爱什么，还远远不够，设计师要明白销售有两个最好的朋友，一个是‘利益’，一个是‘恐惧’，也就是说我们一定还要了解客户怕什么，他的生活的敌人是什么？假如你能找到和客户共同的烦恼和敌人，那么这个将是最快建立信任和友谊的方法。

“我曾经听过，设计师有个客户，是大老板，有鼻炎，他甚至专门为鼻炎顺手开了一家清洗鼻子的公司，做他家的时候，这种鼻炎的烦恼投射就会形成一些非常特殊的需求，恰好设计师也有鼻炎，于是就有了很多病友之间的槽点，比如装修完成后他们家的游泳池旁边的偏厅专门做成了三层上下通透的，而且还有空气循环，就是为了在干燥的北方的冬季，把游泳池的湿空气带到其他空间。

“好了，说了那么多，我不指望你一次性消化掉，你需要练习，我建议你想一想这些小策略如何用在撩妹上，你在妹子身上会用了，客户就不在话下了。”老岳说。

互惠互换

（注意：故事集中爆发）

1）额外的免费帮助

“前面我们讲了建立信任的第一个工具：同频共振。接下来我们来聊一下另外一个工具。

“让我们先从一个故事讲起：多年前，在美国有一个宗教组织总在机场募捐，他们的这个工作开展的非常的成功，募捐的金额和效率远远高于其他的教派组织。后来社会学家对此非常好奇，于是进行研究。他们发现这个教派募捐时和别人的不同之处在于，他们在募捐之前会平和的免费送给路过的人一朵小花和祝福，然后再请这位接受了免费小花的人随意募捐，不做任何要求，结果人们捐款的比例和数额都比之前大幅上升，社会学家认为这里面存在了一个‘互惠’的心理机制，接受了别人善意和付出的人，会不自觉得回报你。想想我们的文化里的滴水之恩文化吧。”老岳说。

“那么免费设计是互惠原则吗？”小梅说。

“大部分时候，免费的设计都是模板和套路，而绝大多数的家装设计师，并没有用心的研究过户型和客户，如之上微信截图里的设计师，你在模板套路上多走一步，给客户一些差异化的价值和帮助，就可以让客户以为你很重视他们，很用心的感觉，形成互惠压力。比如我见过好几家公司竞争一个大客户的单子，这几家的设计师都是很用心而且前期设计免费做的，竞争激烈，一次和客户的交流中，客户的太太言谈中表露出对家里的各种设备和材料环保的困惑，她觉得这些很重要。后来，有一家公司的设计师非常用心的做了一套专门针对客户家现状的设备方案，超详尽的对比、分析、推荐以及原因，其实这些工作本来不应该是设计师做的工作，设计师说，将来您选不选我们装修都无所谓，我就是觉得和您投缘，我帮你们梳理一下将来会节省时间和金钱。最终客户被这个用心的帮助感动，设计师不失时机地当面提出交定金，终于尘埃落定。

“其实即便是平时接触客户的时候，很自然的提供一点点额外的小帮助，也会对你和客户之间产生信任关系，产生推动作用。”老岳说。

2）自爆其短

“互惠其实不仅仅指帮助，也不仅仅是额外帮助可以让你获取信任，主动的向客户坦诚你的小缺点也会产生同样的效果。

“心理学上有个实验，对三组学生用三种不同的描述来介绍同一个人，看这个人会给学生们留下什么样的印象：

“A：这个人非常有才华……巴拉巴拉……堪称完美。

“B：这个人非常有才华……巴拉巴拉……但这个人结巴。

“C：这个人结巴，但是这个人非常有才华……巴拉巴拉……

“最后测试的结果，大家普遍对 C 描述方式的印象评分最高。那么同样的道理，你可以利用这个手段尽快地和客户建立好的第一印象和信任感。但是一定要注意要先说你的小缺点，然后再夸你自己，这样客户会觉得你很真实，实在，实在的人是值得信任的。”老岳说。

“好了，讲完了建立信任的两个工具：共振和互惠。我们来说一下建立初步的信任之后怎么说服客户。”

“等一下老司机，你刚才讲到的建立信任的工具好像和设计的关系不大啊？都是一些外部技巧？就像你之前讲的，都是外部工具？”小梅说。

“是的，对销售敏感的人来说，卖什么东西对他而言都是一样的，没有什么不同，而许多的销售技巧都是有普世作用的。再者，我们往往会低估一些潜意识心理作用的威力，有的时候一个小的偶然因素决定的好开头，对结果有决定性的影响，但是一定要记住，这些技巧都仅仅是提高你的成交概率，只是在一定范围内有效的，而不是鸡汤讲的那样：这个方法一定百分百有效，没有效果一定是你德不配位，心不诚。既然如此，老岳坚定地认为，作为卖设计这个事，专业里的其他两个项目，技术和创造也一样非常重要，不可偏废。营销、技术和创造这三个因素在一起才能给客户创造最高的价值。”老岳说。

## 3. 说服

“既然我们聊过了‘信任’，我们聊一下‘说服’这个步骤。

“信任是说服的基础，而说服会加深信任，信任到一定程度的时候，成交就是水到渠成的。这么讲吧，假如说服和影响的力量来自内部，也就是我们前文说的内部工具，来自你的知识，来自你的人格，来自你对世界的理解，那我们几乎不需要外部的说服工具，就可以顺利地完成说服。当内部工具强大到一定程度时就是我们所说的人格魅力，人格魅力会发散出强大的影响力，就像乔布斯一样，有空间扭曲力了，这种情况下，基本上就是瞬间说服和影响客户了，不需要什么技巧，抖什么激灵。可是对一般的设计师而言，解决内部的魅力问题，需要大量时间学习程序性知识，还需要大量练习和体验学习非程序性知识，内化成技巧，这就不是营销的问题了，是学习的问题，我们今天不讨论，我们今天主要聊一下外部工具在说服工作中的使用。”老岳说。

## 胡萝卜与大棒

“在所有的销售当中，我们永远要面对一个问题就是客户会问：我为什么听你的？换而言之就是：你能给我带来什么好处？什么利益？利益就是我们手里的‘胡萝卜’，我们只有能明确的给客户带来利益和好处之后，我们才能影响客户完成交易。那么除了胡萝卜之外，我们还有一个同样有力量的工具，没错，就是大棒，而什么是我们的大棒呢？没错，就是它。”

## 恐惧

“接下来，让我们再来回顾一下之前文章里我们讨论过的损失厌恶。

——————至此您已经阅读了本篇全部内容的3/4

“什么是损失厌恶呢？就是说在现实生活中，我给你一百块钱你能大约得到三分的快乐，但是我要是从你口袋里偷走一百块钱，你就有可能觉得痛苦是五分，你看在这里同样的一百块钱，得到的快乐和失去的痛苦并不等价。那么也就是说，你告诉客户选择你，将来可以带来一百块的收益，也许他听了可能会往成交的终点线上走三步，但是你要是告诉他，不选择你，将来他有可能损失一百块的收益，那么他有可能在会往成交的终点线上走五步，你看损失厌恶的力量是大于同等的好处利益的，这就是为什么我们室内设计师老是在客户那里拗不过风水先生的原因。”

“老岳，以前我有个师傅，我给他当助理，他那时候会逼客户买他推荐的材料，总是恐吓客户，不用这个材料将来效果没保证，他不负责来说事，那个时候客户也是一脸尴尬的迁就他，他这也算是利用恐惧的例子了吧？”

## 想象

“好吧，我觉得这个是耍流氓，利用恐惧绑架客户。在利用‘利益’或‘恐惧’工具时，一定要引导客户展开想象，也就是说在客户的大脑里展开情境、展开故事。让他可以去想象按照你的设计、规划可以达到的好处和利益。

“比如，你可以让他想象：未来在这个你设计的好玩有趣的儿童房里，他是如何和女儿互动的，如何读一本书，你甚至可以引述一本童话书的书名比如《小红帽》，让他进入想象的情境，让他想象他如何在你的设计里，成了一名更称职的父亲。同样，你也可以告诉他，如果不按照你的设计，会发生什么。比如，你可以这样说：‘先生，如果不这样安排这个儿童房，将来孩子大一些就会不方便，外面的嘈杂会影响孩子的学习，那个时候再去改动，就会耗时耗力。先生，你之前一定也经历过后悔的事吧，我不希望在这个事情上我们一犹豫，将来再后悔。’在这段对话里你一定要让客户想象后悔的感觉，让这个感觉和不使用这个方案的后果联系起来。”老岳说。

细节

“同时，在我之上所举的例子中，你知道为什么我特别强调了细节？比如给女儿读书，甚至书名《小红帽》都讲出来吗？”

“你说……”小梅说。

“细节非常有信服力，细节能够顺利地引导人展开想象，进入情境。还是举个心理学的例子：科学家们举行过一个模拟的陪审试验，对一位母亲的健康状况进行评估，以决定她是否还有权利继续监护她 7 岁的儿子。科学家分别设置了八个理由支持和反对小孩的母亲。A 组实验者得到的支持母亲的理由都非常详细，但是反对的理由中却没有任何细节。比方说其中一个支持母亲的理由是‘母亲能够保证她的儿子睡觉前都会刷牙’。其中的细节是：儿子用的是蜘蛛侠主题的牙刷。B 组实验者得到的却完全相反。全是反对母亲的理由，但这次是反对的理由里有大量细节。比方说一个反对母亲的理由是：‘某天她儿子手臂上带着一条严重擦伤去上学，母亲并没有帮他清理伤口或者根本没有注意到，学校的护士不得不帮他清理。’而这条描述的细节就加上了：‘给孩子包扎的校医把红药水溅到自己身上，染红了她的白大褂。’你看这些描述里，要紧的是母亲没有注意到孩子擦伤的手臂，而校医弄脏了衣服跟母亲是否有能力照顾孩子的事情一点关系也没有。你猜最后的实验结果怎样？毫无意外的是无论反正方，有充分细节的那一组最有说服力！

“你看，这就是细节和具体的力量，它们会在不知不觉中影响改变客户的决策以及你的信服力。”老岳说。

### 参与感

“我去，老岳你的套路真深啊，果然是老司机……原来营销里有这么多和心理学相关的知识，这些点确实是那些鸡汤里没有的，你讲的这些招，都是在顺境的情况下用的，万一要是客户反对你的一些说法呢？万一客户不认同呢？”

“好吧，我再教你几招，先举个例子：你知道一个好的商业培训组织者，在开会前先要调动起大家的参与和关注，会怎么做吗？很简单，让大家帮忙搬一下会场的椅子，就是这一个请求大家帮忙的小动作，就已经在潜意识层面完成了：立场的转换。让客户从一个旁观者的角度变成了参与者，立场上和主办方马上就靠近了好多，人总是对自己动手、自己参与的事情，给出更高的评估。这也就是为什么在二手车市场上，你觉得你那辆二手车值三万块，而买家只出两万块的原因，因为你看到的这辆车有你的记忆，你的生活经历，所以你倾向于高估这辆车的价值，而买家看到的就是一辆普通的旧车，与其他车没有什么不同，所以更倾向于接近市场价的估值。

“其实谈客户也一样，当客户不认同你的方案时，如果你能让他参与到更多的设计过程中来，引导他提出一两个点，并且赞美他的主意太棒了！那么这个设计方案里就有了他的参与，于是他会不自觉的认同他自己参与的观点，甚至当有别人提出异议时他甚至会捍卫他自己的观点（这时你们的观点是一致的）。”老岳说。

“可是怎么才能让客户在提反对意见的时候参与进来，扭转他们呢？”

“好吧，我告诉你我见到的最有创造力的家装设计师是怎么做的，他在给客户介绍方案之前，会先出平面图，甚至要简单装订一下，有点仪式感，然后会认真的削一根崭新的红蓝铅笔和崭新橡皮摆在旁边，静候客户的到来，当他开始介绍方案时，一旦遇到客户提出质疑的地方，他会诱导鼓励客户用新铅笔在新的平面图上随意画写，来表达客户自己的想法。没错，客户说什么很重要，更重要的是通过这一个小动作，客户不自觉的就亲自动手参与到了设计求解的过程中来，你们就非常容易达成共识，而且结果不容易反复。”老岳说。

“老岳，你说的新铅笔、打印图纸造就的仪式感，是不是为了诱使客户参与进来？”小梅说。

“嗯，你非常聪明！”老岳说。

### 感觉发

“再有，当你要说服客户但客户观点和你不一致的时候，你需要有语言技巧，逐步拐弯，去除客户的抵抗心理，你要一点点的说服，这里有个成熟的话术工具，推荐给你。”老岳说。

“感觉、觉得、发现，简称感觉发。怎么使用呢？举个例子：我知道你对它的‘感觉’，以前也有人这样‘觉得’，后来我们‘发现’……好了再来，小梅！我知道你依然没有‘感觉’对吗？我刚学习到这个工具的时候也‘觉得’这是什么鬼啊？但是后来我发现一个前辈用这个方式回答了一个问题……

“再比如客户说：‘小岳岳，我家里就这个一百来平方米，你怎么给我设计了那么多柜子，是不是想给你们公司多挣钱啊？’小岳岳：‘梅老板，怎么会啊，我知道您感觉柜子多，占地，还多花钱，其实以前我们有个客户也这么觉得，于是他家里就减少了很多柜子，但是后来在他住进新家一年多之后发现，新家的东西越来越多，家里怎么整理收拾，都乱乱的，这时才觉得是柜子少了什么东西都放外面，很乱，后来又专门买了一些柜子，但总是不那么合适，柜子和墙之间有死角。”老岳说道。

“哈哈，老岳，这个话术，真是转折拐弯利器啊！我回去先像背快捷键一样的把它背熟，尽快学会使用它。”小梅说。

### 销售行为图纸

“哈哈，说起快捷键，我还真有个图纸工具分享给你，其实就是我整理的一个设计师的销售节奏工具。作为一名设计师，如果你只会设计立面其实这是一件挺悲哀的事，对于我而言，设计已经是一种思考问题的方式了。我今天给你讲了那么多，就是想唤醒你的企图心，让你自己设计你自己的销售，设计你自己的设计营销。营销问题一定可以通过设计来解决，因为设计就是用来解决问题的，当然也包括销售问题。”老岳说。

“那么老岳，你到底设计了一个什么工具来解决设计销售问题呢？”小梅问。

“就是这样的一张表格（图1），每当你第一次见过客户后，回来按照表格来记录、思考、设计下一次的行动，长此以往就会养成销售思维，慢慢就顺了。”

| 客户姓名 | |
|---|---|
| 今天的日期 | 约见的日期 |
| 下次你约见客户要达成的目标 | |
| 1，如建立专家形象 | |
| 2，多了解发现一个他们家庭的生活痛点 | |
| | |
| 说服人物 | 他们的立场 |
| 如，男业主 | 要怎么清晰强势，如...... |
| 如，女业主 | 不太有装修经验，对这个事有挺多想法 |
| | |
| 客户的显性需求： | 客户的隐性需求： |
| 1， | 1， |
| 2， | 2， |
| 什么是我必须知道而我不知道的信息 | 谁能帮我（也可以电话客户） |
| 我希望下次见面的时候我可以给他们 | |
| 我需要做？ | |
| 1， | 1， |
| 2， | 2， |
| 下次见面我能带给他们什么惊喜或额外帮助呢？ | 我的客户害怕什么？厌恶什么？ |
| 1， | 1， |
| 2， | 2， |
| 下次见面我希望他们反馈我一个什么样的行为 | 我期望见面的地点和时间，时长 |
| 1， | |
| 2， | |
| 总结 | |

图1 老岳的设计销售工具

“说了这么多，我们再来回顾一下，我们聊的设计师营销是什么？销售的重点就是：建立信任和说服。但是，我们今天聊的基本都是技巧和抖机灵上的东西。假如这些招，你都不能用，你能不能是一名特厉害的销售型设计师呢？我的答案是：可以。因为客户购买我们产品也好，我们的设计也好。客户最核心的目的是：我们的服务能给客户带来好处。假如你能提供给客户不可替代的好处：利益。那么客户将会追逐你，你根本不需要任何技巧，就可以把设计服务销售得很好。也就是说，搞好专业提供差异化的价值，才是营销的王道，我今天说的这些不过是营销的术而已。而这些差异化的价值，必须通过长时间的学习、积累、练习才能获得。”老岳说。

“最后我来回答你最早提出的问题：

“1. 如何提升加深客户对我的印象？

“答：要么用你的人格魅力征服客户，如果没有这个魅力，就用体力，打客户一顿，印象绝对深刻。

“2. 如何培养提升自己的信心？

“答：你的信心提高有啥用？你信心的提高叫自嗨，你应该提高客户的信心，让客户嗨。

“3. 如何锻炼自己嘴皮子？

“答：锻炼嘴皮子，不如锻炼你的脑子，锻炼你的内在工具，你之所以讲不出来，没有口才，是因为你没有系统的理解过你所从事的职业，你心里没有货，所以你嘴上讲不出来。

“4. 如何谈话能有理由引领客户，而不是跟着客户走？

“答：你提出的所有问题里，这个问题最有洞见，这个问题指引我们关注：如何主动引导客户，有节奏、有节操的说服客户。之上我们聊的全部内容都是在回答这个问题。

“5. 如何方案讲的不生硬，通俗易懂？

“答：通俗易懂和有见解不是一回事，你应该追求有洞察、有见解，而又能形象的表达，而不是为了通俗易懂而通俗易懂。

“6. 设计师穿着是正式好还是个性张扬好?

“答：衣着形象是非常重要的，这是你迅速影响客户的外在工具，这也是你内在不足靠外表来补的套路。衣着的重点在于适合得体。”

2016.7.28

# 你错就错在该拼感情的时候拼了价格

“老岳，前些天谈了个别墅客户，刚接触的时候，他叮嘱我要注意成本，后来我拿出了一个成本比较克制的方案和他谈，但最后客户却选了另外一家公司，后来我看了另一家的方案，我更郁闷了，因为另一家的方案做得挺豪华，显然没有控制成本。你说，为什么客户嘴上说要省钱，可是行动上确不这样呢？”小梅说。

## 1. 情理之中

为了解释之上的困惑，就让我们先了解一个问题：消费者做购买决策的时候是理性的吗？

现代心理学的研究发现，人们的消费决策是大脑中负责感性的部分做出的，当负责感性的大脑被说服并做出决策后，大脑的理性部分才会启动，为感性部分的决策寻找支持证据，但是这个过程，人是不自知的，都会认为做出决策的是理性思考。也就是说，假如你问一个客户你为什么买这个产品？他会告诉你：“因为这个产品有种种好处，所以我决定买下来。”而事实上并非如此，消费者在做决定的瞬间，不会像事后的调查那样，先理性的收集好所有的理由，然后才形成购买决策，而是在潜意识里早就已经决策好了：我要买！然后这个“我要买”的信号上升到意识层面，由理性的意识来寻找更多的理由以支撑这个决策，同时理性还要找出行动路径，比如看看口袋里的钱是否能够支付等。

所以休谟说：理性是感性的奴隶。我们的老祖宗说：先晓之以理，才能动之以情。

**如果你想要说服别人购买你的产品，你首先要做的是在感性层面说服他，如果客户被打动了，客户甚至会自己寻找理性证据。**所以真的销售高手不急于呈现销售的结果，他们在客户心里播种，这感性的种子只要生根发芽开出理性的花，结出理由的果，完成收获只是早晚的问题。

前文提到的别墅客户，之所以选择了另外一家公司的原因就是：另外一家公司把突破重点放在了怎么让设计打动客户上，而不太考虑成本，其实有经验的设计师不会在谈客户早期阶段考虑太多成本，特别是一些中高端对价格不是特别敏感的客户，有经验的设计师会首先拿出一套所谓能“拿得住客户”的设计，先在情感上打动客户，客户看到一个超出了自己想象，同时也超出了自己预算的设计，一样会很心动和喜欢，于是成本问题就会变成了一个有弹性的选项，甚至客户自己都会说服自己：我和家人要在这里住很久，为什么不多花点钱让生活好一点？

### 第一眼美女

我把这种谈判策略称之为：第一眼美女策略。所以当你从单一的成本需求的角度去考量方案时，你很难给客户情感上的惊喜，会很容易被使用“第一眼美女”策略的对手打败。因为客户本质上是想要一个高性价比并且自己喜欢的家，只要物有所值，价格因素反而是可以谈的。

为什么第一眼美女的策略这么有效？一般而言客户在做购买决策时

可以分为几个步骤：需求识别（前）、信息搜集（前）、方案评估（后）、购买行动（后）。**需求识别和信息搜集属于决策前端，方案评估和购买行动属于决策后端。**



举个例子：需求识别阶段就是我想做什么？如我想要和朋友聚会。信息搜集阶段就是看看我的这个需求怎么解决。如和朋友一起吃饭可以去卡拉OK吃自助，也可以去餐厅，还可以去酒吧，去哪呢？方案评估阶段就是评估几种解决方案。如首选是卡拉OK吧，能玩能吃，不贵，其次是餐厅，酒吧太贵了，还要吃完晚饭去，酒吧不予考虑了。购买行动阶段就是实施购买，如就这么定了，我先去团购个卡拉OK的单。

其实客户在需求识别和信息搜集的阶段是处在补偿性评估的心智模式中，也就是说在接触客户前期的阶段，客户是在很多的选择因素当中游离的，既想要这个又想要那个，这个A设计公司态度不错，那个B设计公司规模挺大，那个C公司看起来施工挺好，那个D公司好像价格便宜。于是他可能同时在这个ABCD四家公司当中进行信息的搜集，没有统一的评价标准。

**进行了信息搜集之后，就要进入方案评估阶段了，而客户要在这个阶段建立起自己的评价标准，也就是说客户会从补偿性评估进入到非补偿性评估的阶段，他会划定一个范围（标准），ABCD四家公司谁还在这个范围内，谁就有机会和客户进行下一步的接触。**这时谁能影响客户帮助客户建立评价标准，谁就会更有可能进入购买行动阶段从而完成交易。这就像是，一家大公司游说了立法机构，颁布了一部行业法，而行业标准是按照有利于这家大公司的方向来制定的。如文章开头提到的前期谈判阶段不太考虑成本的那家公司，就是通过一个“性感”的设计帮助客户定义了一个相对明确的标准（当然这个标准中一定也会包括成本，但那却是客户下一步才会考量的一个因素），从而影响客户实现销售的。

无论是谈判的前期还是后期，每笔交易，每个阶段都有自己的关键要素，大致上来说，前期的补偿评估阶段重点是感性因素，是打动，是种下一粒感性的种子，后期的非补偿性评估阶段重点是理性证据，是为客户的理性提供更多的证据，为最终决策做支撑。**所以我们要在合适的阶段做合适的事，不要在该谈情感的时候谈价格，在该谈论诗和远方的时候，总是提起眼前的苟且。**

我经常听一些做工程的朋友说他们参加某项目的招标，某公司先用低价策略中标，然后等工程后期再操作工程增项，追加预算。他抱怨说，他们的施工有多好，态度多认真，多么真诚的做预算，组织招标文件，最后败给了价格。其实他不是败给了价格，他是销售策略不对，打败他的还是“第一眼美女”策略，只不过在这个故事中策略的发力点不同，在工程招标的项目里，一般都会设置招标门槛，划定范围，明确标准，这本身就是处于销售当中的评估环节，是典型的非补偿性评估，所以在这个环节当中，客户的兴奋点不在情感而在于比较那些理性关键点。（当然，那些特色的增项，就不是本文讨论的范围了。）所以也不要在该谈价格的时候谈起了感情（图 1）。

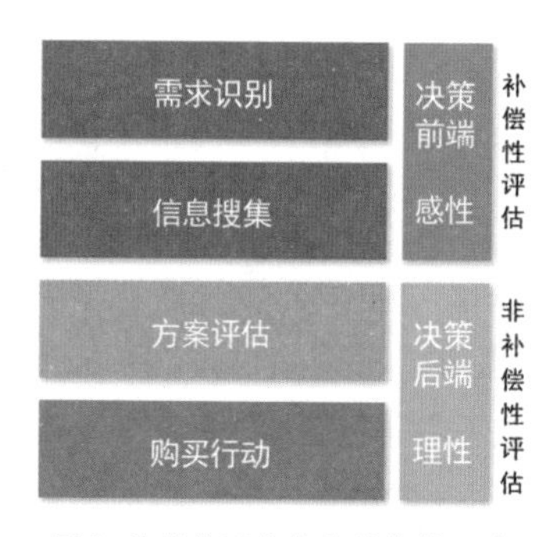


图 1 补偿性评估与非补偿性评估

我们都听过田忌赛马的故事，其实在现实的销售策略中又何尝不是如此呢。

## 2.DVF> R

既然我们了解了“第一眼美女”的销售策略，接下来我们看看该策略的核心：如何通过情感手段建立评估标准？一般而言，评估的标准分为两项：评估条目、评估程度。

————至此您已经阅读了本篇全部内容的 1/2

评估条目指的是评价的范围或选项。比如，买手机可以确定的评估条目有待机时长、跑分速度、颜值、价格等。评估程度指的是在这个评价范围或选项里的好坏程度，如，充电 5 分钟通话 2 小时。

那么在一般的销售工作中，有智慧的选择影响客户的评估条目，就是策略性的问题，而把评估条目做得好到什么程度是专业度问题。今天我们主要来谈评估条目。既然评估条目指的是评估的范围或选项，那么有哪些选项或范围可以被感性影响呢？

我们来看一个心理动力公式，别害怕，我保证这不是数学，我只不过拿它来解释建立评估条目的方法。公式为：D x V x F > R。

Dissatisfaction（不满）：对于现状，有多不满？

Vision （愿景）：对于行动背后的结果，有多期待？

First step （第一步实践）：对于下一步行动路径，有多清晰？

Resistance（阻力）：阻碍行动的因素。

对现状的不满乘以对未来的愿景乘以第一步实践大于变革阻力。这三者的乘积一旦大于面前的阻力，行动就来了。反之，只要其中有一个为零，另外两个再大也没有用。什么意思呢？我们来具体地分析一下。

D（不满）：指的就是客户现阶段的直接需求，他有什么痛点？比如前文提到的别墅客户，他为什么换别墅住？之前住在什么样的房子里，居住的生活中有什么痛点，是这些痛点促使他换房子吗？还是其他的理由？那么即使搬到这栋别墅之后，之前的生活痛点会解决吗？会有新的痛点出现吗？我们搜集客户痛点的目的就是为了理解他的生活，为将来做设计时构建设计的客观部分做准备。

V（愿景）：客户的愿景其实就是客户对生活的美好想象，大家都知道马斯洛需求模型里，人在摆脱了安全和生理的需求后会去追求：自我实现、获得尊重和归属感，这三种需求。我们可以通过以下这三个需求的转换工具来完成对客户愿景的塑造：自我实现（实现目标）、获得尊重（奖励自己）、归属感（社会压力）（图 2）。

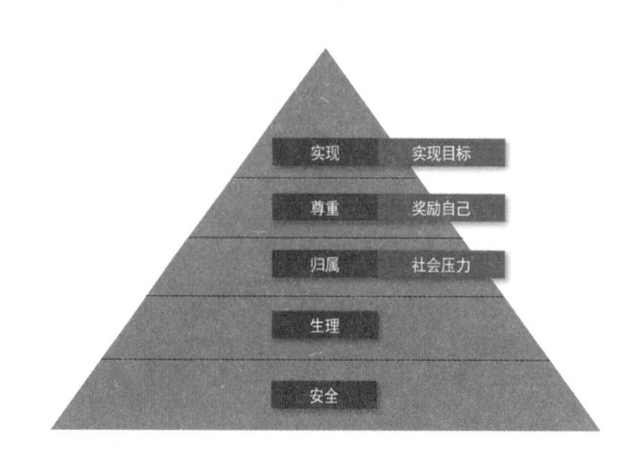


图 2 马斯洛需求模型与三个需求转换工具

自我实现（实现目标）：任何人在生活中都有一个目标，比如，我想成为一个有智慧的人，我想成为一个好爸爸，我想成为一个好老板。那么，有能力的人、好爸爸、好老板就是我的生活目标。好的产品一定要帮客户完成他的自我实现的目标。比如，你的客户希望他自己是一个好爸爸、好儿子、好老公的时候，你要描述你的产品是怎么样帮助他实现这个目标的。比如可以说：某某先生，您一定非常关心您太太，这套厨具虽然贵了一点，但是品质很好，使用起来非常方便，您太太在这里为家人做饭一定既省力又开心。想想看一名好爸爸会有怎么样的家庭目标？你又能怎么帮助他实现这个目标？

获得尊重（奖励自己）：大约一百年前，欧莱雅还是一家名不见经传的小公司，他们委托的广告公司里，有一位 23 岁的姑娘为欧莱雅想出了那句传颂至今的广告语：你值得拥有！于是一个赞美客户的时代开启了。因为你如此的优秀，所以你应该拥有这样的生活。因为你如此的努力，所以你应该享受到这样的服务。因为美丽如此短暂，何不更好的呵护自己。

——————至此您已经阅读了本篇全部内容的 3/4

每个人心中都有被尊重、被赞美的需求，每个人心里都希望自己配得上美好之物。比如，某某先生您是这么年轻有为，所以你一定有足够的智慧做出判断，我认为只有这样的高大上的设计才能配得上您的气质。

好吧，再来个文艺一点的：如果过去拼搏的伤痛不能被现在的家事抚慰，那努力还有什么意义？想一想客户有哪些优点和人格或者经历是可以被奖励的，赞美他。

归属感（社会压力）：每个人都归属于某个社会群体，每个人也都在内心期望自己归属于某一个群体。一个小白领希望自己属于高级白领的群体，一个高级白领希望自己属于金领精英的群体。即使是待业青年还希望自己属于“有思想的青年”这个群体。于是有了：“有思想的青年都来老罗英语”的广告文案。于是在地产行业中有“孝贤房”一说，销售先问：某某先生您孝顺嘛？这个问题的答案是封闭的，答案只能是：孝顺。其实这也是利用社会压力来刺激客户。

当我们的行为符合这个群体应有的行为准则时，我们就会有荣誉感，当我们的行为和自己归属的群体的行为准则不符时，我们就会感到有压力，从而调整自己的行为。有心理学家做过实验，调查北欧某国家的居民是否同意在城市附近建核废料处理厂，一部分居民被告知，如果同意政府在附近建厂可以获金钱补偿，另一部分居民被告知，如果同意建厂，没有补偿，但符合一个公民应有的道德准则。你猜哪部分居民同意的比例高？答案当然是道德压力组胜出很多（图3）。

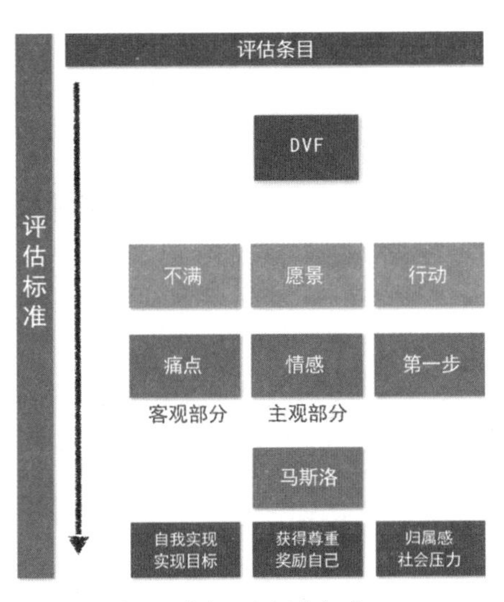


图3 评估条目与评估标准

**想一想，客户从属于什么群体，他期望归属于什么群体，怎么样才能增强他的阶层认同?**

一般而言，产品本身可以分为两个部分：一个是产品的客观部分，比如一台空调的功能、质量、价格。这些都是客观的事实。一个是产品的主观部分，比如这台空调的外观是否好看、售后专业、品牌故事、接待你是否热情，这些都是你的主观感受。其实设计也一样，也有设计的客观部分和主观部分。

按之上我们所说的，“D 不满（痛点）”就是产品客观部分的基石，也是你的设计的客观部分的基石，比如你做室内设计的平面布置所反映的种种功能，就是为了追求功能解决痛点。而我们说的“V 愿景”就是产品主观部分的基石，同时也是我们设计的主观部分的支撑，比如我们之上所说的三个需求的转换工具。

F（第一步实践）：尽快促使客户开始第一步的行动，一小步就好。我们都有推重物的经验，一辆抛锚的车推动起来最难的是第一步，一旦动起来，就省力气多了，人在行为上一样存在惯性，开始时的撬动是最难的，也是最重要的。这也就是为什么好多家装公司哪怕客户只给二百块钱的定金，他们也要收的原因。因为这一小步的行动会带来行为惯性，从而使接下来的推动更加容易。

**想一想怎么才能尽快地促使客户展开第一步的行动，除了定金还有方法吗?**

最后，回顾一下这篇文章的关键词：**第一眼美女；需求识别、信息搜集、方案评估、购买行动；非补偿评估、补偿评估；评估条目、评估程度；DVF> R；马斯洛工具。**

2017.2.6

# 别告诉我你会用PPT做方案汇报

“老岳，年底了，设计行业的活动挺多，我听了一些大师的演讲，发现大师的演讲能力都挺好的，PPT 也都做得非常精美，我打算报一个做 PPT 的技巧班，学学怎么做 PPT 提高一下演讲能力，你说呢？”

“嗯，演讲能力和 PPT 的关系不大，人类历史上著名的演说都没有放过 PPT。所以如果你想学技巧，也就是美术排版，那我觉得意义不大，软件只会越来越简单，你的水平也会越来越高，这种技术含量低的事别人可以替你做，但是有一件事别人无法替代你，那就是演讲这件事本身。如果你感兴趣，我们可以结合 PPT 聊一下演讲能力这事。”老岳说。

我们先来了解一下什么是演讲？

一般而言，演讲分为两种。一种是传播性演讲。比如我们在大庭广众之中的专题演讲或分享，如 TED 演讲、美国总统的辩论等。一种是提案性演讲，如我们给甲方的方案汇报、我们的述职报告。这两种演讲的受众范围不同，但本质都是对受众实施影响。今天我们着重讲一下提案性演讲。

那好，问题来了：什么是好的演讲或提案呢？看个故事：两个演说家同时做战争的动员演讲。A 演讲完之后，掌声雷动，人们热泪盈眶久久不愿意散去。B 演讲结束后，大家一哄而散，台下空无一人。你说谁的演讲好呢？你可能会回答 A 演讲好。但事实上是 B 的演讲最好，因为大家听过演讲后都回家拿起武器，奔赴前线战斗。

其实一个好的演讲不在于大家如何反应热烈，而在于**听众是否能马上按照演讲者的意图采取行动，**比如马上拿起武器奔赴战场。如果反应再热烈可是没有人采取行动，那么这个演讲或者说这次影响干预就是失败的。

那么，什么才是影响说服的关键？口才？ PPT？我曾听说人类历史上最伟大的演说家里，甚至有一半的人是口吃。假如这个说法是真实的，那么说话流利显然不是最重要的因素。而 PPT 是近些年才出现的，近些年好像并没有出现能排到人类历史前十名的演讲。我还知道好多牛人演讲不喜欢用 PPT。

**那到底什么才是让演讲或提案有说服力的关键呢？当然是故事！但是故事是一个结构，是一个结果，而不是过程。我们依靠什么来达成故事呢？当然是：编辑！**我看过一句话讲：编辑是世界上最伟大的职业！

什么是编辑？我认为**编辑就是：把事物按照最优的结构组织起来。**同样的故事素材，在一个好的剪辑师的手里和在一个普通人的手里剪辑出来的电影，分别就是伟大电影和婚庆录像的区别。《红楼梦》上的每个字你都认识，可是你就是写不出来，虽然字你都认识，可是你无法按照特定的结构来编辑这些文字来创造伟大作品。大师设计的空间里，你每款材料都认识，每一种空间组合方式都见过，可是你就是无法编辑出伟大的体验结构，创造出感人的作品！万物皆由原子组成，由于相同的原子按照不同的次序排列成了不同的结构，才有了千差万别的世界，如碳和钻石。也如碳和钻石一样，能打动人心，驱使行动的故事和碎片化的信息之间的关键差别也在于结构。也就是说：**编辑的作用对象就是结构。**

————至此您已经阅读了本篇全部内容的1/4

那么我们该怎么来编辑我们的演讲提案的信息结构使之变成能够驱动他人的故事呢？我给大家介绍几个工具：**受刑场工具、故事工具、老岳故事表。**

我们先来看看受刑场工具。其实这么可怕名字就是：受众，行为，场景三个词的缩写。无论什么样的演讲或提案，首先要考虑的就是受众，也就是说你要讲给谁听。你的演讲是面对一群小学生还是老爷爷？你的提案是面对一群质疑者还是面对一群迷妹迷弟？他们的知识结构是什么样的？他们目前的认知停留在什么状况？

了解了你的受众，接下来你要思考你想达成什么目的。也就是说你想你的受众产生什么样的行为？比如前文提到的战争动员演讲，受众听过之后，一秒不耽搁地拿起武器参加战斗就是达成目的行为。同样的道理，你面对甲方的汇报，获得甲方的支持也是汇报过后期望达成的行为。

那么场景呢？场景就是你和你的受众要在什么样的情景下互动？是在一场直播的电视节目？还是一个三人出席的小型汇报？还是有高层领导、中层干部、顾问团队共同出席的提案会？面对不同的受众，组织不同的提案或演讲内容，这个容易理解。可是同样的一群受众，由于场景变了也要调整提案内容，你能想象吗？比如，人类历史上第一场总统电视辩论发生在肯尼迪和尼克松之间，从电视上观看这场唇枪舌战的人都认为肯尼迪赢了，而在现场的人都认为尼克松赢了。可是电视机前有成千上万的观众，现场才能有几个人？于是毫无悬念肯尼迪赢得了选举，你看这就是对场景不同造成的影响，显然尼克松并没有做好面对电视台镜头的准备，也没有意识到事件发生的场景变化了。

再比如，你有一个可以“当面拿贼”面对甲方老大的汇报机会，但时间只有十分钟，你该如何做？你当然要精简原来做的时长为半小时的提案文件，然后提炼出最重要的点，然后说服甲方老大。

知道了受众是谁，以及要促成的行动，还有讲故事的舞台，接下来我们先看看故事该如何编辑结构。

首先出场的是故事结构：简称 SCQOR 。Situation（设定状况）、Complication（发现问题）、Question（设定课题）、Obstacle（克服问题）、Resolution（实施收尾）。好了，让我们用《海底总动员》的故事来解读一下这个故事结构是什么。

————至此您已经阅读了本篇全部内容的 1/2

设定状况：很久很久以前，海底住着一对小丑鱼父子马林与尼莫，每一天马林都告诫尼莫大海很危险。

发现问题：有一天，尼莫为了反抗过度保护的父亲，独自游到陌生的海域，他被潜水的人逮到，并且困在雪梨一位牙医师的鱼缸里。

设定课题：父亲马林踏上了寻找尼莫的冒险旅程。

克服问题：父亲马林一路上得到许多海洋朋友的帮助，克服了一个、两个……N 个困难和挑战。

实施收尾：终于他们父子重聚，并且重新找回彼此的爱与信任！

我们再来看第二个：

设定状况：大唐盛世，青年才俊三藏四处讲法，名声渐隆。

发现问题：有一天，他受到点化，不满足现状，想求取大乘佛法。

设定课题：于是他踏上西行求法的旅程。

克服问题：三藏法师一路上克服了一个、两个…… 八十一个困难和挑战。

实施收尾：终于抵达天竺，求取了真经。

你看，所有的故事中所占篇幅最多的就是“克服问题”这个板块。

**请注意，关键时刻来了，还记得之前我们对设计的定义吗？设计就是解决问题，好设计就是优雅简洁的解决问题。你看，设计在解决问题这个方面天然的带有故事属性。**

那么，解决问题一般都有哪些步骤？发现问题、归纳问题、解决问题、实施收尾。

发现问题指的是**现有的状况和我们预想的状况有差距**。比如，这只表不准，慢了十分钟，那么就是现实的表和想象中应该分秒不差的表之间有差距。再比如，新接到了一个做餐厅设计的案子，餐厅的平面结构和我们脑海中想象的完美餐厅不匹配，我们要想办法因地制宜的调整平面，而我们想象当中完美的餐厅的成本造价又和甲方手里的预算有差距的时候，我们就要想办法，少花钱还能达到氛围。这些都是发现问题。

归纳问题指的是**找到问题的本质**。比如，表慢了，原来是纽扣电池快没电了。再比如之上讲的餐厅，层高非常低。一般直觉上大家会想决定问题的本质是解决层高问题，其实问题真正的本质应该是怎么利用低层高打造一个良好的、特殊私密体验的餐厅。

解决问题指的是**针对问题的本质求最优解**。也就是优雅简洁的解决问题，其实这个过程是一个特别不性感的过程，问题要一项一项地剖析、怪要一个一个地打、一个一个的求解，而这些问题又相互的交织在一起，做到理顺和分明非常不容易。

实施收尾指的是**实施过程中对结果的反馈**。一方面是每一个小阶段的实施反馈，就像是一个大游戏里的小关卡一样，每过一个小关，主人翁的经验值和战斗力都会成长一点，最终追求到大的终局。

于是我们可以用提案的结构来和故事的结构做一个对照（图 1）。

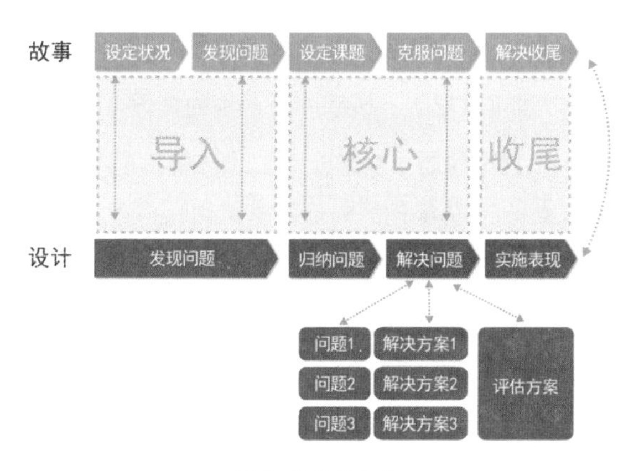


图 1 思考结构图

——————至此您已经阅读了本篇全部内容的 3/4

既然我们知道了设计的求解和思考过程就是一次故事的展开过程，那么我们该如何把这个应用到提案文件当中去呢？下面我们举个例子：假如有一家医院改造的设计要提案，我们用这个工具组织一个**故事结构的 PPT**。

受众：医院主管基建等领导以及其他业务领导……

行为：希望触及痛点，支持我们的设计方案。

场景：在医院汇报，有其他竞争对手比稿，工程的、专业的、财务的各个口的甲方需求不同。

**发现问题（图 2）：**

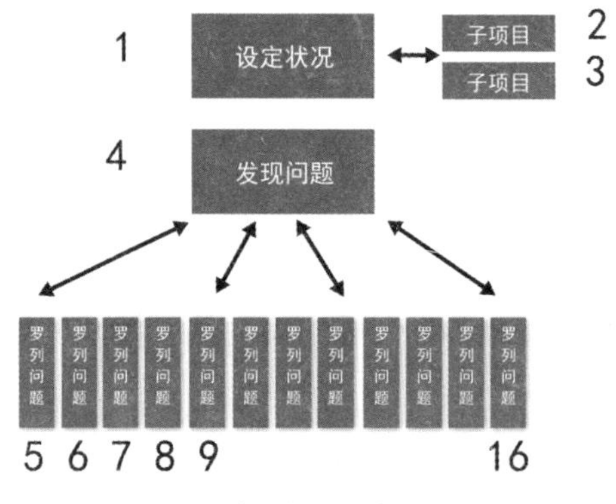


图2 发现问题金字塔图

医院的现状（**设定状况**）：医院本身条件的梳理，定位。

发生的问题 （**发现问题**）：停车难、设施陈旧、重点科室就诊人员密集、卫生难以维护、70 年代的内部建筑结构，不适应新的医疗分工、电器管线混乱等。（你能找到的所有问题。）

**归纳问题（设置课题）（图 3）：**

这些问题大致可以分为几类：一是交通问题：外部交通疏导、内部有效利用、加建立体车库；二是业务效率问题：科室之间的流程效率、病患的就医流程效率；三是病人体验问题：视觉的、触觉的、听觉的、嗅觉的、关爱的（微信和 APP 预约挂号、取药等、线上和线下体验）；

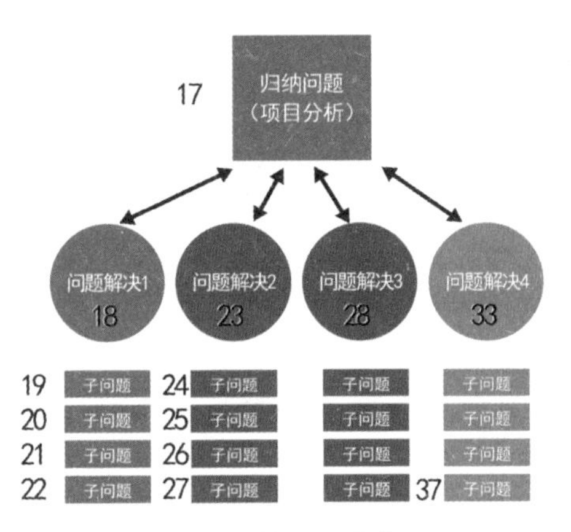


图 3 归纳问题金字塔图

四是工程实施问题：旧楼改造、新楼建设、尽量不影响医院运转；五是资金成本问题等。

**解决问题（克服问题）：**

针对前面各个问题以及各个子问题的解决方案（图 4）。

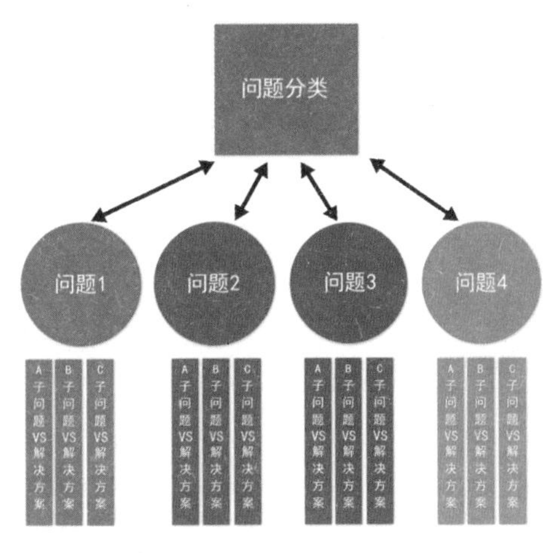


图 4 问题分类金字塔图

**实施表现（解决收尾）：**

对于实施表现来说就是怎么制作 PPT 或者商业文件。我们设计行业的特殊性在于，很多时候要靠图来说话，所以这个方面又有尤其多的工作要来完成。而且这些表现和实施预想要在提出的问题之后加以说明，那么最后就会是问题分类（图5）。

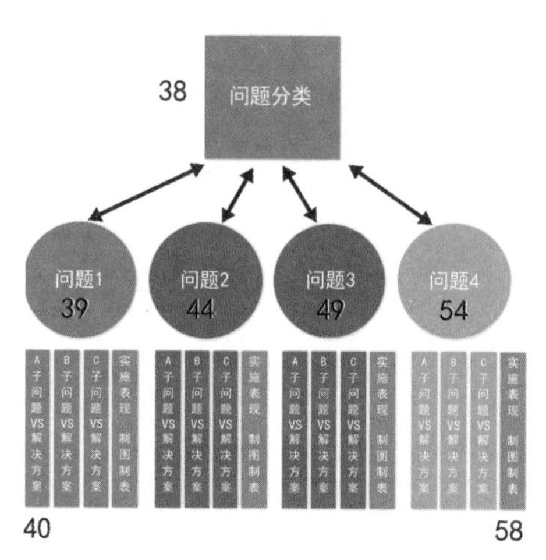

图5 设计行业问题分类金字塔图

了解到了这种金字塔式的结构布局，那么我们在把这个结构使用到PPT中时，首先我们应该把金字塔中的每个图形都变成一张PPT页面。反映到PPT上我们要这样操作：第一，新建一个有多页空白页面的文件。第二，点击右上角边栏的【大纲】按钮，切换到大纲模式。第三，按照金字塔图的序号把内容分配到每个页面上去。第四，完成这个结构布局之后，再次点击【幻灯片】按钮回到主页面，开始给每一个页面添加内容，当一个页面不能说明一个小主题的时候就另外新建一个页面来说明，务必做到一个页面只说明一个概念。

好了，综上所述，也许你已经发现，这个工具不仅仅是一个可以用于故事化排版的方法，**更是一个建立思考结构的方法**。任何一个设计项目其实都可以按照这个思维路径来梳理，做出最佳求解和最佳提案。

为了方便大家使用这个工具，我制作了一个“老岳故事表”，大家每次做设计提案之前都可以拿出来对照这个结构和流程来思考答案（图6）。

| 受众是谁？ | | |
|---|---|---|
| 想让受众产生什么行动？ | | |
| 在什么场景里提案演讲？ | | |
| 第一，发现问题 | | |
| 设定问题 | （项目概况） | |
| 发现问题 | （理想和现实的差距） | |
| 第二，归纳问题 | 设置课题 | |
| A 问题分类 | B 问题分类 | C 问题分类 |
| 问题溯源<br>问题本质 | | |
| 第三，解决问题 | | |
| 问题分类 | 子问题 | 内容 |
| A 类问题 | 子问题 1 | 解决方案 |
| | | 表达形式 |
| | | 对方案的评估 |
| | 子问题 2 | 解决方案 |
| | | 表现形式 |
| | | 对方案的评估 |
| | 子问题 3 | |
| | | |
| | | |
| B 类问题 | 子问题 1 | 解决方案 |
| | | 表现形式 |
| | | 对方案的评估 |
| | 子问题 2 | |
| | | |
| | | |

图 6 “老岳故事表”

2017.1.10

# 该怎么用设计讲故事?

“彦祖，打上学那会儿就听老师说，不要做设计而是要讲故事。可是，什么是用设计讲故事啊？”小梅说。

“解释什么是讲故事之前，我们应该先明确什么不是讲故事。我们大家都有过看那种特别难懂的说明书的经历。另外，我们也经常会在各种设计案例里看到各种说明书文体的‘设计说明’。比如：本方案简洁大气，成本低廉……天花采用二级吊顶、石膏板、乳胶漆刷十遍，地面采用蒙古黑花岗岩湿贴……你看，这种文字大多数人都是无法忍受的。而为什么我们高中时看的《故事会》却又那么容易理解？同时你也可以想象一下要你复述一本说明书和要你复述一个故事之间难度的差异。说明书和《故事会》都是文字，为什么我们的阅读体验如此不同？”老岳说。

## 1. 为什么是故事

人的记忆分为两类不同的结构：工作记忆（Working Memory）；长期记忆（Long-term Memory）。工作记忆也称为短时记忆，存储能力估计在 5~30 秒。我们每天注意到的任何信息都是要在工作记忆区被处理，之后被处理好的信息才会进入长期记忆并被存储到大脑里。这个工作记忆有点像是一个大暖壶的入水口，你可以想象一下，这个暖壶的口很小很窄，每次只能流过一定数量的水，一旦超出这个量，水就会洒出来，根本灌不进去。

长期记忆存储容量非常巨大，而且能够长期保持记忆内容。所以我们平时说的"记住了"，都是指的把信息存储到长期记忆中。同样的道理，长期记忆就像前面举的例子中的暖壶的腹部，这个腹部几乎无限大，但是想给这个无限大的腹部灌水，必须通过那个工作记忆的小暖壶口。

其实我们的工作记忆的那个输入口，本质上就是我们大脑处理意识范围之内信息的能力，因为大脑处理信息的速度和能力是有限的，但是记忆容量几乎是无限的，所以我们就有了这样一个入口非常小，容量却无限大的暖壶。

从我们的祖先使用语言的时候开始，我们的工作记忆就拥有了感官规定性。什么意思呢？学美术的都知道，人的眼睛只能看到三种原色彩，人能感知的其他的所有丰富多彩的颜色都是这三种颜色相互搭配变化出来的。只能感知这三种原色彩就是感官的规定性。我们用一种形象化的例子来说明工作记忆：你可以想象一下人的工作记忆是暖壶的圆形入口，直径有 4cm，而故事本身就是 4cm 的直径，8cm 高的圆柱，所以故事本身不需要调整就能通过工作记忆的限制快速到达长期记忆区，几乎没有摩擦的一步导入。所以这也是为什么所有的儿童读物都是一个一个简短的小故事，再配上图画的原因，因为孩子的工作记忆更为狭小，而听故事几乎不需要大脑有任何的咀嚼动作，像是没有牙齿的婴儿吃的流食一样，故事也是大脑的流食。

——至此您已经阅读了本篇全部内容的 1/4

其实世界上绝大多数的信息都是不规则形的。无论大人孩子，都首先要对其进行认知加工（咀嚼），把信息加工成可以被理解的，才能从工作记忆的入口进入大脑。为什么说明书和数学非常难以理解？因为你的工作记忆处理这些信息的时候，又慢又痛苦。所以本质上故事就是：**人类大脑最容易理解的是有固定形的、形象化的信息排列组合方式**。正因为可以迅速的通过工作记忆的关口、有感染力的故事，可以释放强大的影响力，去影响受众的行为，去改变他们的观念。

## 2. 为什么设计要讲故事

首先设计是为了解决问题，不是为了讲故事而讲故事。**可是我们为什么还需要讲故事？我们讲故事的原因就是为了利用故事来影响他人。**因为故事能够激励人并引起共鸣，让客户更快更迅速的接受我们的观点。

故事不是直白地、简单地告诉人们概念是什么。而是使听故事的人参与到概念的交流中。比如我说“一”，“一”仅仅就是一个数字概念而已。但我说一轮皎月、一只孤雁、一缕清风、一江秋水，就不仅仅是一个数字了，它会在你的脑海里形成图画，于是你会参与到我的语境当中来了。

**同时故事是为了达成目的**。先明确你的目的。没有目的，你就不知道该讲一个什么样的故事。因为故事是一种说服和影响的工具，如果你不知道该把受众往什么方向引导，那么故事就起不到作用。

了解过了故事是什么，以及为什么有用，我们接下来就说说怎么用设计讲故事，用故事包装设计。

## 3. 怎么讲故事

其实把设计包装成故事是一个精心策划（编辑）的过程。那么我们常用的设计故事手段有如下两种：类比型故事、场景型故事。

### 类比型故事

类比型故事，就是我们常说的打比方、举例子。类比一般都非常短小，常见于介绍概念，同时也是生活里最常见的故事方式。

想想看，我该怎样给一个从来没有见过柚子的人讲什么是柚子呢？

我只能借助这个人头脑中已有的概念做基础，然后在这个基础之上构建出一个他从没有见过的概念，帮助他理解和想象。比如，柚子是一种很像橘子的水果，但是个头要大很多，一般有一个排球那么大。看，对于见过橘子，又见过排球的人来说，这种类比很容易想象。

再比如，之上我讲到的工作记忆和长期记忆就用了一个小口暖壶的类比，在讲到大脑感官决定性的时候用了小朋友吃流食的类比。类比往往是设计方案中最喜欢用的也是最常用的说服方式。比如，灵感的来源，元素符号的来源，意向图片，全部都是点式的类比，你要向甲方说明一个概念的时候，往往会先找到一个能统领全局的概念，可以是地域的文化，可以是一个器物，或者更为直接的就是一个相仿的设计作品。最典型的例子就是上海世博会期间英国馆的种子圣殿（图 1）。

图 1 上海世博会英国馆

*设计师托马斯说：这些种子蕴含着巨大的潜能，可以提供食品、制成衣物、治疗疾病、净化空气……我们想要让英国馆扮演一颗微小的种子的角色，一种可能更广泛向四周传播的力量。*

*我要用一个长着 6 万根“触角”的方盒子，让数以万计的种子来“讲故事”，将一个富有创造力的英国展示在观众面前。*

*它将会是独一无二的。当我们说我们要向世人展示种子时，他们会觉得很不可思议，大叫：“什么？种子？你们为什么会想到要展示种子？”当然，我们有关于讲述种子的故事：用一颗种子长成的植物做草药，可能让一位生病的老奶奶长寿 10 年，因为可能一个特殊医药治疗的药剂就来自某一粒种子，同时一颗粮食的种子可能关系到一个国家的经济命脉。*

*可能就是因为这么一粒小种子让我相信未来会有一种更加积极向上的发展模式来改善人们的生活。*

——————至此您已经阅读了本篇全部内容的1/2

### 场景型故事

场景型故事一般用于对一个场景的描述，故事杀伤力比类比故事要大。非常容易说服客户。场景故事一般分为场景描述和故事主轴两个部分。

#### 1）场景描述

用场景来描述故事，不是直接地说设计或产品怎样怎样。而是从事件、提问、影响、解决这4个方面去描述。比如事件：在这个场景中会发生什么？为什么张老师家里总是凌乱？为什么现在餐厅的氛围无法吸引客户？为什么这个海报不能吸引别人？提问：提出问题，找到问题所在。例如：家中凌乱无序，造成这个的原因是什么？是收纳不够，还是家具动线不合理？还是生活方式有问题？影响：这个事情带来的影响。例如：家中凌乱无序，会让生活品质下降，影响心情，长期对健康不利。甚至影响夫妻感情。解决：我们目前提出三种解决思路，一是增加收纳，二是合理规划空间关系，三是通过设计让家事更有趣。不但帮你解决，甚至是比你想象的更好的解决问题。

#### 2）故事主轴

故事的叙述都会有个主轴，而其中又可以分为两类。空间轴线和行为轴线。

空间轴线主要是以空间为主要的叙述线索，在每个线索的空间节点上进行场景描述（图2）。

比如：太阳升起，主人在卧室中自然醒来，他身着睡衣简单的洗漱了一下，来到了房屋最东侧的早餐厅。早餐厅洒满清晨的阳光，光线照耀了屋边花园里的露水，像是洒落在花园中的珍珠，红茶已经准备好了，桌上的iPad也正在播放早间新闻，阳光斜射进了房间，白色的大理石地面被光阴拂过……主人吃过了早餐后，开始在书房处理工作……（场景描述）餐厅……娱乐室……

行为轴线主要是以人物角色为线索来讲述行为故事，讲述一个路径上行为的故事，这个概念主要来自于产品设计里关于用户行为的一些观察，把用户行为总结为故事的方法很有带入感。其实我们总在说的移步换景，就是这个以人物视角为基点的景观叙述过程。想象一下人眼为第一视角的直播（图3）。

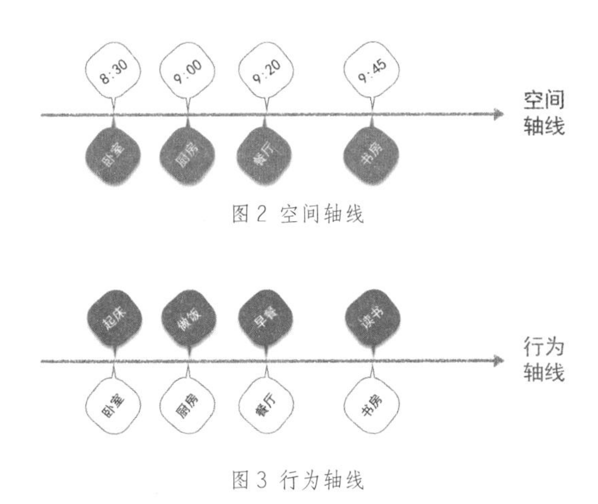


图2 空间轴线

图3 行为轴线

比如：王太太准备下班回家，她先到社区的超市买了一袋水果蔬菜。然后，她回到了家门口，找钥匙的时候，她把那袋水果挂在了门口的挂钩上，这样可以腾出手来很方便的找出包里的钥匙。（场景描述）之后，她打开门，孩子已经放学在家里写作业了，看到妈妈回家，高兴地说，妈妈，你买的什么水果？快给我做饭吧……妈妈打开玄关柜，放好鞋、包，挂起外套，拿水果来到厨房，开始做间餐……（场景描述）而后，母子一边享用间餐，一边围坐在餐桌旁开心地讲着今天发生的事情……（场景描述）之后……

其实，无论是空间主轴还是行为主轴，都是结构，是骨骼，想让故事丰满必须要加上场景表述，同时空间主轴和行为主轴并不对立，当你给你的客户讲述一个设计故事时完全可以并到一起讲，即使是讲述同一个方案，也可以在这个部分强调空间主轴，下个部分强调行为主轴（图4）。

同时更为重要的是，设计既然是解决问题，那么我们在讲述故事的时候，问题解决前的主轴和场景与问题解决后的场景应该形成对比（图5）。

————至此您已经阅读了本篇全部内容的3/4

问题解决前VS问题解决后

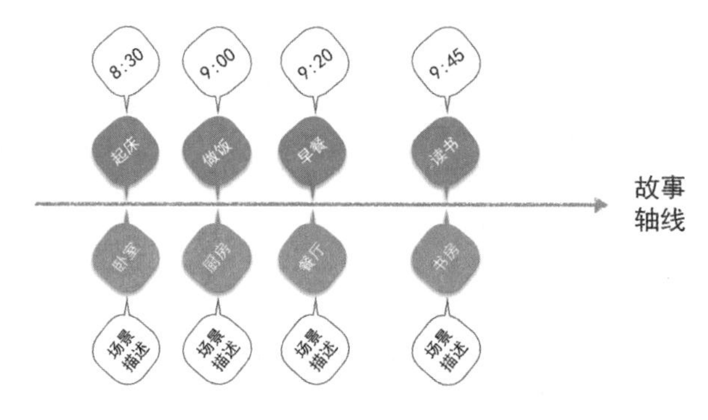


图4 故事轴线

故事轴线 问题解决前VS问题解决后 故事轴线

图5 问题解决前与问题解决后的对比

## 4. 故事的结构性

之上的所有关于故事的内容本质上讲述的是一些提报和讲述技巧，也就是说借用讲故事的技巧来讲述设计，使我们的设计更容易被客户接受。故事除了讲述技巧之外更重要的是故事的结构，故事称之为故事的原因在于结构，接下来我们谈谈怎么用结构武器来讲设计故事，说服客户。

一般而言所有的经典故事，包括神话、小说、传记，大致都有一个经典结构：目标、阻碍、努力、结果、意外、转折、结局这7个步骤，仔细观察会发现其实就是为了达成目标的两轮重复。目标、阻碍、努力、结果（第一轮）；意外、转折、结局（第二轮）。（请大家一定记住这里的第一轮故事和第二轮故事的概念才能理解下面将要展开的套路。）

设计提报的过程本身就是一次体验，可以使用故事的结构来规划，很多有经验的设计师都已经在使用了。既然设计就是解决问题，那么一次设计方案的第一步一定是要明确设计是要解决什么问题。也就是说，设计的目标是什么？有了设计目标，马上就可以审视设计项目已有的资源和现状，看看哪些资源足以完成目标，哪些不足以支撑目标，总体经过一番审视检查，我们会找出问题所在，也就是说：阻碍。

明确了阻碍，知道了我们要实现的目标和现状之间的差距，作为设计师来说就要使用设计思维努力来解决问题，同时还要对解决路径和资源进行规划。于是通过努力自然而然的推导出一个设计结果。一般而言设计的结果呈现出来了，对于普通设计师而言可以交差，拿去和客户提报讨论了。但对于有套路的、懂得心理学的心机设计师而言，故事才刚刚开始。

有套路的设计师会在“第一轮”故事结束的时候，把导出的设计结果归纳的偏激一些，甚至留出一两个漏洞，作为故事结构第二轮的起点。其实当设计师用第一轮故事，推导出第一个设计成果的时候，客户其实是已经准备好提出设计意见的，可是故事并没有结束，客户发现设计师又开始向纵深推进，自己刚才打算质疑设计师的问题竟然都被设计师自己提出了，客户的内心是诧异和意外的。在客户意外的情绪之下，心机设计师会乘胜追击，继续用分析和逻辑的工具，修正之前的设计结果，修补漏洞，来个转折！把之前大胆偏激的设计结果，经过现实修正变得相对保守，于是输出最终的设计结果（图 6）！

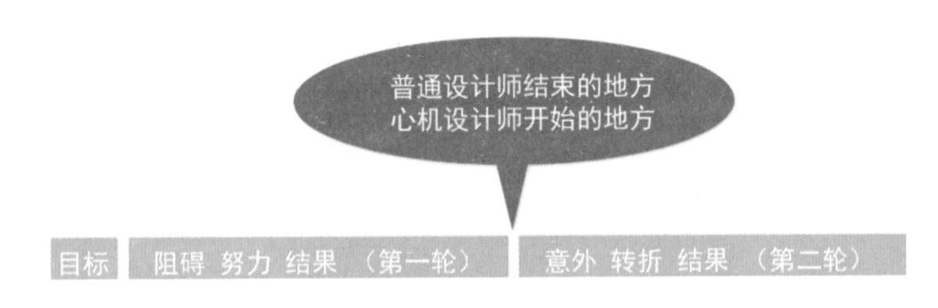


图 6 两轮目标

你看，设计师在和客户的交互中，主动的使用故事的结构来管理提报体验，通过：目标、阻碍、努力、结果（第一轮）；意外、转折、结局（第二轮）两个故事轮回能大幅度的提高说服力。

2016.12.18

# 第四堂课 设计运营

DESIGN AS A PROFESSION

LEARN TO BE A DESIGNER

HOW TO CONVINCE THE CLIENT

**HOW TO RUN A DESIGN STUDIO**

TEAM MANAGEMENT

DE [illegible]

RETH [illegible]

# How to Run a Design Studio

# 解锁设计运营：为什么你的公司总是饥一顿饱一顿？

## 1. 一键破解小公司总也长不大的魔咒

“彦祖，上次你给我讲设计管理时，提到有些设计公司总是做不大，像是被诅咒了一样，现在我创业了，所以对这个话题很敏感，你能详细聊一下吗？”小梅设计师问。

“好，七八年之前，我的公司还是一家小工作室，以画效果图为主要业务，偶尔会有一些项目能收设计费，日子过得不紧不慢。但是我发现在五六年的时间里，总是在两三个人到七八个人之间徘徊，不但营业额很难增长，而且人还总是一波一波的走，好像是一种诅咒一样，规模一旦接近十个人马上就动荡，人员就不稳定，于是积木坍塌从头再来，甚至每一次有离职的同事，都要挖走我们的客户，我也总是痛苦不堪。

“后来同行业之间聚会交流，我了解到一些前辈设计公司也是这样，长久以来就是十个人以内居多，大部分时间是五六个人。其中一位前辈大哥抱怨：人培养出来就跑，甚至拐走客户和同事。比如那个画效果图好的，到处有人找他画图，公司也留不住，以后咱们不如不培养人了，我们几家联合起来，共同养几个画效果图的和画施工图的，这样，这些人的工作量大了，收入也高了，不想三想四的了就容易稳定……听到这的时候，我就走神了，我知道我在设计师前辈身上找不到答案了，于是我带着这个问题请教行业外的一位大哥。大哥说：……

“于是我把早期的兄弟遣散，我自己加入了济南最大最优秀的一家家装公司，开始了我的勤工苦学阶段，而这个阶段也直接奠定了后来的成象设计……”老岳说罢，陷入了回忆当中。

“老岳，后来呢，魔咒呢？大哥说的是什么呢？”小梅着急地问道。

“兄弟，你先别着急，我们慢慢说，把事儿说透。”

## 2. 痛苦

“在我去了那家最好最大的家装公司之后，我作为一个新建项目公司的负责人，不但每周都能和老板们开会，也见识到了一个健全公司里都要有哪些职能、哪些部门。但是我依然对我当时的职位没有角色感，始终在用一个设计师的心智来面对这一切，很快公司的新项目在我的领导下非常糟糕，我也被公司替换，开始了我在这家公司的家装设计师的生涯，从而彻底退出了公司的管理。直到2010年，我才离开这个家装公司，和两个小伙伴一起，开始了成象设计的创业之旅，那时我已经非常的自信了，因为我知道我通过两年的锻炼和学习已经不再是设计师了，而是一个创业者。”老岳说。

“老岳，区别在哪？你学到了什么？”小梅说。

“很简单，概括起来，我在两年的时间里完成了角色转换，从一个设计师到一个设计运营者的转变。从那个时候起，我非常不喜欢别人把我定位在设计师这个角色里了，因为我知道，设计师是为作品负责的，而运营者要为一家公司负责。至于这家公司在发展过程中需要我做一个设计师的时候，那我就是岳设计师。这家公司需要我做领路人的时候，我就是岳总。这家公司需要我做客户维护的时候，我就是小岳。你看，我不再固定自己的角色了，我开始尝试适应让角色塑造我。”老岳说。

“你能具体地说说有什么不同吗？设计公司怎么运营？运营和公司做不大有什么关系？”小梅问。

## 3. 运营

“好吧，我们把问题分解一下。我们先来看一家设计公司的运营是什么。无论是家装公司还是设计公司，一般来说都可以分为两个运营部分：输入部分和输出部分。输入部分就是：市场里流向公司的需求。说白了就是：在这个市场里有多少客户能够找到你，和你发生交易。一家公司如果没有客户，那么这家公司就没法生存而退出市场。输出部分就是：公司向市场提供了多少价值。说白了就是：活来了，客户来了，你能生产多少？怎么生产？一家公司即使客户盈门，但是它的生产能力有限，没法满足客户需求，那么这家公司也无法长大。”老岳说。

“你看，之前我们所说的设计公司、设计工作室总是无法生长发育的根本原因，其实就是没有运营能力。一家公司，不管是输入还是输出问题都很多，那么恭喜你，你已经强过多数小设计公司了，因为你的问题是运营的好坏，而多数的设计公司的问题是压根就没有运营。

“一般设计师创业的故事模板几乎都是：在一家公司或行业里积累了一些人脉资源（挖原公司墙脚），然后拉几个设计师同事一起出去创业。因为都是设计师，思维方式一致，所以提供的价值也一致，虽然沟通方便，可是价值重叠了，后期容易闹矛盾，如果一起出来创业的小伙伴，人人都有大师梦，那就更要命了，最后一定不欢而散。因为人人都想做设计大师的组织里，不会有人去做运营大师、管理大师、制度大师、传播大师，于是根本就不可能出现健全的企业，所以即使企业里有潜质十足的设计师，但由于缺少成为大师的机会和土壤，也不可能成为设计大师。”老岳说。

“老岳，你的意思是说，大多数的设计公司压根就没有建立运营，是吗？”小梅问。

“是的，公司没有建立运营体系不可怕，可怕的是公司的管理者脑子里没有运营体系，这个才可怕。”老岳说。

## 4. 狙击手

“一名好的狙击手是子弹喂出来的，是训练成就出来的。设计大师也一样，好的公司也是如此，前面的文章《从设计小白到设计大师的学习方法》里，提过非程序性知识的概念，其实设计技能就是典型的程序性知识，和钢琴、枪法一样是讲究手感的，需要大量的练习才能成就。可是练习从哪里来？子弹从哪里来？这就不得不提到之前说过的输入部分了。”老岳说。

“输入就是找吃的，如猎人出去找猎物。是公司就要来找客户，以维护自己生存。

“这个部分也就是常说的市场运营。而在文章开头，我常说的，总是无法长大的设计公司的创建初期，总会积累几个固定提供业绩的客户，大差不差地能满足一个小公司的生存需要，哥几个一合计，就出来创业自己当老板了，心里想着服务好客户，期盼能够实现客带客。可是现实情况是：公司越忙的时候，客户越挤到一起，于是公司天天加班，为了赶工完成，原来说好的服务好客户，好像也不能做到，而有时候，公司会松下来，没有事情做，大家闲得心慌，于是这个时候最容易爆发公司内部矛盾，一般而言，员工往往不是忙的时候离职，都是公司闲的时候辞职的。”

“老岳，你说得太及时了，我们这个刚创业的公司目前就是一阵非常忙，一阵非常闲的状态，怎么办？”小梅说。

“没关系，小梅兄弟，发现问题，就等于解决了一半的问题，你如果能把运营问题解决好，公司业绩会有持续稳定的增长，管理也会相应好做得多！下面我们来讲讲具体如何做运营。

“一般而言，输入部分，可以分为三个等级，分别是：市场动作、营销动作、销售动作。这三个动作可以被想象成一个漏斗（见下图）。”

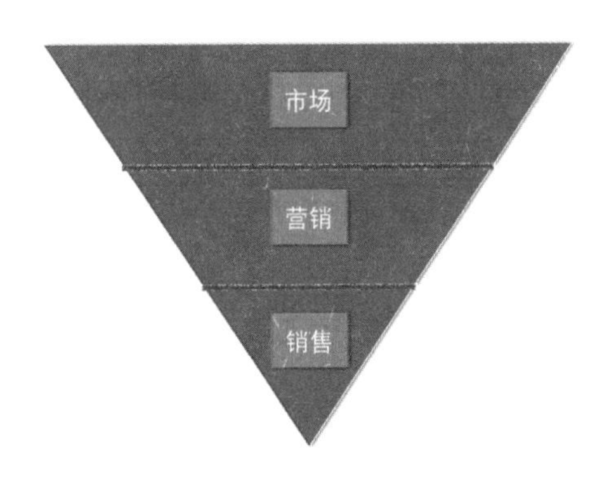


公司输入漏斗

### 市场动作

“市场动作的先觉条件是：定位。定位是要思考一家设计公司要做什么产品？思考这个问题时不应该首先考虑自己会什么，而是应该首先考虑市场上有什么样的需求，这个需求的市场有多大？紧接着要考虑，面对这个需求，什么产品能解决这个需求？然后要搞清楚自己已有的技能怎么和这个需求对接。

“比如，因为十年前房地产行业的繁荣，释放了很多需求给设计市场，在房地产行业创造的市场里，室内设计仅仅是需求环节上的一个小点而已，地产行业上游有规划、建筑、园林景观，然后是公共建筑、酒店会所、商场、办公，再之后是住宅，包括样板间、精装修、家装、软装配套。你首先要考虑的是在这么长的链条里你能做什么？即使你告诉我你要做住宅？那么你是要做样板间？还是要做家庭装修？还是仅仅只做软装？这些方向都是需要选择的，要有个相对清晰的定位。

“比方说，市场上那么多的大师，如梁志天大师、邱德光、戴昆、琚宾、葛亚曦等，都是做地产公司的样板间产品而扬名的。而现在房地产进入新的时期，市场一定会发生变化，至于到底是什么变化，变成什么样？谁也说不准！但是有一点可以肯定，就是开发商的市场需求不会有那么大了，但是普通客户的市场却有可能不断地扩大。于是你会看到，很多大师都展开了产品化的布局，他们开始做自己的品牌的家具饰品等，他们的产品不仅仅局限于地产商的市场，而是面对广大的民用消费市场，这样还能把这些年在设计师群体里积累的知名度转换成商业成就。你看这些大师们的做法，其实就是为了未来市场的变化做的部署，属于市场上的定位动作。”

“老岳，我们作为小公司，没有那么多的资源怎么做市场的动作啊？怎么做产品啊？”

“小公司没有很多的资源，但要有对市场整体的思考和定位。比如你工作几年了，对市场大体有个宏观的判断，对吧？多少也总有点自己的发现吧？比如：你在家装公司，你发现如何服务客户可以提高客户的满意度，而你的这个招，可能对某个类别的客户特别管用，那么你出来创业就要集中精力死磕这个领域和这个类型的客户，把自己优势最大化。也就是说，你对市场这个维度，最重要的动作就是：思考！如果你连思考的能力都没用，那就不要创业了，安心打工岁月静好，不是很好吗！”老岳说。

### 营销动作

“有了基本的思考（市场宏观的定位和战略），我们才有可能聊一下营销。因为没有方向的努力就是在浪费资源。”老岳说。

“老岳，一家设计公司的营销，不就是包装吗？包装需要什么方向啊，不就是做个微信号，发个微博，搞个发红包转发的活动，经常发个动态得了啥奖，参加了啥活动不就行了？”小梅说。

——————至此您已经阅读了本篇全部内容的1/2

“好吧，几年来总有人说：‘老岳，你们公司包装的不错啊？’我听到了总在心里默念：这个傻瓜是怎么出现在我朋友圈的？绝对拉低了我朋友圈的水平……于是我总是礼貌的回复：‘呵呵……’然后默默拉黑。”老岳说。

“哈哈哈，好吧，彦祖威武，一言不合就拉黑，但你能告诉我为什么嘛？”小梅说。

“营销不是包装，如果一个人把营销理解成包装那就太低级了，说明这个人对现代商业社会的理解和知识储备还停留在义和团阶段，不具备现代社会的基本常识，于是我只能维护我的朋友圈的平均智商了。营销从公司体系来说，核心目的只有一个：让更多的客户发现你并认可你。而让更多客户发现你叫传播力。让客户认可你叫说服力。

1）传播力

“传播力是针对目标客户，你的产品的传播范围和力度有多大？比如微信上经常会被一些文章和好作品刷屏，这个就是传播有力！而一些公司发布的文章阅读量少得可怜就是传播乏力。

“可是问题来了，一家设计公司怎么做传播？首先要有传播的途径，也就是我们所讲的传统媒体：电视、广播、报纸、杂志；新媒体：微信、QQ、微博、论坛等互联网渠道。以前传统媒体是要花很多费用的，现在互联网时代传播渠道都是免费的。可是以前的电视广播都是有强制性属性的，你只要看电视，就一定会看到广告，你逃不开，没选择。而现在互联网媒体，对观众是没有任何强制约束性的，因为我随时可以选择不看。我不看微信，也可以从微博获取相同的资讯。既然渠道对观众、对你想要传播的客户没有束缚力了，那么内容就变得无比重要。所以当我看到无数家设计公司，在别的地方搬来的图或者文章，放到自己的公共账号上来，做内容的搬运工时，我就好想大喊：‘你们的动作错了！’这些文章的阅读量也就百八十人，估计还都是自己人，根本没有什么效果，因为你的内容里没有任何有价值的东西。

“还有一些很低级的家装公司，除了做各种诱导转发基本就没有别的招了。也就是说，他们提供内容的质量渣到爆了，到了必须要贴现金才能有人转发的程度了。这种内容质量在任何渠道上发送，除了制造信息垃圾之外不会有任何作用。所以，这样说来，想要充分利用免费的渠道，你提供的内容是否有质量，是否有足够的黏度，吸引人主动来看、来分享就是最重要的事了。可是对于一家设计公司来说，什么才是内容的核心呢？我觉得当然是：作品！作品!!还是作品!!!那么对一家家装公司来说什么是最重要的内容？当然是你为客户提供的最终结果，包括一个能称之为作品的设计师和客户都有自豪感的家，包括建造过程中的贴心服务。当你能够产出具有你特点和识别度的内容的时候，你还要注意内容的。”

2）说服力

“内容对于企业来说只有一个目的就是：说服你的潜在客户。那么企业该怎样用内容去说服潜在客户呢？要搞清楚这个问题我们先要搞清楚说服力的三个等级。第一，苟同；第二，协同；第三，认同。

“苟同。这个很好理解，比如你搞定了某领导，然后某领导给你批个条子，你拿这个条子去办事，你不需要费什么口舌，这个条子就是最大的说服工具。你也可以把这个苟同想象成权力的尚方宝剑，能逼迫别人让他采取符合你意愿的行动。想一想，以前很牛的装饰公司都是这个路数，都想做红顶商人，看看那些因为行贿而被抓的工程公司老板的故事，大家应该马上就能明白了。

“协同。就是提供了明显的利益和好处。我优势明显，你要不是傻子你就来选我，正因为如此，我有充分的利诱条件，让你采取符合我意愿的行动。你想一想多少超市里一早就有大妈排队去买鸡蛋？再想一想互联网公司电商最常用的说服工具不也是这个吗？比如，小米公司从手机到产品都是这个路数，便宜到你不买都觉得吃亏了。

“认同。就是我打心眼里欣赏你，认同你的价值观，我也想和你变成一类人。对了，你猜对了，这个就是所谓的情怀，是罗永浩为首的锤子手机所鼓吹的，虽然我也是个锤子用户，但是我极其不喜欢情怀这个词。

“其实苹果也在传播价值观，是打认同牌的鼻祖大师，为什么苹果没有被那么多人黑？很简单，苹果的产品支撑得起他们传播的价值观。同样的道理，对一个设计公司来说，你的产品也要支撑你的传播，如果你有特牛的作品，你甚至不需要知道老岳今天所说的这些，你继续一心一意的搞好作品就够了，因为你能有好作品，你就同时可以完成说服力的建设。

——————至此您已经阅读了本篇全部内容的3/4

“一个好设计作品首先反映了价值观，最起码是设计师所认知的价值观。其次，一个好作品能给使用者带来利益，给委托设计方带来惊喜和回报。最后，一个好的作品，一定是稀缺的，不是满大街都是的那种飞机稿，稀缺带来的一定是千金难求。

“现在很多企业把刷存在感当作了营销，这是不对的，比如好多的设计企业微信号，打着赏析的名义转发了很多的国外的案例，如果你是一家做设计师平台的号，这个没有问题，比如《设计联》《设计腕》，可是如果你是一家设计公司，你转发国外赏析案例后，你的潜在客户看了虽然也觉得挺好，可是这个和促使潜在客户选择你，没有半毛钱关系。”老岳说。

### 销售动作

“我们说过了市场和营销，接下来该说说销售了。”老岳说。

“啊，营销不就是销售吗？我以为这两个是一回事呢！”小梅说。

“营销面对的是一个群体，是大面积的轰炸，让潜在的客户群体来发现你，而销售是在这个客户群体里筛选出来最有可能交易的客户，和他完成交易状态，和他签约。其实，好多设计师的业绩好不好，大部分发生在这个层面。

“之前有两篇文章是专门介绍设计师在这个层面上该如何做的：《几个套路就让你秒变营销型设计师》和《设计师谈单没经验？那就让“老司机”来带带路！》。对一家家装公司而言，约访来考察的客户挺多的，可就是签单效率不高、转换率不高，那么问题很可能就出在这个环节。

“举个例子，我们的软装公司去年面对这样一个问题，来考察的客户不算少，可是有些地方性开发商的项目设计师就是把握不好，这些设计师去处理一线大开发商的案子时非常通畅，因为一线的开发商已经具备常识和丰富的经验了，对于什么是好的，自己想要什么比较清楚了，软装设计师和他们打交道很顺畅，可是一旦到了地方性开发商，特别是在一些没有经验的开发商那，我们的成交率在一段时间里都不算高。我找软装的 CEO 一起商量对策，一方面我们反思了自己的客户管理，是不是这一部分的客户我们不应该做？即使做，要做哪些类型的，怎么选择？另一方面我们探讨了怎么解决这个落单的销售问题，最终我们设置了一个专门盯销售的经理岗，协助设计师，从头开始，从客户管理开始，先论证这个客户做不做，研究怎么做？再到后期，经理要一直跟到落单，反馈意见，协调甲方。最终在一段时间以后，公司的这个问题得到很大的改善。”老岳说。

## 5. 大师梦

“其实对绝大多数的设计公司而言，公司里基本都是技术岗，最多有个后勤，更不用说有人专门盯销售、盯营销、盯市场了。于是造成了一个公司的输入不够多，活不够多，所以设计师们犯错的机会、学习的机会就比较少，这种情况下公司的技术水平是不可能进步多少的。

“其实这也不要紧，只要公司老大亲自盯输入问题，这个问题也可以解决，但这就要求一个设计师要从技术角色转换成运营角色，这个往往是最难的，难的不是技术而是心理。为什么心理坎难过呢？因为设计师都不愿意放弃自己的设计师角色！即使他的设计特烂，他也一样执着的追求大师梦。其实我们设计师一旦有了大师梦，就容易产生幻觉，好像这个世界上除了设计就没有更牛的职业一样，我当年也有大师梦，直到有一天，在一个工地，亲眼目睹某大师，被包工头出身的老板呼喝道：‘那个画图哒……’那一瞬间老岳的大师梦崩塌了，但也由此解锁了设计技术的局限，让自己的知识边界扩大了一圈。于是我的梦想从做一名很牛的设计大师，变成了做一个很牛的人。是的，去掉‘大师’和‘设计’这俩字。”老岳说。

## 6. 技术流

“我始终认为技术是营销的基石，我坚信，对一家设计公司而言，技术就是我们最重要的事，技术的结果就是作品，有了好作品，就是最好的营销，最好的销售，你不用抖机灵来做其他的事，就可以在这个渠道扁平的时代称王称霸。”老岳说。

“营销不是很重要吗？怎么又拐弯到设计技术了？我有点糊涂了。”小梅说。

“不矛盾，在这个互联网时代，一个好作品就囊括了所有的传播要素、营销要素、内容要素。假如你有能力在一年中，持续的发表了3~4篇极其牛的作品，基本可以确定，你不需要再做其他的努力，你的知名度一定会暴涨，慕名来找你的客户一定非常多。

“举个例子，我们公司基本每个月都会发表一个作品，我本人也是从文案到排版，甚至选择音乐都事无巨细要过手，但是到目前为止依然没有出现过我称之为‘爆款’的作品，就像是琚宾老师做的‘北居然·琚宾之家’那样，刷爆朋友圈的作品。其实很多厉害的公司，比如葛老师、戴老师、吴斌老师等，一年里并没有像我们那样每月发布作品，而是一年发布几个重量级作品，一出手必是精品，必是刷屏级的，必是爆款的作品，这样做造成的影响反而远远地大过我们。

“所以内容的质量一定是大于数量的，当然内容一定大于手段。所以营销？营销个屁，抖那机灵干什么？”

2016.8.14

# 设计公司怎样做品牌?

“老岳，我创业两年了，基本算是稳定下来了，一时半会也饿不死了，我请教了一些和你一样的老司机，他们建议我接下来要注意建设品牌了，我接下来该怎么建设品牌？”

“你为什么要建设品牌呢？”

“可口可乐、麦当劳啊、苹果啊，这些伟大的公司不都是品牌吗？那些大设计公司、大师，不也都是品牌吗？有了品牌知名度，起码不愁签单了吧，按你的话说就是生存系数提高了！我也心存高远，所以想建设一个很牛的品牌！”

“你打算怎么建设呢？”老岳问。

“我决定最简单有效的方法就是，自己做个微信号，再花钱打些广告，请人给我们公司拍个高大上的宣传片，我呢多参加社会活动，多刷刷脸，多吹吹牛，多请人采访我……总之，向那些高大上的品牌学习呗。"小梅说。

"首先，我觉得你现在聊品牌还太早，你的那些招即使用了，也不会有什么结果。其次，我觉得对于设计公司而言，品牌是企业经营顺其自然的结果，根本不需要刻意地投入资源占用心智。"老岳说。

## 1. 品牌是什么

想建设品牌？那我们来看一下品牌到底是什么。

一般意义上品牌就是：提及此品牌时的瞬间联想。是消费者对产品和服务的感受总和。比如，当我说起可口可乐的时候，你会想起什么？恐怕会想起：冰可乐的口感、开可乐时的声音、可乐的气味、红色的包装、花体字、传奇故事。

那么我提起海底捞呢？恐怕你浮出脑海的是火锅的气味、感觉、排号的小吃、超牛的服务……

好吧，如果我提到梁志天设计呢？你一定会瞬间联想到样板间，对不对？你看这就是品牌的最朴素的解释：**品牌就是瞬间联想出的感受总和。品牌还是企业经营的结果而非目的。**后面这句话理解起来稍微有点绕，下面我们就详细地讲一下这个逻辑。

## 2. 品牌有什么用

简单来说，品牌一方面可以形成产品的溢价，提高企业的利润。另一方面品牌也可以占领消费者心智、提高销量、提高企业盈利。**你看企业的天职就是盈利，因为企业需要更多的盈利，所以企业需要品牌。**这也就是为什么市场上有各种各样的书籍培训文章，都在围绕品牌来说教，仿佛品牌的概念可以解释一切企业的成就和兴衰。

好，问题来了：假如作为设计师的你，随机在路边拉住一个路人甲，你问他知不知道梁志天，季裕堂？只要他不是这个行业的，恐怕他一定不知道这二位大神是谁。但是你问他知不知道奥迪、宝马、加多宝、海飞丝，恐怕他大多都会知道。

## 3. 专业品牌和大众品牌

其实这很正常。这就是专业品牌和大众品牌的区别。梁老师和季大师的设计公司是专业品牌，而奥迪、加多宝、宝洁是大众品牌。那么专业品牌和大众品牌有何不同呢?

品牌是企业的外在延伸物。什么样的生存方式决定你是什么样的企业，什么样的企业又决定你是个什么样的品牌。一般而言，**专业品牌的公司都是：技术型企业。而大众品牌的公司都是：消费型企业。**

————至此您已经阅读了本篇全部内容的1/4

我们先来看一下技术型企业的特点：技术型企业它们的客户不多，一般都是其他的公司和组织，交易的次数也不频繁，半年不开张，开张就半年，而且他们**作为产业链的一个环节**，向下游的客户提供某一问题的整套的解决方案，因为每一个客户的问题情况不同，他们的服务输出也会不同。比如：波音公司生产民航飞机，他们为全世界的这百余家航空公司提供飞行器的整体解决方案。他们的飞机不是每天都能卖出去的，但一旦卖出去就是几十亿的大单。他们也会为不同的航空公司提供定制服务，微调飞机内部的设施。而波音公司制造飞机时需要采购劳斯莱斯和通用公司制造的飞机发动机引擎（民航引擎市场最大的两家公司），也就是说，劳斯莱斯和通用在产业链上是波音的上游公司，他们要为波音以及其他飞机制造公司服务。

再比如通用公司，其中有一个业务是建设核电站，那么通用下属的这家核电建造公司是以全世界各国的政府为客户的，很可能他们几年不开张，但一个单子的货值非常高，当然每个地方的情况都不一样，每一次的核电站从设计规划到技术选型都要从头来过，为客户定制。

你看，一般人坐飞机的时候不会关心飞机是波音生产的还是空客生产的，更不会关心飞机使用的引擎是谁的产品。就像你会关心自己的手机品牌，但你不会关心你手机连接的通讯基站是哪家公司的技术产品。

再比如普通消费者会关心酒店的品牌，而不会关心这个酒店是谁设计的。而大众品牌的消费型企业是什么呢？首先消费型企业一般都是面对普通大众的，他们的服务和产品一般都是工业化量产的，更重要的是这些企业**一般都处于产业链条的终端，**他们会直接面对广大消费者。比如酒店，整合了开发、物业、建筑、室内、机电、艺术、营销、运营、后勤、服务等行业，而这些行业的组合就是酒店管理公司整合的产业链，然后酒店打包这些价值，形成产品，卖给终端消费者。

比如，前文说过，波音把飞机卖给了航空公司，而航空公司要组织飞行、要卖票、要营销、要建设服务品牌。比如，耐克和阿迪达斯，他们整合了整个制鞋产业链上游的价值，然后汇总成产品，又把产品卖给消费者。比如，之前提到的海飞丝、娃哈哈、可口可乐。这些都是消费型企业。

了解了之上两种企业之后，**我们设计企业属于哪种类型呢？毫无疑问：专业品牌的技术型企业。**

那么通过以上举例，我们来假想一种情况：有一天，造核电站的通用核电公司，突然把品牌卖给我们成象设计了，请问我买来这个品牌后，通用核电没有了品牌会不会完蛋？当然不会，因为我即使拥有了通用核电的品牌依然没有建造核电站的能力，而通用核电即使改名叫小黄鸭核电，凭借他们的技术能力依然可以把技术卖到全球，品牌不品牌的根本不会影响他们半毛钱的生意。

————至此您已经阅读了本篇全部内容的1/2

假设有一天，可口可乐把品牌卖给了娃哈哈，可口可乐能不能重新开始做一家新的可乐公司和可口可乐展开竞争？我想答案是：不可能！还记得当年娃哈哈搞出的非常可乐吗？娃哈哈把自己的可乐和可口可乐装在一模一样的杯子里请消费者来盲测品尝，看看哪一款可乐更好喝，很多消费者在盲测的情况下认为非常可乐更好喝，可是一旦还原到正常的消费场景，就是没有人购买非常可乐。最后，实验者把娃哈哈的非常可乐装在可口可乐的瓶子里有人买，可是把可口可乐装进娃哈哈的可乐瓶子里却没有人消费。你看，对于一个高频消费、饱和竞争、低参与度的产品，品牌基本就是生命线。

通过以上的两个举例，我们是不是能够发现：**对于技术型企业而言，品牌好像没有那么重要。反而对于消费型企业而言，品牌似乎事关生死。**

## 4. 品牌的养成

那么设计公司呢？作为技术型企业的设计公司什么才重要呢？其实一个**技术型企业，关乎生死的是技术**！

比如，对造飞机引擎的劳斯莱斯引擎公司来说，全世界它的客户就这么一巴掌能数过来的几个飞机制造商，所以只要让这几家飞机制造公司知道自己就可以了，只要核心技术好，产品牛，自己叫什么，是不是全世界都知道根本不重要。对于一个顶尖的酒店设计师来说，让那几个大的酒店管理集团知道你，比全世界其他人知道你都有用。因为这个行业里真正的大客户就这么几家管理集团。所以，假如你是作为产业链条上某一个环节的技术型企业，你如果有点资源就应该投放到技术和创新当中去，而不是品牌，因为品牌对你不重要。如果你是一个产业链条的尾端，是上游产业链所有价值的整合者，你需要直接面对普通消费者，那么你就需要强有力的品牌，来作为你的生存要素。

假如有两家生产汽车变速箱的技术型企业，A 公司和 B 公司，手里各有 100 万元的资金可用来投入（也可以是 10 万小时的时间）。A 公司把钱用在了不断的钻研技术，提高产品性能、降低产品成本上，同时又死磕管理，保证了大规模生产的品质可靠，交货准时。但这家企业从来没有任何宣传，更没在品牌上花一分钱。唯一的曝光机会还是经常的在专业期刊《汽车技术》上发表探讨变速箱技术的论文。B 公司拿出 70 万元，做广告搞宣传，建设品牌，请了一堆的广告公司，策划公司，经常在专业期刊《汽车技术》上打广告，本来剩下 30 万元想投入到研发环节里的，发现打广告钱不够了，于是又把所有钱砸到广告上了。假如有一天宝马公司要来采购汽车变速箱，你觉得宝马会选谁？一定是 A 公司对吧！等到 A 公司拿下了宝马的这个订单，那么 A 公司就等于和行业里的标杆性企业建立了联系，用不了多久，奔驰、大众、奥迪等一系列的车企都会找上门来，于是很快A企业在汽车行业里越来越有知名度，甚至一些小汽车厂家会以奔驰、宝马同款变速箱配置来给自己打广告！不知不觉A公司竟然也成了行业里知名的品牌。

——至此您已经阅读了本篇全部内容的3/4

你看，这就是为什么说：**品牌本身是企业经营的结果而非目的。**同样的道理，我们看看做酒店设计的设计公司是不是也是这样？酒店设计公司处于酒店产业链环节中的一环，对他们而言，最优质的、业务量最大的客户，就是那么几家跨国的酒店管理公司，对于设计公司来说，根本不需要让普通消费者知道自己，**而设计公司通往品牌的最短路径不是去关心什么品牌，而是提高技术、提高设计能力，这才是作为技术型企业做品牌的正确姿势。**比如，一个设计师最早籍籍无名，后来做了一个精彩纷呈足以扬名的小作品，于是获取了和一个品牌管理公司合作的机会，然后它把握住了机会，成功的满足了行业标杆企业的需求，于是很多品牌管理公司在此之后都慕名而来，必然的，这个设计师的设计做得越来越精专，多年后，这个设计师成了酒店设计行业的大师，在行业内的知名度妇孺皆知。

**对于一个技术型的企业而言，品牌更多的是行业知名度，而知名度的背后支撑物是专业技术。**比如，导演张艺谋的工作室，有一天老张打算改名换姓叫艺张谋，有什么问题吗？恐怕照样是大导演，大艺术家，可是有一天老张还是叫老张，可是他老年痴呆了，丧失了才华，你看看作为企业主体的老张还能不能生存？同样，**对于一家消费型的企业而言，品牌更多的是熟知，而熟知的建立依靠的是不停地重复。**这也就是为什么那个连播三遍的广告“恒源祥，羊羊羊”如此的讨厌，又如此的成功的原因。这也就是为什么到处都是消费型企业的广告，你却从来没见过造核电站或飞机引擎这类技术型公司的广告的原因。

可能读到这里的时候，你还会对我的结论不服，也许你会问：设计师品牌是怎么回事？阿玛尼卖衣服做酒店不就是个品牌吗？其实这里的设计师品牌，听起来还是设计师相关的企业，**但本质上已经从一个技术**

**型企业转换成为一个消费型企业，**也就是说，设计师品牌是从产业里的一个环节，下沉到了产业的终端变成了价值整合者，转身直接面对普通消费者。因为设计师品牌改变了自己在产业链中的位置之后，生存所需要的能力也发生了巨大的变化，很少有人能跨过这个鸿沟。这也就是为什么设计师品牌能成功的少之又少的原因。

如果你是一家技术型 to B（对企业）的设计公司，你却学习 to C（对客户）的消费型公司的品牌动作，这基本和考试作弊连别人名字都抄了一样可笑，这也就是为什么我在前文说小梅同学的品牌策略不会成功的原因。

**当我们设计师开始考虑该如何包装自己时，也许我们要先确认，我们两耳之间确实有值得包装的东西！**

**当我们设计师开始思考该如何建立品牌时，也许我们该想想，要是我们把抖机灵、走捷径的心智力量花在专业上，会不会更有效率？**

2016.11.18

# 第五堂课 团队管理

DESIGN AS A PROFESSION

RN TO BE A DESIGNER

HOW TO CONVINCE THE CLIENT

HOW TO RUN A DESIGN STUDIO

TEAM MANAGEMENT

DE

RETH

## Team Management

# 想学习设计公司的管理能力吗？快干了这碗“蒙汉岳”！

## 1. 设计和管理的本质是相同的

彼得·德鲁克曾说过：**“管理就是在资源稀缺的情况下，把事情做成的能力。”**而我认为设计的本质，也是在资源稀缺的情况下寻求最优解决方案的方法，也就是说我们在时间、金钱、资源等各个方面都存在着局限的情况下，我们要用最快的速度、最短的时间、最少的金钱去找到一个能够解决问题的最佳的求解方式。那么，如果我们这样看待设计的话，**设计本质上就是一种管理行为。设计本身就是对资源的管理，正如简洁就是对复杂的管理。**

同行小伙伴经常问我说：我做设计的搞管理好像不太擅长，对管理一窍不通，什么都不会。这些小伙伴提起管理来就垂头丧气，好像这是一个非常难的事情。但我并不这样认为，我觉得**管理行为和设计行为在**

**本质层面上是同构的，都是寻求事情的最佳解决方案的一种路径。**没有一个人与生俱来就会做设计，同样，也没有一个人与生俱来就是会做管理的。也就是说，**无论是设计还是管理，都是后天习得的新技能，都是可以通过学习训练以及反馈，通过刻意的练习，能够获取到的技能。**

其实我们自己在成长历程当中，也经历过发现自己好像管理能力不行这个问题，中层干部也曾经对管理这个事情没有信心。事实上我在这里可以负责任地告诉大家，你只要是有责任心，你一定可以学习管理。管理这件事情没有什么高深的，也并不是一个垄断性的技能，你会做设计，就一定会做管理。但是如果你自己在内心深处自我设限，你“觉得自己不行”，那这才是问题的根源。

作为一个正常人、自然人，我们都对自己进行管理，我们管理自己的语言、时间、资源，所以管理是无时无刻不和我们发生关系的，作为一家公司，管理也是同样如此。

## 2. 如何管理一家小的设计公司

经常会有人说**管理就是三件事情：管人、管财、管物。**而这三件事情里面我认为最重要的东西，就是人。即便是管财或管物，作为管理者落实到最后的时候一定是面对一个具体的人。所以，所有的这一切管理都是跟人打交道，都是在影响别人。那么我认为，作为一个管理者，更重要的是管理自己，而不是管理别人。

既然我们已经找到了问题的根源和关键。那么我们在带兵带队伍之前都要先问自己这样两个问题。**第一，你要带什么样的人？第二，你能把人带成什么样？**

## 3. 你能带什么样的人

无论是作为一家创业小公司，还是一个已经功成名就的大公司，管理者首先要面对的第一个管理上的问题就是：**什么样的人会加入你这个公司？什么样的人和你目前的公司现状是匹配的？**但是，你需要什么样的人，并不意味着这样的人就会到你公司里来。

那我们首先要想的是，在目前这个现状下，我更希望的是什么样价值观的人来到我的公司。我觉得，在这个层面里最重要的一条就是价值观。作为一个管理者，我和成象的其他合伙人，我们每个月都会花时间自己筛简历进行新员工面试。Hr 这个职责部门，老大一定要自己做。在这个过程中我们也见到过好多技能水平很高的人，我们也见过很多特别聪明优秀的人，但是最终能和我们走到最后的，能和我们同心同力走到今天的人，都是特别有学习能力的。

我们有一个衡量人才的标准：**第一，有好奇心；第二，有责任心。**给大家举个例子。我们经常听到管理者吐槽他们公司的市场部的员工天天在办公室里坐着，也不出去跑市场，然后怎样怎样的抱怨了一大堆。最后还问我对这样的人该怎么管，有什么办法能够激励他出去跑？我说你问题的路径错了，你首先要想的不是如何激励这样的人。你首先要反思的问题是这样的人为什么会出现在你的公司？上医治未病，我们应该是在问题发生之前就把问题解决掉，一旦问题发生了再去补救它就完蛋了，所有的手段都会带来另外一个问题。

————至此您已经阅读了本篇全部内容的 1/4

所以这就是第一个问题的重要性：**你能带什么样的人**？所以我们一直都在说怎么样想办法让我们的队伍里有奇葩而不再出现没用的人，因为一个特别差的人会带来整个团队效能的下降。你仔细地想想，我们在日常管理过程当中有多少的能量是消耗在了沟通不畅上。而**沟通不畅的第一个原因就是沟通对象不正确。**

所以，正确的方式就是这样的人不该出现在你的团队，你跟他价值观不一样，你每天都在和他的价值观做斗争，于是沟通非常的累。我们之前也有段比较迷茫的时期。我们为了解决问题而多招人，但后来发现，如果价值观不正确的话，多招来的这个人不会带来什么正面的东西，却让你的管理成本提升，而且让整个团队的士气下降。所以后来我们就对这方面会特别特别的在意和重视。所以对招聘这个环节，管理者要尤其重视，要自己去面试，自己筛简历，自己去寻找奇葩。

接下来谈的第二个问题就是：和你价值观一致的人招进来了，我们要把他带成什么样？其实人这一生特别的奇妙，我们这一生就不停地在找人，我们小的时候希望找到好的老师，大了以后希望找到一些好的合作伙伴。你这一辈子都是在不停地找人，等找到人以后呢？我们又该如何处理人和人之间的关系？我能把人打造成什么样？

我的公司一直非常在意培训，也非常重视内部的知识分享。2010 年我开始创业，每天中午都会抽出半小时时间来做培训，我坚持了一年半。其实当时看这些东西也不是很重要，也并没有立竿见影的成效。但是这种日积月累的培训，对我们这个团队的塑造还是非常的重要，我们统一了知识架构，然后它会慢慢慢慢地发酵，产生你意想不到的效果。所以说**需要时间去积累的培训特别重要。**

后来我们跟周围的一些兄弟公司也交流过，他们说人员流动性太大，员工学会了本事就跑了，还拐走公司的客户，还拉原来公司的同事出去创业。所以培训是没用的，员工成长越快越容易抛弃公司，但我嗤之以鼻，认为这是悖论。这个问题在哪儿呢？我觉得作为一家公司，你必须要培训，首先这是你的社会责任。其次，这个员工跑掉了和你做不做培训没有任何的关系。一定是你公司的环境，你的激励措施出现问题了。更有可能就是这个人就不该出现在你的公司，因为他和你不一样所以他走掉了，那就走掉好了。但如果你把离职原因错误的归因到因为你培训他，让他学到东西，所以他离职，我觉得这是不正确的。一个公司里面会有正常的人员流动，但是你不能因为这几个人不忠诚的行为而去惩罚剩下的绝大多数忠诚的、价值观和你一致的人。但是还需要注意，在价值观一致的前提下，不但要强调员工的技能培训，我们还会考虑你到了公司后怎样才能让你变得更好，因为你变得更好，这家公司才能变得更好。**不仅仅只是说专业上是进步的，而是你整个认知世界的方式发生了变化，这才是我们最想要的。**我们不希望只是教你怎样画图教你技法，我们希望能在知识的层面上激励你，教给你独立思考的能力，只有这样我认为才不辜负和我们价值观一样的小伙伴对团队的期望。他无论在这里工作一个月还是十年，我希望这都会是他人生当中的最重要的经历之一。我希望在这里他可以获得改变自己世界模型的一种机会和方法，这点是非常非常的重要的。所以在今天我的公司里面，我们有一个非常非常重要的价值观：**成象设计公司生产的不是设计，而是新认知**。所以我的个性签名曾经是“设计对我而言就是探索世界的一个工具”，这个工具就是用来生产新的认知的。

————至此您已经阅读了本篇全部内容的 1/2

## 4. 关于小红花

另外，我们的成长里面有一些小技巧可以给大家分享。

第一，我们分了好几个组，组和组之间会有 PK，PK 结果用小红花做激励，小红花可以用来兑换书卡、电影票等。我们希望能用这种内部激励的方法驱动内部的学习竞争。

第二，我们每周都会有读书会。我们会在每周共同读一本书然后进行分享，共同读的一本书可以是经管类也可以是文学类，甚至是哲学都没有关系。我们会在读书会上互相交换我们各自对这本书的认知。

第三，我们在内部组织了小伙伴之间的分享。所谓术业有专攻，小伙伴把自己擅长的事情分享给大家，这会增加我们整个组织内部信息流动的速度。

## 5 . 朗道效应

我再给大家围绕着两点聊一聊我们之前遇到的一些坑。

著名的物理学家朗道把世界的物理学家分成过几个等级。 每一个等级之间的效能都差 50 倍，比如以一星为例。二星的比一星的效能（能量）大 50 倍，三星的比二星的效能大 50 倍，最高一级的就是五星的（牛顿、爱因斯坦）。以他这种划分人才的方式，那**最低等的人才和最高等的人才之间的效能差了成千上万倍**。

之前我在设计行业里对这种认知不是特别的强烈，但从去年开始我接触互联网行业以后，我才对人才等级的效能有所体会。曾经上海的优步负责人给我们分享过，优步在上海是怎么把出租车行业给颠覆掉的。其实核心的团队只有 三个人，这三个人就把一个几千人、上万人的传统行业给颠覆掉了。什么原因？其实很简单，优步在上海招到的都是从美国一些投行里面挖到的顶级的金融人才，然后让这些一流的人才组成一些特别精英的小团队，去颠覆一个由三流、四流人才组成的行业。所以势如破竹，势不可挡。

所以呢，我们也希望首先能找到一流的、五星的人。当然，**考量人才的标准还是以好奇、学习和责任为主**。如果这三方面做得特别好超有天分，是奇葩，那我们真的非常非常的欢迎这样的人加入我们，一起去生产新的认知，一起去探索未知的世界。

## 6. 优秀不等于优点

接下来再聊一下优秀和优点。我认为**优秀的人，和有优点的人不是一回事**。其实我们在日常生活中也经常会发生这样的一个错误。如果一个人在某一方面特别擅长，这叫优点而不能叫优秀。对于一个公司而言，在某些层面上，我们要找到一些有特长的或者说有优点的人。但是在管理者的岗位上，在一些特别重要的事情上，如果你想打造一个精英团队，我建议你要找优秀的人，而不是有优点的人。其实我们经常会把这二者混淆在一起，这也是我们这几年经历的第二个坑。

## 7. 不要对抗人性来建设制度

比如打卡，比如工作日志。我们也曾经一段时间每天都写工作日志，每周都写工作报表，我也曾把一些大公司的 KPI（关键绩效指标）的考核方式引入到我们公司里面来。然后，做得一塌糊涂……因为太复杂了，整个考评体系中包括所有的中层甚至包括我自己都疲于应付这样的一个管理方式，最后变成了刷存在感的工具。所以我们就把这个方式改革掉了。

后来我们认识到，**简单就是对复杂的管理**。所以后来我就和我们的合伙人商量我们怎么样能把管理做得再简洁一点。再后来我们发现，**设**

**计公司，其实唯一的考核就应该是作品**。所有的事情都要拿作品说话，我们只考核设计师团队的作品。

给大家透露一个小秘密，为什么我们公司把所有的作品都放到网上去了，水印还打得特别小？其实我们把作品发到网上去是有一个目的的，我们会通过大家的意见给我们的作品打分，这个分数会作为对设计团队的直接考核标准。我认为作为一家设计公司，我们并不追求多大的业绩，或者说追求做一个多大规模的公司，其实纯设计公司也不可能做太大规模。那你对自己的要求就应该是拿作品。**你的客户不可能因为你快、也不可能因为你便宜、更不可能因为你平庸而选择你，一定是因为你提供的作品能够满足他的需求**。对我们而言，作品是唯一一个可以衡量的标准。我们这些年也走过一些弯路，到今天我们也不成功，依然是特别小的公司，但是我希望今天分享自己的一些心得和经验给大家。但是，我保证我所说的东西不是对的，只是他错到什么程度而已。

——————至此您已经阅读了本篇全部内容的3/4

**其实一家公司你真正能感觉它暴露出来一些管理问题的时候，是它停止发育的时候**，它停止成长了它的业绩，停滞不前了，它遇到一些玻璃天花板了。这个时候管理的问题会暴露出来。我从来没有见过一家高速成长的公司会有管理问题，不是他管理没问题，而是他一切的管理问题都被高速成长这种成长性掩盖住了。所以当出现了管理问题，而你只在管理的技术层面去求解的话，毫无意义，你不可能去扭转整个局面。也就是说，在现象层面去解决本质问题，这是不可能的。

我们公司有个传统，每个管理者每年都要做SWOT（态势分析法），都要系统的思考他所管理的部门遇到的问题以及和公司里面遇到的问题。关于公司的运营定位，关于部门的运营定位，你是怎样思考的？你认为哪里有威胁，哪里有机遇，哪里有风险？

我们的合伙人还有我们的管理团队会把每个部门的所有的问题汇总在一起，然后群发给大家，每个人都会收到，每个人都会看到我们相关的东西。我们每年都会做公司的SWOT分析，然后我们会把这里面的问题，包括定位的问题、认知的问题等，把它分解成计划落实到每年、每月的计划里，我们会尽量去做，但是说起来很惭愧，我们执行力一直是有问题的，一直并没有完美地执行这些东西。

给大家分享几张图片，能把这篇中的所有的内容建立起一个结构来，也把这些东西串联起来（图 1）。

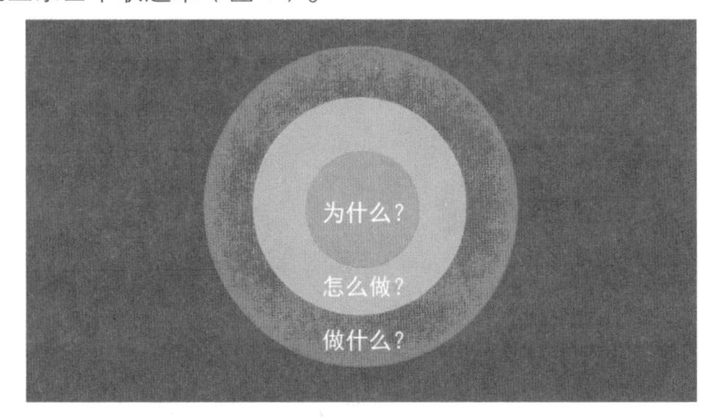


图 1 为什么，怎么做，做什么

这张图里核心的问题讲的是为什么，也就是说任何一家企业、任何一家组织、任何一个团队，在从事一件事情之前你首先问自己一个问题，“为什么？”比如《西游记》里面的那个团队，这个问题总是由唐三藏来回答的，为的是求取真经，普度众生。所以，为什么解决的是价值观的问题，这一点非常的重要（图 2）。

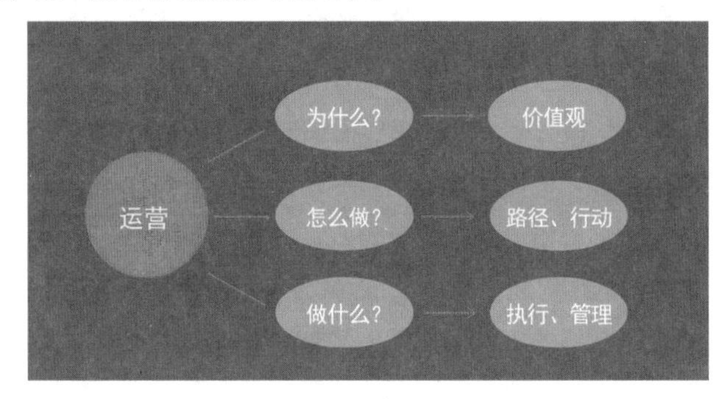


图 2 运营路径

曾经一段时间认为，一个团队在求生存的阶段去谈价值观好像是扯淡，好像也有人认为价值观这个东西你做强做大了以后慢慢就会呈现出来了。但是现在我并不那样认为了。**价值观应该是一个团队里面最基础的、最底层、最重要的那个核心。**

接下来，**“怎么做”这个问题往往都是一些路径层面的问题**。也就是我们日常讲的一些管理的问题，包括目标管理、路径管理、资源调配等，是围绕怎么去“西天”展开的，而这个层面的问题往往都是上一个层级展现出来的问题。也就是说是最核心的那个层级价值观层级“为什么”所放大出来的问题。而最外圈的**“做什么”这个问题讲的就是我们常说的执行的问题**。你是和泥的，他是砌墙的，那个是做水电的。大家心中有具象的事情任务，但不一定知道自己砌的墙是东墙，更不会知道自己砌的是教堂的东墙，一般大多数的人对自己的认识就是停留在这个层面上的。好好想一想你的公司是不是有成长性，公司是不是有核心竞争力？真正的核心竞争力是看起来是拉砖的搬砖的事儿，还是那座教堂（图3）？

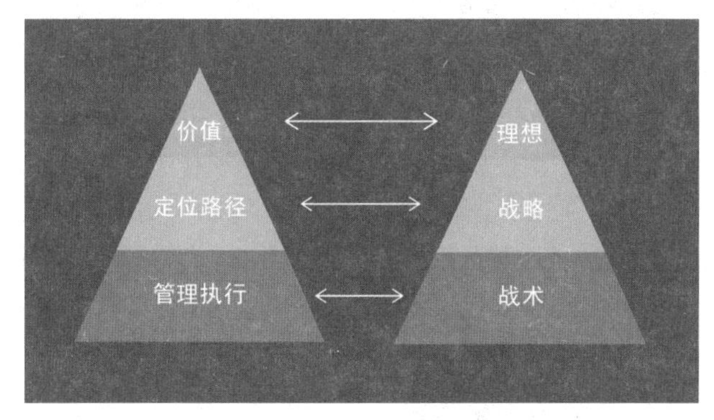


图3 执行路径

**所以“运营”和“管理”以及“价值观”这三个事情并不是同级的同一个线性结构的，他更像是一个金字塔结构，或者说是上图所示的一环套一环的结构。最核心的就是价值观，好好地想一想，你为什么做设计？真正地的把这个问题想明白了，你就会想明白很多关于运营的问题，就是你的路径是怎样的？然后你才能清晰地认识到你周围的资源以及如何利用它们，最后才是管理层面和经营层面的东西，我觉得这个东西就是你如何把你的差异、你的不同、你的认识和你独特的资源变现，把它变成真正的价值。**

2016.3.14

# 设计公司是该管得松？还是该管得严？

“我在家装公司工作的时候，每天上班都在店面领导的带领下，喊口号。那个时候我在想，有一天我自己当老板了，我绝对不让我的同事干这么愚蠢的事，我要让大家在一个极其宽松的环境里做设计，不要打卡，不要扛业绩，工作时间自由安排，就像伟大的惠普公司那样，就像伟大的谷歌公司那样！”老岳说。

“哇，我也很向往，现在你的公司实现你当初的梦想了吗？”小梅问。

“没有实现。因为我发现，当公司管得松得时候，几乎做不成事，执行力不够，甲方天天投诉我们懒散，因为工作时间不一致甚至连基本的团队配合都掉链子。后来又管得非常严，不但大家反应强烈，而且好多员工离职，抱怨说公司太压抑。我自己也非常痛苦，因为关于公司管理是应该松一点，温情人性？还是应该严格管理，突出执行力？支持这两种方法的观点都有，就连管理的教科书都是分为两派，各说各的。直到后来我才大体想明白了这个问题。”

“老司机快开车……”小梅说。

## 1. 构建力和解构力

“其实人类的文化有两种基本的力量在博弈：构建力和解构力。比如，道家文化就是对儒家（法儒）文化这种对社会有强烈构建作用文化的反动和解构。而佛教文化就是对当时印度社会起到强烈构建作用的吠陀文化的解构和反动。我们拿佛教来举个例子。雅利安人征服印度后，用‘吠陀’文化构建了四个种姓，于是原来一盘散沙动荡不断的社会，被等级森严的种姓阶级制度高效的整合组织起来了。也就是说，婆罗门的贵族们用共同想象（故事神话）+ 等级制度（四大种姓）+ 武力征服（国家机器），构建出了一个强势的国家社会秩序，因为是对原有社会组织的，强制性改造和再构建，这个次序对底层的民众有巨大的压迫力，后来，佛教思想的出现本质上就是对这种压迫的反动和抗争，是对当时高度压迫的印度社会的一次解构。佛教的观点并不是凭空而出的，都是相较于梵天文化具有针对性的解构和反驳。比如佛教用‘缘起说’解构掉了梵天的‘第一因说’；‘诸法皆空’解构掉了‘吠陀天启’；‘八正道’解构掉了‘祭祀万能’；‘众生平等’解构掉了‘婆罗门至上’等。

“**你看，人类文化上的这两种相互博弈的力量在人类所有的社会组织中也一样存在**。组织构建力，负责组织的构建，把一盘散沙凝聚成宏伟的高塔。当然，这种‘组织构建力’越强，组织的动员能力和执行力也就越强，能够集中精力办大事，同时这个组织内部个体一定不舒服乃至痛苦，因为要面对强构建力的压迫。比如，人类社会里的军事组织就是强‘构建力’单位，对组织效率的要求也最大，个体在组织内自由状态最小，在军队里要军令如山，要官大一级压死人，要军人以服从命令为天职。

“另一种力量叫组织解构力，负责把组织的高塔变成沙丘，让死气沉沉的组织开始焕发多样性，变得有生气，这样的组织内部个体比较自由，同时活跃度和创造性比较强。比如艺术家群体，他们代表人类社会里的解构力，创造力。他们追求最大程度上的自由，作品上要带着枷锁跳舞，要突破限制追求创新；个人上要天子呼来不上船，要挑战权威，消解压迫。他们一定要批判、要瓦解、要打破、要颠覆。

“**其实组织的构建力和解构力并不是水火不容的对抗，而是矛盾的统一体，就像是生命的成长和衰老同时发生一样**。比如上面讲的人类高度组织力的极致——军事——也是这两种力量并存。高度的组织结构化的是正规军，而恐怖组织就是对大组织的解构。恐怖组织里没有绝对的领导，没有固定的目标，手段非常随机，游击。同样，一个国家也是一样，如果这个国家更看重组织构建力，那么这样的国家往往更专制，人民也更压抑。如果这个国家更看重解构力，重视自由和创新，往往这个国家也更个人主义，人民相对更自由。但是一个自由开放的国家面对重大的危机和挑战时，有可能采取军事管制，用强构建力来组织起力量帮助国家渡过难关。 而一个噤若寒蝉的社会想获取活力和进步，要使用解构力来改革开放，百花齐放。

**你看，任何一种人类的组织都是解构力和构建力这两种力的平衡，而倾向于使用哪一种力，是你的组织现阶段所面对的环境决定的(图1)。**”

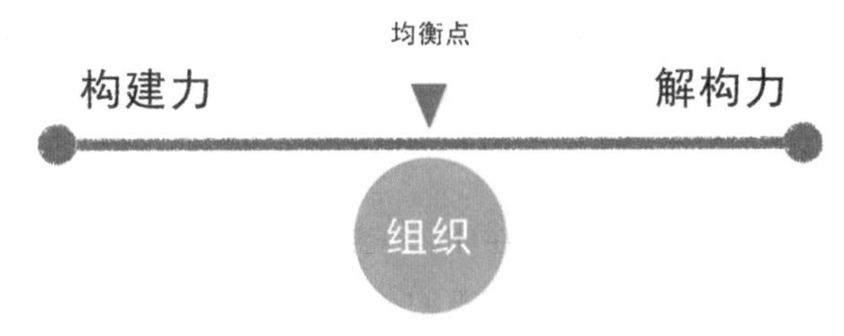


图1 构建力和解构力的平衡

## 2. 存在状态

“想一想人类组织里，最高效、最有战斗性、最压抑、最有组织构建力的组织是什么？答案一定是军队。为什么是军队？因为人类组织里，军队面对最残酷、最激烈的竞争。

————至此您已经阅读了本篇全部内容的1/2

“之前在 APP 打车出行市场的激烈竞争中，滴滴合并了优步，滴滴的 CEO 程维曾经感慨，他这几年看的全部是军事的书，研究兵法。因为出行市场的竞争之激烈，一般的商业策略已经解决不了问题。其实从创新能力和核心技术而言，优步更领先一些，好像也更高大上，毕竟共享经济的模式就是人家优步创造的，而为什么滴滴能胜出？我觉得滴滴 CEO 的话可以给我们一定的参考。在一个高度竞争的生存环境中，谁的组织力强、执行力强，谁在战争中胜出的可能性就更大，我想这也就是为什么在赛道固定的情况下，中国的互联网公司总能战胜美国的互联网公司的原因。

“好，你看，**生存竞争的激烈程度决定一个组织更倾向于使用哪种组织力，一家公司选择什么样的管理手段和这家公司的生存环境有很大的关系**。当一家公司面对强烈的生存竞争时，往往会不自觉得采取一些强组织、强构建力的行为。比如，那些天天跳战斗舞的保险公司，还有天天喊口号的家装公司，这些公司面对的生存状态都无一例外的紧张，不是行业门槛低就是行业竞争非常激烈，在这样的行业里生存，没有高效的组织和执行，生存发展是不可能实现的任务。彼得・蒂尔说：最好的竞争就是不竞争。企业有足够的不同，才能不竞争。而一家门槛高的技术型公司，只要技术绝对领先，就会在行业里形成部分垄断，那么这家公司就有资格开始巩固自己的优势（不同），就会非常注意创新和突破，比如大家耳熟能详的谷歌和当年的惠普，他们非常重视使用解构力来释放组织的创造力。

“所以，一家企业无论处在什么行业，主要是看企业的生存状态来决定到底是：管得严一点，组织严密，追求执行；还是管得松一点，组织活跃，追求创新。比方说：一家家装公司，规模不大，竞争激烈，生存挑战大，想要杀出重围，恐怕就要死磕管理，把组织的执行和效率提高，相对的这家公司要采取不少的组织构建手段加强管理。同样的一家设计公司，设计技术卓越，市场认可，又专又精，客户都是慕名而来，基本没有什么竞争，如果这家公司又不大，那么这家公司给员工的感觉就是温情脉脉，大家都比较自由，能做自己想做的事（图 2、图 3）。

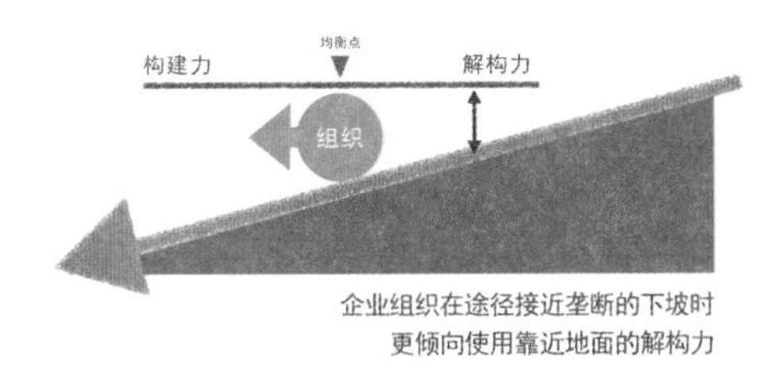


图 2 企业生存状态与构建力、解构力的应用

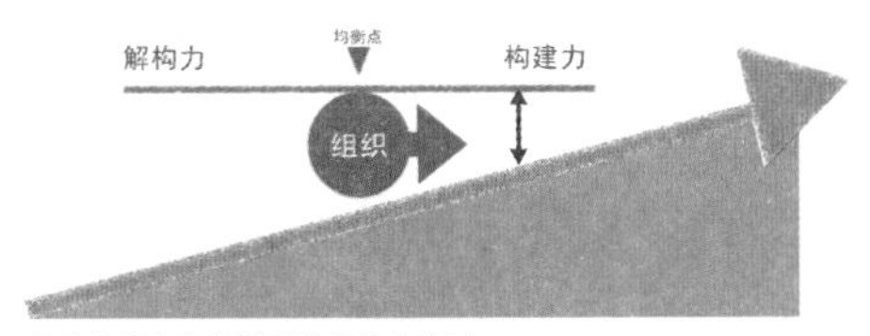


图 3 企业生存状态与构建力、解构力的应用

**所以想搞清楚自己是要用解构力还是构建力的时候，恐怕不能光看哪种方式容易或者舒服，要看哪种方式最适宜现在的生存状态。**”

## 3. 效率型工作和创造型工作

“假如你是一个刚创业的做餐饮设计的小公司，水平谈不上特别高，以服务为主，那么恐怕就要追求尽快地组织化，构建出执行力好的服务系统，以提高自己的生存能力，如果这个生存的初步阶段完成了，可能就要平衡一下运用解构力，大家要做研发，搞点创新，同样，后者也是为了更好地提高企业的生存状态。等到有一天，你突然和海底捞合作了，研发了一种新的店面体验，这个时候海底捞又要不停地开店，给了你好多活，于是你的业务突然干不过来了，这个时候公司总体上就要抓紧使用构建力，扩大队伍、形成规范、总结出标准、保质保量地完成工作，让公司提高利润率和市场占有率，同时公司里负责研发的部分可能相应的宽松一些，但也在一个可控制的范围内。

“**你看，一个设计公司管理的松一些还是紧一些，首先要考虑公司的生存环境，其次要考虑工作性质。**一般而言，我们设计公司的工作性质可以分为两种：一种是效率型工作；一种是创造型工作。效率型工作一般是指可以被数字化衡量的工作，比如日常生活里大部分重复型的工作：打字、画施工图、做个材料样板、拉个3D模型等，这些可以计件的重复性的工作，都可以总结出工作标准和流程标准，也能方便验收。对于一个公司的效率型工作可以偏向构建力，鼓励规范，用流程管理提高效率（图4）。

图4 效率型工作可以偏构建力

“而一家设计公司里方案研发部分的工作，就属于创造型的工作，创造型工作不容易用数字来精确的衡量和管理，同时创造型的工作在组织管理上可以偏解构多一点，自由多一点，鼓励创造创新（图5）。

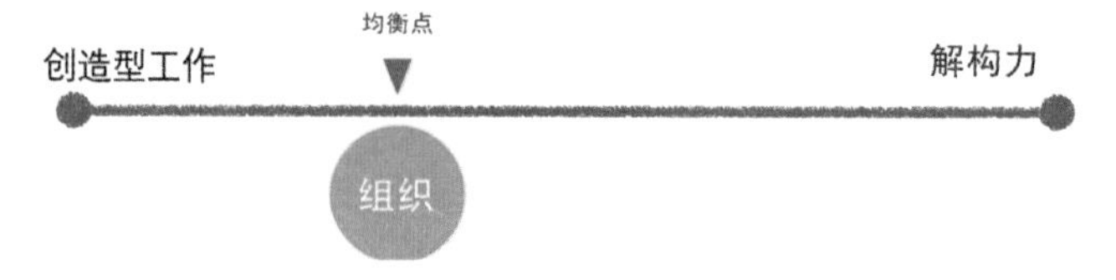


图5 创造型工作可以偏解构力

“所以，总体来看，即使是一家在市场上激烈竞争，强调组织、纪律、执行的公司，在其创造型部门和其他效率部门相比较，可能也不那么高压。同样在一家如谷歌一样绝对领先的技术性公司里，可能对核心技术研发等创造型部门很轻松，就像大家看到的谷歌办公室所呈现出来的一样，但是我相信他们的效率部门，比如市场、渠道、产品等部门相对的会严格和保持压力。”老岳说。

“明白了，一家公司脱离生存环境和工作性质这个决策基础去聊管得松或严，都是没有意义的。我现在处于事业起步期，刚招上来一批新人，公司生存压力也很大，看来我要先使用构建力，建立组织、流程、层级，提高效率才行……”小梅说。

2016.9.27

# 别看你是设计总监但你真不懂设计管理

“老司机，给你报个喜，我和朋友出来创业了，我们一起开了一家小公司，公司现在还不到 10 个人，我出任了这家新公司的设计总监。”小梅说。

“恭喜啊兄弟，自己开始当管理者了，还开心吗？”老岳说。

“你别说，我还真有个问题没想明白！之前啊，我跟过两个公司的设计总监，一个呢，叫小 A，在一家纯设计公司工作，是个对设计非常执着的人，有时候执着到一根筋的地步。做事认真一丝不苟，小到图纸上的花草摆放都可以说出一段文章来，有一次，因为工地上一个房子的石膏线条上的卷草纹的叶子是四瓣而不是六瓣，他在工地现场情绪失控。但是他手绘特别好，是他谈单时必炫耀的技能包，施工图、效果图全都很棒。他也曾自己创业开过一家小公司，由于没有运营经验和管理不当，没多久就倒闭了，于是又回到原来的公司继续工作，小 A 他差不多做了十年设计了。可是呢，所有人都觉得他工作的非常累，几乎天天泡在公司加班，甚至每天都会听到他抱怨：这个工地工人又把什么做错了，那套施工图助理没画好。自己时常加班画到两三点，身体也越来越不好，但是他就是公司的顶梁柱，公司的作品全靠他来拿……

“后来我还在一个很大的工装公司跟过一个总监，叫他小 C 吧。小 C 和小 A 完全不同，工作上的事情大都交给助理完成，他觉得他的工作范围就是签单、谈单，一般他会说个概念让助理去落实出来，不会亲力亲为，甚至有些不重要的，没有油水的单子他懒得去，叫商务助理帮他谈，自己和朋友出去海钓。他的目的性很强，他常说：拿多少钱做多少事，人的精力应该花在更有效益的地方上。他不太关心自己有没有作品，甚至他接手的项目连图纸规范都不太好，经常被项目经理吐槽，可是他业绩一直很好，老板也一直很维护他。

“老岳，小 A 和小 C 我都不太喜欢，一个太累了，一个太滑了，但无可否认他们也都有优点。现在我自己创业了，我既想拿作品又想做好业绩挣到钱，可我该怎么做好我的新角色呢？”小梅问到。

## 1. 设计总监是什么鬼

“兄弟，再次恭喜你，你开始具备一个管理者初步的角色感了。其实你也意识到了，以上的 A、C 两个设计总监都并不完美。我们行业里绝大多数的小设计公司的老板会身兼设计总监，甚至设计师。公司发展再大一些时，老板手下跟随公司时间最长的设计师，会变成公司的设计总监，在家装公司里，为了谈单方便，人人都是设计总监。几乎每个成功的或不成功的公司里都有设计总监，但是并不是所有公司都明白设计总监到底是做什么用的。”老岳说。

“那么设计总监到底是做什么的呢？设计总监需要管什么？需要管理设计师的日常考勤吗？需要手把手的指导设计师的工作吗？”小梅接连问。

“好问题，我曾经花了好久来反思这个事，最终意识到这是一个管理的问题，是在设计的专业领域进行管理的问题，所以我们称之为：广义设计管理。”

## 2. 广义设计管理

“随着你在一个职业岗位工作时间的增长，你的能力也会不停地增长，于是无论是你自己创业，还是你的上司，都会要求你更进一步做一个管理者，让你的职业优势、职业价值放大到更大的范围，让你去影响更多的人。但是绝大多数的设计师，人生当中的全部管理经验来自于上学的时候当小组长、课代表、班长。但是这些过家家式的管理经验是无法转移到现在的工作当中去的，特别是你面对一个看不见摸不着很抽象的对象——专业时，是不是有种老虎吃天不知从何下口的感觉？其实我们找不到‘抓手’进行管理的一个原因是：我们不了解我们的设计管理在一个公司中的位置，以及职能范围。”老岳说。

## 3. 设计总监不是大号设计师

“我们的一些非常优秀的设计师在面对设计技术的时候，非常的驾轻就熟，可是一旦面对设计的管理时就完全蒙圈，不知道该怎么做了。于是当一个公司在把一个优秀设计师提拔为设计管理者之后，就会失去一个优秀的设计师，同时得到一个糟糕的管理者，于是出现公司和设计师的双输局面。

“如果这个设计师自己出去创业就会更糟心，要么就是活不多，公司经营的半死不活。要么就是活挺多的，自己忙得要死要活，可是手下的人天天出幺蛾子，不是干傻事就是辞职，公司总是干不大，因为一旦到一定的工作量或时间，公司的人心就散，像是被诅咒了一样。我有个朋友曾经跟我说：‘无论公司忙不忙，总是留不住人，到了一定的点，大部分人就辞职走，还有的挖公司的客户，带着公司的员工走。’为什么会出现这种状况？就是因为一个优秀的设计师不一定是个好的设计管理者，更不一定是个好的系统的管理者。

“经营一家公司不但需要设计做得好还需要一定的管理能力，才能突破你自己个人能力的边界。所以，设计总监绝对不是大号的设计师，不是设计专业技能好，就可以做好设计管理的，设计管理是一门专业的修炼科目，这需要我们后天学习。”

“老岳，被你这么一说，我才觉得设计管理这么重要，那么设计管理到底包括哪些内容呢？”小梅问。

“好吧，我给你画一张图（图1）。”

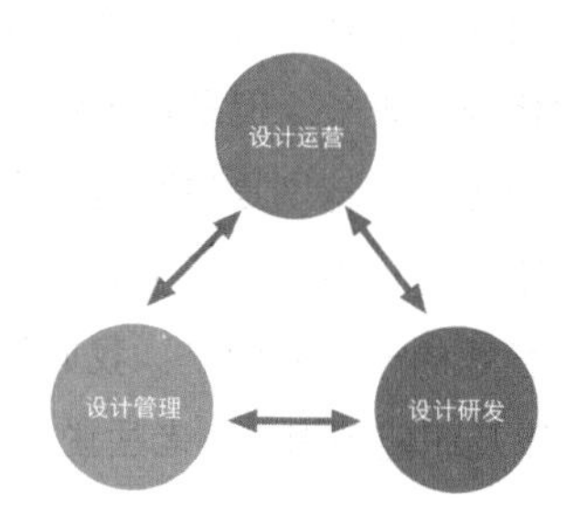


图1 广义设计管理

“这张图，涵盖了我理解的宏观设计管理的范围，我们逐个来看一下。”

## 4. 设计运营

“对一家设计公司来说，设计就是这家公司的重要产品，甚至是唯一产品，那么该怎么来运营这款产品呢？首先你要明确的问题是：**你的产品是什么？**

“一家设计公司的主要资源来源能服务好哪一个领域的需求，那么这家公司就应该做这个领域的产品。比如，一名学建筑的设计师，对住宅的总体把握、对户型、对住宅地产的开发理解都比较深刻，那么这个设计师做样板间，做住宅地产相关的产品会比较有优势。比如梁志天老师、戴昆老师都是学建筑出身的室内设计师。再比如，有的公司专门做外婆家这种类别的餐厅，那么这家公司的主力产品就是快时尚的餐饮设计，还有的公司专业做肯德基、麦当劳，有的公司专门做海参馆，我有个朋友专业做发廊。

——至此您已经阅读了本篇全部内容的1/4

“你看你的资源适合什么产品，你就做什么产品，我有个设计师朋友特别爱健身，他说：我觉得，我做健身房的设计应该是最好的，因为我真的很懂健身，但是我现在还没有机会能把这个喜好和知识转换成产品。再比如我的设计公司的主力产品就是住宅设计，而且是住宅设计里的样板间设计，而且是样板间设计里，风格偏年轻的样板间设计，无论是奢华还是时尚或者简约，总体调性一定是年轻化的设计。所以，设计运营的第一步就是要搞清楚你做什么产品，这个产品是什么的问题。

“小梅，你想一下你们公司现在的主要设计产品是什么？你千万不要告诉我有钱啥都干啊！”老岳说。

“嗯，我们想做一家做餐饮设计的公司。”小梅说。

“好吧，你能告诉我，你们为什么要选择这个产品方向吗？你不用急于回答我，你先思考，我接着往下说。接下来我们来看设计运营的第二个问题：**你为什么要选这个产品？**

“前几天一位做设计的朋友打电话给我，这个哥们办公空间做得很棒，酒店设计也很好，新农业的案子最近也接触不少。他现在不知道以后该做酒店设计或办公设计，还是新农业项目。我帮他分析：现在整个中国房地产已经进入一个新时代，会有新的玩法和变化，但总的来说不会像前几年那样飞速膨胀了，而酒店设计这个行业里已经有了那么多家好公司，那么多的世界级高手，这些高手集中在一个相对放缓或收缩的行业环境里，肉越来越少，狼还是一样多，那这个行业将来一定竞争非常激烈，即使能舒服地活下去，想开疆扩土也不太容易。反观新型农业项目，涵盖了包括酒店、民宿等项目，这个行业目前正在飞快地发展，而且处于没有老大和权威的状态，相对的地广人稀，你进去稍微一努力，几年后可能就是全国性的专家了……

“你看这就是思考为什么做！当你或你的公司选择某一个类别的设计产品时，一定要从长远的时间维度考虑这个设计产品的生命周期。比如，一家设计、施工都做的家装公司，初期的时候定位为中高端的客户群体，其经营能力、业务能力也非常不错，可是这家公司所在的城市，几年来新房精装修达到了95%以上，原有的分散在很大的市场中定位做中端的家装公司，在一段时间里都被驱赶到了精装无法覆盖的别墅市场，可想而知这家公司在短时间内面对的竞争压力有多大！所以，有的时候，选择大于努力，一家公司要找到自己的最优产品组合，需要不停地尝试，有时候甚至有运气成分。

“好，现在说过了‘是什么’‘为什么的问题’，我们接下来讨论一下：该怎么办？怎么办就是：怎么将规划的产品实现出来？而这个过程就属于设计管理和研发了。”

## 5. 设计管理

这里所讲的设计管理是狭义的设计管理，说的就是设计工作里的日常管理行为。一般而言，设计管理可以分为三个方面的管理（图 2）。

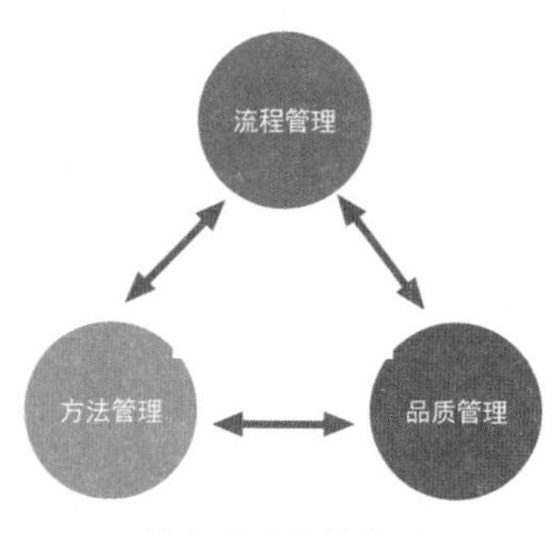


图 2 狭义设计管理

### 流程管理

“首先，设计这个行业出现在工业革命之后，现代设计就是服务于工业化生产的，工业革命之前的不叫设计叫手工艺。而工业革命的一个标志就是流水线生产，现在的各行各业里，所谓工业化，也就是流水线化，流程化，对每个节点和环节可以实现控制、干预、替换！设计也一样，所谓的大设计公司其实就是：流程标准且科学，控制缜密，对每一个环节都有专人负责。比如：做概念的就是做概念的、出方案的就是出方案的、搞商务的就是搞商务的、做施工图的就是做施工图的，选物料的就是物料设计师、做软装的也有专门的选款设计师、甚至有打样师。成熟公司就是把这些流程细化到非常小的一段一段。这个细分的一段有多大就叫‘粒度’。有了‘粒度’之后，公司让这个细化的分工体系运作，哪个环节出问题，找哪个环节的人。

“如果你是小公司，你不需要僵化的学习大公司，你可以先在一些你认为非常重要的，你力所能及的领域细化分工和流程，哪怕开始的时候‘粒度’大一点、分工粗一点，都不要紧。我拿我们成象设计举例啊，我们早期的时候，只是把施工图这个流程分出去了，只有一个人画施工图，和图纸相关的事都是这个人的，后来忙不过来，招了几个人，那这个时候这几个人简单一分，你画这套图，我画那套图。但是很快发现这几个人水平不一样，有的水平高、画图速度快，有的水平低、慢、错误多，每次都是水平高的要花大量时间给水平差的改图，我们觉得这样不行，于是我们让水平高的人画系统图，让差一点的人画立面，让更差的人专门标注，这样效率就提高很多。图纸系统错误少了，立面有点问题改起来也快。再后来，公司的图纸量越来越大，画图的人也越来越多，我亲自去审图已经不可能，又必须有人替我做这个工作，于是我们就分化出一个管理岗，专门负责图纸生产的效率和质量，他审图，他对所有图纸问题负全部责任。同时这个人还要负责与自己工作相关的上下游的对接。比如方案上先要一比一的按照现场实际状况拉出一个设计方案的草图，把模型建好，其中所有细节也必须建模，必须在草图模型里把设计先营造一遍，这样方案设计会非常肯定自己的东西没有设计死角，而且经得起推敲，而成象设计的要求是不允许施工图的设计师问方案这里做什么样的东西，以及这个东西怎么做？这些内容都应该看草图模型解决掉。然后方案设计师会和物料设计师一起讨论选材，准备设计的物料样板，软装设计师会讨论软装物料，这些工作都准备充分了，会整理成文档，然后内部交接，签字，由施工图部门分解工作，展开进度，当他们完成工作后，交到我们自己预算部门审核，再次准备交底物料样板，做好施工交底准备。

“你看，这个就是一个流程管理从小到大，从粗糙到逐渐的精细化的过程。”老岳说。

“老岳，可是好多小设计公司没有那么多人怎么做流程管理啊？”小梅说。

“小公司人少，处理的工作不是那么复杂。第一，可以先找出最迫切需要管理的地方，也就是说你最容易犯错误的地方进行细化管理。第二，开始的时候不用把‘粒度’规划的太小，粗一点没关系。第三，流程的目的是为了建立控制点，让事有可被量化的基础，然后不一定一个点一个专人，而是可以一个人负责好多点，只要责任清晰的落到相对应的人身上就好。”

**方法管理**

“接下来我们聊一下方法管理。任何事都有方法，在普通公司里，这个部分叫作工作方法，在设计公司里这个叫作设计方法，套路大家都有，关键就是科不科学？有没有效？

——————至此您已经阅读了本篇全部内容的 1/2

“一家设计公司一定有自己的方法，这个也叫公司内部的知识，有的时候这个知识是隐形的，不能被写下来，被传播。有的时候这个知识是有形的，可以被记录被传播，而能被总结出来可以被记录和传播的知识就是工作方法。比如，我之前分享的所有文章都是我个人或公司的知识总结。再比如，我们公司始终认为设计就是提供解决问题的方法，是提供解决问题路径的一种努力，所以在流程上就嵌入了工作方法的管理，我们的所有的项目都是在这个方法下产生的。

“我们从接到一个项目开始就会展开对项目的分析，而且是运用我们自己研发的工具进行分析，从而得出一个相对科学的结论。举个简单的例子，大家看到成象设计微信号上的作品从排版到信息结构，都有明确的规定和操作方法，就连我们人见人爱的文案，也要有相应的调性规则以及生产工具，目的就是让大家一看就知道是我们的作品和调性。就像著名的麦肯锡公司一样，我们公司也有自己独特的一套知识的积累和管理体系。比如你们看到的这个就是我们的设计心理学的一张总图（图3），这张图展开讲可以是半本书的信息量，涵盖了我对设计心理学的全部理解和应用。

设计心理学

| 产品开发 | | 产品结构 | 需 求 | 室 内 | 设计三个等级 | 马斯洛 |
|---|---|---|---|---|---|---|
| 开发 | 情 感 | 表 现 | 增值层面 | 人 格 | 反思层面 | 实 现 |
| | 物料 软装 | 框 架 | 扩展层面 | 收 纳 | 行为层面 | 尊 重 |
| | 空间组织 | 结 构 | | 设 备 | | 归 属 |
| 定 量 | 功能规格 | 范 围 | 基础层面 | 户 型 | 本能层面 | 安 全 |
| 定 性 | 企业目标 | 战 略 | | 建 筑 | | 生 理 |

图 3 成象设计心理学

“正如我之前所讲：每一家公司都要有自己的差异化价值，这也是客户选择你的原因，那你怎么保证你公司每次的设计思考的深度？保证每个项目都能达到客户期许的价值？我想对有效果的工作方法的复盘、梳理、总结就必不可少。”

## 品质管理

“既然设计是一种产品，那么就一定可被管理，也需要品质控制。平时我们一提到品质的问题，大家脑海里时常会想到产品质量啊、什么 ISO 标准认证之类的。那么放到我们设计上，大家可能会想到的是图纸质量啊，设计的好不好看啊，预算控制得好不好啊，客户服务和反馈的是否及时啊之类的问题。这些问题都对，都属于品质问题，但是更为重要的品质控制问题不是‘好不好’这个范畴的，而是‘对不对’这个范畴内的事。

“举个例子，我们公司经常说的一句话就是我们不担心设计做的好不好，做得不好了可以改，甚至施工出来了都可以弥补，我们最怕的就是设计没做对，这个情况下是没有任何的回旋余地的，非常可怕。有一次，我们做一个项目，对客户群体的定位出现了问题，把一间面积不大，卖给年轻人的房子做得很土豪，后来销售反馈说年轻人来看，都不是很喜欢，但都非常喜欢我们做的另一套偏年轻的样板间。虽然这个土豪风格是甲方强烈要求我们做的，但是我们明知道这个会有问题，但还是没有坚持住自己的原则，最后的结果是，即使你当时听甲方的要求做了，后期有问题，甲方也不会原谅你的，你还不如当时据理力争。所以，对设计公司品质控制来说的第一件事是把设计做对，而不是做好。你不能强迫一个需要迎合别人审美的客户，去接受一个自我很强的设计。如果让这样的事情发生就是最大的品质事故，而且无法弥补。

“再有，管理本身就意味着取舍。比如，我知道一家非常好的做餐饮的设计公司，他们做的样板间基本惨不忍睹，其实不是因为它们做不好，我相信以他们的能力来死磕来做好一定没有任何问题。只是因为，他们实在太忙了，而这个项目甲方要求必须他们设计，他们的管理精力、设计精力都达不到，又推不掉，基本就是做到什么样就什么样了。因为他们竭尽全力做好主力产品——餐饮设计就够了，样板间他们也不打算宣传，也不打算以后做这个类别的设计，于是应付一下就好，反正将来找他们做设计的客户不会因为他们这个样板间没做好而否定他们。

“你看，这也是对设计品质管理的一个例子：管理是只做最重要的事。我们在确认了我们做的事是正确的情况下，才能展开对事情怎么样才能更好，怎么样才能更优秀的探索。而这里面最重要的是：要先建立起来标准！

“什么是规范的标准？多年前我到一家家装公司工作的时候，开展的第一项工作就是统一大家的 CAD 图框和标准以及在图纸空间的画法、线形颜色等，大家不必要求自己一次把标准建设好，其实一开始简单一点没有问题。首先要先保证大家做到，配合好赏罚措施，然后逐渐完善，逐渐地增加或调整，还可以通过之前所说的流程管理、方法管理，来协调配合品质管理。比如，每一个环节和节点都要工作自检，上下游工作交接，都要工作人员互相检查。最后你的品质标准，会逐渐的蔓延到你公司或团队所有的角落，于是你也就成了一家有要求的、自律的公司了，瞬间高大。

“好了，说过了面对当下，面对现在的狭义设计管理，我们接下来聊一下面对未来的设计研发。”

## 6. 设计研发

“一家公司主要的产品升级或业务变迁靠的就是研发，对于设计公司来说就是设计研发。任何一家设计公司都是从小到大逐步发展而来的，我们公司就是最初从一家画效果图为主的公司，发展成画施工图做精装设计为主的公司，又发展成做样板间为主的公司，而后又在设计公司的基础上发展出了软装公司，现在又在做内部创业和新产品研发的尝试。那么，想要从一个产品升级到另外一个产品推动公司的成长，你需要做这么几个事情（图4）。

“第一就是知识生产。我们之前讲过，一家公司想要提供独特的、差异化的价值，必须有差异化的知识，而差异化的知识很难通过别人教给你。一般情况下需要公司里的知识生产者们不停地探索和积累，积累关于对生活、对设计的理解，而知识就是不同理解的产物。那么这种理解其实就是我们所说的洞察。比如，我们都见过好多很牛的甚至得奖的戒烟广告，他们无一例外的总是强调吸烟对人的危害，可是这些广告有什么用呢？哪个吸烟的人不知道吸烟有害健康？可是为什么还有那么多广告的设计反复的强调吸烟有害健康呢？难道这个事情里就没有别的洞察了吗？ 直到有一天英国的一个干预青少年吸烟的项目取得了成功，这个项目从一开始就放弃了从健康角度游说别人，而是直接从吸烟这个事情一点都不酷、非常傻的层面上影响年轻人，让刚开始建立社交等级意识的青少年吸烟率大幅降低。你看这个事情就是一家广告公司的洞察，这背后蕴含了心理学应用的新的认知，同时产生了新的实践的知识。

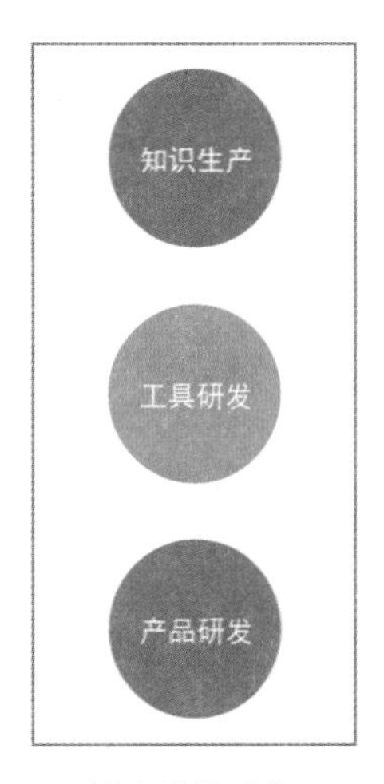

图4 设计研发



“第二个需要关注的事情是工具研发。上面我们在狭义设计管理里讲过，要有设计方法的管理，才能保证效率、品质和高效洞察，那设计工具，工作工具哪里来的？当然是需要设计管理者自己研发，自己打磨的。

“麦肯锡公司是我最崇拜的公司之一，每年这个世界上最牛的咨询公司（我把他们形容为不出图纸的设计公司）进入成百上千的大学生，这些学生可以在几年内成长为可以为五百强企业服务的职业顾问，而麦肯锡靠的就是其内部的知识工具的研发，让这些新手迅速地进入价值创造阶段。几乎每个设计师在概念设计阶段的标配就是做一个风格概念的看板。而这个概念风格看板就是一个很了不起的工具，让一些抽象的感受具体化，提高了沟通效率。而这个工具是著名的产品设计公司 IDEO 当年为丽思卡尔顿酒店集团服务时开发的（丽思卡尔顿，万豪国际的子公司暨万豪酒店的姊妹品牌）。当时丽思卡尔顿旗下所有五十个豪华酒店要大规模地创建体验文化，想把个性化体验的想法贯彻到每个酒店中去，而又不失人情味，也不放弃自身的特色。于是 IDEO 的设计师开发这个名叫‘场景图片’的工具。在第一阶段，设计公司制作了一个包含有启发性的案例，可以用来展示体验，他们采用艺术和戏剧中常用的视觉语言，包括场景、小道具、气氛渲染以及原创摄影，捕捉精确的情绪氛围……你看我们其实已经在享受前人研发的设计工具而不自知。

“接下来我们要关注的第三件事是产品研发。一家公司出产的任何产品，无论是有形的产品还是无形的服务，都有自己的生命周期，都有生老病死，一家公司应该未雨绸缪不断地推动产品迭代和产品创新，而这个产品迭代和创新的过程就叫产品研发。

“在设计公司的研发工作里，我们通过日常的思考、学习、反思来积累新的知识，也就是我们所讲的知识生产，而我们本身就可以把寻找发现新的设计路径的方法，总结固定下来，变成工具，再用这个工具产生新的知识。我们稳定的获得新认知、新知识的目的就是为了把这些特别的价值点通过产品研发体现出来，把并这些新知落实到产品里去。所以研发必须面对未来，面对没有发生的趋势。

“比如，曾经有一家产品公司对下一代产品的规划是做一个手机充电宝，当他们在机场和车站做用户调研的时候，问客户为什么想要用充电宝？用户说：无聊啊，玩手机，玩着玩着手机就没电了。回来后，他们意识到：做充电宝解决的是手机没电的问题，而手机保持充分电量是为了解决用户的无聊的问题，那么他们不应该做充电宝，而是应该直接解决用户无聊的问题，于是这家公司迅速的在全国的机场开连锁的洗脚店，从而快速地打开了一个细分市场。你看，这就是一个产品研发带动公司转向的极端案例。

“再比如，如果有一家一直做夜总会设计的公司，而夜总会设计的市场需求萎缩的非常厉害，将来也看不到复苏的可能，那么这家设计公司如果能提前预判这种风险，及早展开产品研发，发展出新的产品，如KTV 的设计，那么他们可能就会有弯道超车的机会。那么，如果是一家样板间设计公司呢？未来地产商的销售模式改变了，万一不需要样板间了，或者样板间完全虚拟化了呢？

“再比如，家装市场的精装交房率非常高了之后呢？假如我们是之上所说的那家突然要杀进别墅市场的设计公司，我们在发现市场变化的趋势之后，非常迅速的研究别墅客户、别墅产品，我们是否有可能在市场里求得一席之地呢？

“好了，说了这么多，我现在可以回答你之前的困惑了。你开头讲的那个事无巨细的设计总监小 A 的问题在于，他对设计没有管理，无论是流程还是方法还是品质控制，都是失控的，都不是靠规则和制度去管理，靠的是人，于是人就去填制度的坑，能不累吗？比如那个‘石膏线条上的卷草纹是四瓣叶子，而不是六瓣叶子’的事情，就是物料选型和物料采购失去了管理，有空隙的地方一定有不确定性。而你之前说的小 C，就是没有品质控制的典型代表，而且什么项目都做，一个项目签单完成后就不管了，说明设计运营没有做到位，从来没有系统的考虑过设计的产品体系的问题，所以也不会有之后的设计管理和设计研发了。而你问的设计总监要不要管考勤，要不要手把手的指导设计师的工作的问题，我不想回答了，你现在有答案了吗？” 老岳说。

“现在我基本明白了，设计总监不要管考勤，但设计总监要制造出一个制度来管理考勤，制度管理人，而不是人管理人。至于那个手把手的问题，我想应该也很清楚了，设计管理者要通过设计工具的应用来指导设计师的日常工作，而不是直接伸手替他们做，而创造设计工具，规范工作方法却是设计管理者的工作。” 小梅说（图 5）。

“非常好，你已经理解什么是设计管理了。你看，设计管理者要对

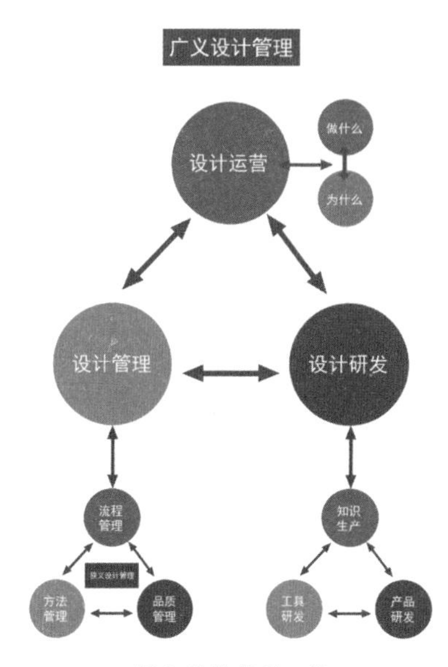


图 5 设计管理工具

设计内容和方向有清晰的认识，不是符合设计运营方向的事不会去做，老板确定了设计运营的方向的时候，设计总监也明白如何推动公司往这个方向上前进。而他的手段和工具就是做设计管理，他要建立设计的标准和流程，优化已有的标准和流程。设计总监要梳理出科学的工作方法，如果没有那就自己创造一个，提供好的工作方法的价值比设计出一个好作品的价值大百倍、万倍。

“一个好作品能造就一个好的设计师，但不足以造就伟大的公司，而好的工作方法、好的洞察力确足以成就伟大的公司。一般在一家设计公司里，设计总监还要对整个公司的设计产出的品质负责，要做公司产品出去之前的最后一个守门员，最后一道关卡。设计总监还要承担公司的未来，为未来的产品铺垫和探索，从带领团队生产新知识，到创造新工具、新方法，到最后产品的突破和落地，都是设计总监要负责的工作内容。

“设计师对现在的项目负责，而设计总监对未来的项目负责。设计师对设计技巧的使用负责，而设计总监对设计技巧的产生负责。设计师对一个项目的品质负责，而设计总监对全部的公司出品负责。”

2016.8.7

# 小设计公司该怎么带团队？

“老岳，我们的小工作室开张一段时间了，五个人，一直以来总觉得凝聚力不够、散漫、没有工作的氛围，今儿这个有事，明儿那个请假，安排个事总是执行不到位，安排的越多，我最后擦屁股的越多，好不容易培养个人，刚能干点活就跑了，总之是一盘散沙啊！原来自己在家装公司工作的时候，没觉得带队伍有多难，现在自己做怎么这么难啊？老司机，我们这种七八条枪的小队伍到底该怎么带怎么管啊？”小梅说。

“我也经历过你现在的这个阶段，其实这种人数少的团队最难带。必须要通过：理想、信念、纪律、奖惩、纳新这五个步骤来建设，才能逐步地稳定下来，进入下一关。我的公司经历了好长时间才摸索出这一套经验！”老岳说。

“老司机，快，说出你的故事！”

## 1. 理想

“《西游记》里唐僧徒弟四人，论本领个个都比唐僧厉害，为什么唐僧是师父？是领导者？《三国演义》里，刘备为什么能获取关张二人拥护？请到诸葛亮这种大知识分子？为什么能耐不大，个头不高的宋江可以领导众好汉？很简单，因为他们都有理想、有使命。

“什么是理想？使命？**理想就是：我认为世界本该呈现的样子。使命就是：我想把世界改造成什么样子。**比如，唐僧的理想是：众生脱苦，于是唐僧的使命就是：西行取经。刘备的理想是：结束动荡，于是刘备的使命就是：大一统。宋江的理想是：社会清明公正，于是宋江把好汉聚集在替天行道的大旗之下。你看，人类有凝聚力有影响力的组织，无论规模大小，无一例外的总是有理想、有使命的。

“那么一家设计公司的理想、使命该是什么？一家服务家装客户的小工作室的理想和使命又该是什么？比如，成象设计的理想就是：通过对人性、商业和美的洞察来创造价值，提供更美好的家居体验。所以我们的使命就是把它打造成室内设计行业的奥美。

“了解了什么是理想，那么如何解释理想的具体内容呢？这个方面我觉得松下做得非常好。2015 年，我去美国看 CES（国际消费类电子产品展览会），看到了很多科技企业的展示，其中对我触动最大的就是国内某品牌的展示和松下的展示之间的差距，国内某品牌的整个展示全部围绕着‘货’，聊的都是产品的指标。而松下整体的展示却是围绕着价值观。松下通过展览在告诉你：**它未来想成为谁？它想在你的生活里扮演什么角色？它对未来世界的想象是什么？以及现在为了理想做了什么？**你看松下用具体形象化的展览告诉你，它的‘理想’和‘抱负’。

“那么你作为一个领导者，你对未来的想象呢？你要在未来扮演的角色是什么？你决心承担些什么呢？”

## 2. 信念

“有了理想，找到了方向，我们就算开始了追求之路。那么你注定会经历艰难险阻。而你遇到困难之后如何面对的？又是如何自处的？更重要的是，在你面对质疑和困惑的时候，你相信什么？**面对考验时：你信仰的，就是你的信念！**

——————至此您已经阅读了本篇全部内容的1/4

“比如，唐僧的信念就是：向西、向西、向西，无论有什么困难，心诚则灵。再比如，儒家知识分子的入世追求——修齐治平，遇到困难要：精诚中庸。比如长久以来我们公司是鼓励犯错的，因为探索未知，进步精进一定会犯错，但我无法容忍因为怕犯错而不动脑子。于是我给同事讲：我可以容忍不完美，但我绝不容忍不追求完美。你看，这个就是我们的信念之一。有一年，我们遇到一个特别棘手而漫长的项目，同事和我沟通的时候几乎崩溃，经过梳理、分析，最后我们找到了一个解决方法，但是这个方法非常有难度，有挑战，同事有点畏难，我拍着同事的肩膀说：平常我们总说要把工作当成修行，现在修行的机会来了，加油吧！你看，**把工作当修行**！这也是我们的信念。

“为什么一个组织要有理想和信念呢？因为，有理想和信念的团队效率高。可是为什么有理想、有信念的组织效率高呢？这就要了解，什么是‘识解水平’这个概念了。当我们说一个人的识解水平比较高时，可以说这个人务虚能力强，有高度概括和高度抽象的能力以及思维倾向。相反，一个识解水平比较低的人，就会比较务实，凡事会往比较实际、比较具象的方面去想。也就是说，高识解水平的人想得更多的是‘为什么’，而低识解水平的人想得更多的是‘怎么做’。比如，就拿‘关门’这个事说吧，高识解水平的联想就可能会是‘关门是为了保护房屋财产安全’，而低识解水平就容易联想到怎么去做关门这件事情，比如说‘我得走上台阶、掏出钥匙，把门锁好’等。

“当然，务实和务虚本身没有优劣之分，但是具体到提高意志力这件事情上，就不一样了。一系列的心理学科学实验证明，当人们处于高识解水平的时候，意志力水平往往更高。为什么处于高识解水平的人会有更强的意志力呢？这是因为，当人们处于更加务虚的状态时，未来的期望对我们的影响会更大。诸如人生理想啊，生活意义呀，这些比较遥远但却更有价值的东西，会抵消掉我们当下需要忍耐的痛苦，所以，看起来现在的挫折也不那么难以忍受了。而当人处于低识解水平时，我们会更专注于当下的效果，会更加计较及时反馈。而那些需要长期坚持才能见效的工作，则更容易消磨掉我们的耐心，比如锻炼啊、学习啊，这些没法一天就见到效果的努力，处于低识解水平的人就很容易因不耐烦而放弃了。

“你看，识解水平能把我们的眼光从实际短浅的事务中释放出来，获得对人生目标更抽象的认识，这也就是为什么在革命最困难的时候，毛主席天天在延安给干部们上课，既要讲低识解的务实的方法论，更要讲高识解的理想信念，提高凝聚力！所以，有理想、有信念的团队一定是卓有成效、意志顽强的。我们介绍了理想和信念，接下来我们要介绍一下纪律。”

## 3. 纪律

“**纪律就是一个团队里的行为底线和规则，**纪律告诉我们，我们能做什么，不能做什么，规范我们的行止。值得注意的是，在团队人数太少的时候，纪律和制度的执行会非常困难！一般会认为，人一过百形形色色，人数越多，越难管理约束，纪律的贯彻越难执行。**事实上，反而是人越多越好管理！当人数不足七个的时候，管理和执行的难度会远高于七十个人。**为什么呢？为什么三四个人比七十个人还难管？为什么会有这个违背我们常识的结果呢？

——————至此您已经阅读了本篇全部内容的1/2

“**其实一个人的行为会有外因和内因两种驱动力，**一般而言，纪律需要外因内因的支撑。内心的愿景，也就是理想和信念属于内因，如果内因不足，仅仅依靠外因，纪律规则很难执行。这个时候外因就格外重要，外因里有一种强大的力量能很好地约束行为，这个力量就是心理学的‘趋同效应’。人一旦形成一定数量的群体，心理状况马上就会改变，通过与他人的行为比较，群体有趋同和妥协的心理趋势，群体不喜欢异端，行为上群体会对个体有强大的束缚力或激发力。比如，传说中的一个日本兵可以控制几百个国军俘虏完成屠杀，其实从心理学上看，这些放下武器的士兵不一定是没有血性，更有可能是被集体无意识所控制。当然这种无意识的‘行为比较’所形成的趋同效应，也有可能激发群体事件，让温良之人变成暴徒，肆意破坏。

“那么一个小团队，如果只有三四个人，即使你制定出最好、最详尽的纪律规则，也没有用，因为外部的社会趋同力太小，你作为领导者很多时候会不好意思执行你的‘家法’。所以在这种情况下你需要尽快地突破七个人，完成最小社会趋同。”

## 4. 奖罚

“讲过了纪律，以及纪律得以执行的内外要素，那么我们接下来要来聊一下纪律执行实践里的奖罚。

“**什么是奖罚？其实就是你鼓励什么，惩罚什么？而奖励和惩戒的目的就是为了塑造一个有利企业发展的环境。最终让环境管理团队，而不是个人。**奖励行为就像是开车的油门，而惩戒就像是刹车，无论油门还是刹车其目的都是统一的，都是要把车开到想去的地方。

“值得注意的是，如果领导者不懂管理，只靠高薪，那么人才也很难留住，所以奖励的行为不应该仅仅只有货币这一种形式，还要有情感、工具、榜样这三种奖励措施。

“第一是情感。就是满足员工的情感需求。举个例子，乔布斯在回归苹果后，用苹果公司账面上为数不多的钱，拍了一个广告片《非同凡想》(1997)。其实这个广告与其说是拍给客户的，不如说是拍给乔布斯自己和苹果公司全体员工的，乔布斯通过这个广告振奋激励了整个苹果公司，宣告了一个新时代的到来。同样，小米公司如日中天的时候，第一次在线下投放广告，第一目的也不是为了促销，而是为了给当时忠诚的、几乎就是小米外部员工的米粉以荣誉感。你看这都是情感上的满足。

“第二是工具。当情感不那么容易被表露出来的时候，就要依靠工具，就像清王朝的黄马褂或西方皇室的勋章。现代企业管理也可以这么做，比如说万豪国际酒店，从一家街边只有九张板凳的小餐馆，发展到如今世界上最大的酒店集团。万豪国际酒店的老板自己认为，他的成功就得益于他擅长处理和员工的关系。比如，他每年要亲自手写七百多张便条，将‘无形情感’体现在‘有形’的小纸条上，让员工感受到管理者的关心。

“第三是榜样。俗话说榜样的力量是无穷的，每个人都有荣誉感，都有被关注的需要，榜样其实就是公司内部的明星。为什么我们需要榜样？心理学上有个叫‘破窗效应’的现象。比如一个地方窗户的玻璃被打破，没有人修补，用不了多久其他窗户也会全部被人打破。我们中国人称这种现象为墙倒众人推。再高大的墙只要有第一个人去推，就会有第二个，第三个……而前面最早行动的榜样就叫关键意见领袖。两千多年前商鞅变法，所谓立信于民，也是要找个榜样来搬木头发奖金，作为整个制度改革的起点。”

——————至此您已经阅读了本篇全部内容的3/4

## 5. 纳新

“请人容易带人难。有了理想、信念、纪律、奖罚，接下来我们说说‘纳新’。对于一个团队的领导者来说，要接受一个事实就是：**总会有人离开！**关系再好的员工也有可能会离开公司。你最倚重的员工也可能会离开。资历最老的也可能会……一家公司成长的过程中不可避免地会经历这种事情，更不用说，一定有人理想和你不一致，对你的价值观不认同。当你的团队、纪律和奖罚建立起来后，不满的人可能更多了，这个时候，不要心软。我的两条原则是：**该走的人一定要请他走！可留可不留的一定不留！**

“好了，说过了人员的流动性，我们说说招聘。前几天一个小伙伴在微信留言要应聘我们公司的助理岗，他问我：‘助理有没有工资？有没有人带着学东西？’等类似问题。说实话我挺难过的，我从他的问题里看出，他所处的公司糟糕透了，我告诉他：第一，他的水平没有达到我们期望的标准。第二，我劝他赶紧离开现有的糟糕公司，另寻出路。

“我认为在一家设计公司里，最最重要的岗就是助理岗了，我也是从助理的岗上走到今天的，成象设计和软装的两位 CEO 也都是从助理岗一步一步地走到今天，所以我们不可能不重视助理这个岗，谁敢说十年后的灵魂人物不在这些助理里面呢？其实，我们最早也并没有这样的认知，因为我是家装公司出来创业的，早期我们的公司依然是家装的模式，对助理没有要求，甚至有一段时间找了一批免费的助理。后来发现在两年的时间里，这些人流动性超大，而且成材率超级低，几乎什么事都干不了，带他们的骨干员工，天天生气。我们意识到了这是对我们自己教育资源极大的浪费，等于我们两年的时间里公司人力资源供给断档了，长远来看这种浪费的成本远高于我在市场上付薪水找一些资质好的人来培养，于是我们果断停止了这种免费用助理的行为。所以现在有小伙伴问我是否能免费到我这里当助理学习的时候，我总是非常警觉，我会告诉他，我们不可能不给工资免费用你，而且，我愿意给你钱，你开的价越高，我越开心，可问题是：我给你高价，你能提供相匹配的高品质的工作吗？我不要免费劳动力，我要高手！

“现在我们会要求人力资源招聘时，参照取值目前员工的平均水平，接近平均水平的人可以给面试机会，高于平均值水平的给工作岗位，宁缺毋滥。除非你有非常特殊的经历或才干，否则不会破例。**一个团队总会有流动性，我们要做的不是控制起来不流动，而是要把团队的人力资源建设往好的方向去流动。**

“之上所讲的五个方面，从理想和信念再到纪律、奖罚、纳新，其实是越来越具象的过程，也是从高识解到低识解的过程（见下图）。除了理想和信念之外，纪律、奖罚和纳新，基本就是孔子说的：**‘先有司，赦小过，举贤才。’**”老岳说。

理想、信念、纪律、奖罚、纳新

2016.10.23

# 害惨设计公司的就是这句：教会徒弟饿死师傅！

“老岳，管理为什么那么难？我现在带了几个人都觉得非常累，手下人做的东西我不满意，总要改来改去，我每天都疲于救火，而手下人对我也觉得不满意，总觉得跟我学不到东西，没有机会成长，我们这个小团队总是留不住人也做不大，问题出在哪？”

好吧，其实这个问题并不是管理问题，更确切地讲应该是管理观念的问题，今天我们就好好地梳理一下这个管理观念的问题。我们先从一个小故事开始：

小明是一个工作三年的设计师，主要的工作是画施工图，之前他的工作业绩非常优秀，图画得又快又好，还能帮助方案部门调整工艺和尺度不合理的地方，同时沟通能力也不错，他负责交底的工地都很少出问题。正因为小明的专业如此的优秀，公司老板把他提拔为一个五人施工图小组的负责人，他开始总体的负责一个技术小组的运营。小明非常负责，他不自觉地把过去几年的从事技术工作所取得的成功经验，复制到了新的工作岗位上，他总是事必躬亲，他很喜欢这种工作方式，他其实在内心深处觉得手下的人全是笨蛋，这些笨蛋技术都不如自己优秀，而且他们还在不停的浪费自己的时间。

小明认为手下这些人做的图问题太多，反正他最后都要改，还不如他自己现在多加班画一些，效率还会更高些，于是他更加的亲力亲为，能自己解决的问题几乎不会假他人之手。可是，他工作的范围毕竟比之前大太多，他即使努力到几乎住到公司里了，交出去的图纸依然会有很多的问题，于是他又开始疲于奔命的给项目救火，其他部门的同僚对他的工作开始出现负面评价，当这些工作量积累到一定程度的时候，他自己很快就累垮了，工作起来更加情绪化，这样一来手下的人更是对他意见非常大，觉得在他手下工作非常压抑，不停地有同事因为他离职。小明的内心是崩溃的，没多久，老板又找他谈话觉得他不适合这个管理岗，希望他继续回归到技术上，小明觉得自己深受打击，面子上也过不去，于是小明也辞职了。

你看这个故事看起来很面熟，似曾相识，对吧？为什么小明刚刚走向领导他人的岗位就暴露出这些问题？为什么对他个人而言，公司的提拔变成了一次失败的职业经历。为什么公司提拔他之后，失去了一个优秀的图纸设计师，还离职了一位糟糕的管理者。在求解这个问题之前，我们先来了解一下什么是领导他人。

## 1. 领导的本质

领导他人是什么？领导他人就是：**通过他人去实现目的的学问**！而在通过他人实现目标的过程中，对目标、过程、结果的干预，就是我们常说的组织里的狭义管理。现代社会，一般有三种类型的人：失序者、自我管理者、管理者。

失序者，简单来说就是没有受过教育的人。他们没有任何能嵌入到社会中的技能，也无法了解稍微复杂一点的社会契约和规则。这部分人没法和现代社会对接以提供价值，也就是说他们是一盘散沙中的散沙，连被管理的基础条件都没有，就像是没有被格式化的硬盘一样，是没有办法提供实用价值的。而任何一个国家的义务教育，降低文盲率的努力其实本质上都是在通过教育消灭失序者，一个国家的人口基数大，但是失序者多，那也一样是弱国，因为能提供社会价值的人口太少。

自我管理者，指的是受过教育，能够实现不同程度的自我管理，可以掌握一定的技能，作为一个独立的人，可以给社会提供个人贡献和个人价值。个人贡献者中的翘楚就是艺术家、高级技术人才等。

管理者，就是从自我管理者而来，以管理为手段，通过他人实现目标的领导者。比如企业家、政治家、军官等，只要你为任何一个团体负责你都是一个管理者。

我们所有人，从小开始受教育，其实就是把自己从一个失序者进化为一名自我管理者，小时候老师家长耳提面命的要我们：自觉！而自觉其实就是一种自我管理。常言说艺多不压身，也是指要掌握提供社会交换价值的技术成为一名个人贡献者。即使是考量你死记硬背能力的应试教育，其本质也是考量你自我管理能力的要素：自律。总之，现代社会需要大量有技能且可以自我管理的人口！

回到之前的小明的故事，小明从学校出来后一直很优秀，后来参加工作了，也依然是一名优秀的自我管理者。当他开始职业生涯中的第一次转折，即从一名优秀的自我管理者跃升为管理者时，他并没有适应他的角色变迁，于是出现了很多问题。因为他并不理解，**管理者和自我管理者之间的差别就是：能否通过他人来实现目的！**小明依然下意识的沿用他作为自我管理者凡事亲力亲为的工作方式，每当他给下属分配任务时，他和下属之间处于一种竞争关系，他在和下属比赛，看谁能更快更好地完成工作，于是这让双方都感到压抑。虽然小明职位上升迁了，但他本质上依然是一名自我管理的设计师而不是管理他人的管理者。管理他人就不能再依赖自我管理者的工作技能和亲自解决问题的工作理念，而是要学习规范工作任务的方法，要学会选择最合适的人来完成它，合理设定目标，帮助团队的同事完成工作，如果他们能力不够，你还要负责帮助他们提高能力，并提供反馈信息（图 1）。

——————至此您已经阅读了本篇全部内容的 1/4

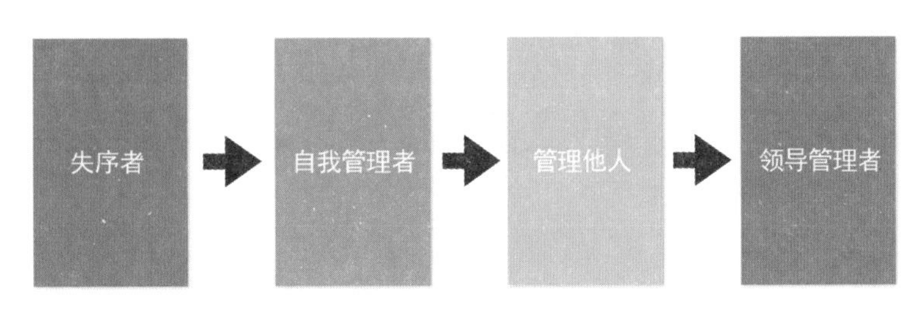


图 1 失序者、自我管理者和管理者

而小明和他的公司从来没有意识到，从自我管理者到管理他人之间有巨大的能力差异。我们总是下意识的认为：能优秀的完成个人贡献性工作的员工，一定就会胜任管理他人的工作。但事实是：**自我管理者必须学会转换工作理念才能成为优秀的管理者**。小明自己必须要建立起这个认知，他的公司也一样！这样才能避免提拔行为带给公司和小明的双输局面。

## 2. 管理者要素

那怎么才能完成从自我管理到管理他人的转换呢？主要有以下这三条管理者要素：提升领导技能、学会时间管理、转换工作理念。

### 提升领导技能

领导者从事的管理工作不是独善其身，而是要团队配合，既要有临场指挥的节奏感，又不能事必躬亲四处救火。也就是说，你要像一名教练一样，总体的规划工作目标，制定计划，分配任务，介绍方法战术，更重要的是，要选择团队中最合适的人来完成它，你要帮助团队的同事完成工作，确保项目的进度和质量，要时刻给团队成员反馈哪些工作做得好，哪些不好，帮助他们改进，激励和惩罚他们，处理他们的情绪。

### 学会时间管理

任何项目展开的第一步就是分配资源，而所有资源当中最重要的就是时间，管理者首先要学会分配时间，这就是所谓的时间管理。时间是一种不可再生，没有弹性的资源，我们更愿意把时间分配行为比喻为：投资！

管理者要把时间像金钱那样投资到最重要的、回报率最高的事项上去。作为一名管理他人的管理者，这要求他们把越来越多的时间用于管理，而不是事必躬亲，也就是说首先要把时间投资到“带队伍”上，投资到“通过他人完成任务”的学习和实践上，而不是自己亲力亲为的去和下属竞争。

转换工作理念

领导他人就是：通过他人去达成目的的学问。这句话再怎么强调都不为过，因为转换工作理念这个部分是最难的。特别是我们这个有“教会徒弟饿死师傅”这样一句谚语的民族，特别是因为我们设计行业缺少管理常识，以至于绝大多数设计师都只能在自我管理者的层级工作（图2）。

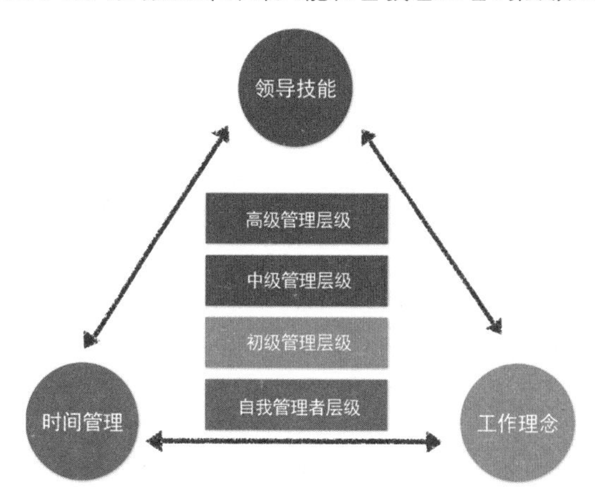


图2 三条管理者要素

以上所提到的这三个部分当中，转换工作理念是最难的，绝大多数的公司和个人都没有建立起管理这个概念，更谈不上追求管理要素的转换。于是文章开头小明的故事频频发生，小明被提拔为了管理者，公司完全没有管理规范，也没有培训小明掌握领导技能、时间管理和工作理念。当小明升职并在高一个层级展开工作后，遇到困难是百分之百会发生的事。他自己和公司毫无准备，一个从未接受过训练的管理者在领导力上受挫后，会本能的借鉴以往自己作为一个自我管理者时成功的经验，来应对现在的局面，于是他只能在能力和职位不匹配的泥潭中越挣扎陷得越深，这也就是国学粉们说的“德不配位”，是劳伦斯·彼得(Dr. Laurence Peter)说的：彼得原理（注：彼得原理是在对组织中人员晋升的相关现象研究后得出的一个结论，在各种组织中，由于习惯于对在某个等级上称职的人员进行晋升提拔 ，因而雇员总是趋向于被晋升到其不称职的地位）。

小明被提拔为管理者之后，他必须把“通过他人去实现目的”作为自己个人成功的准则，也就是说他不能角色上是管理者而思维方式还是一名自我管理者。他不但要在业务上的专业领域成为专家，而且要学会通过帮助他人来提升团队工作效率，他必须要教会徒弟，而不是和徒弟竞争。他必须坚信，把时间用于帮助他人、制定计划、教练辅导以及其他类似的工作，是他的重要职责，同时他还要给上级推荐人才，他要留心下级当中谁对将来从事管理有意愿，有资格。他要清楚地知道某位下级的专业虽然非常好，但不会是一名合适的教练等。总之，他们必须学会如何管理而不是仅仅担任这个职务而已。

## 3. 工作层级

现实生活中，由于工作理念的缺失，造成的工作能力和工作岗位的不匹配的现象，不仅仅发生在自我管理者到管理者这一个层级。即使成为管理者，在不同层级的管理者之间一样也会发生同样的能力和职位不匹配的问题。管理者最少可以分为三个层级：初级管理、中级管理、高级管理。

初级管理者就是指如小明这样的刚刚由自我管理者转换为管理者的初级人才，这种初级管理者并不是百分之百的从事管理工作，他们总是或多或少地要从事一部分一线工作，要承担部分的个人贡献。

——————至此您已经阅读了本篇全部内容的1/2

中级管理者，就是管理初级管理者的人。一般而言，中级管理者已经是百分之百的从事管理的工作，不再从事任何的个人贡献的工作，他要明白在自己这个岗位上，个人贡献不可以大于管理工作。当中级管理者的管理半径不断变大的时候，甚至会出现跨专业、跨行业实施管理的现象，也就是常说的“外行领导内行”。比如一个设计院的院长，是学建筑的，但依然要领导其他学科和专业。如水电、设备、结构、幕墙等。再比如一个跨国公司的副总裁可能会管理几个部署在不同行业的公司旗下的企业，从汽车制造到电力输出等。而在这个时候管理本身对于中级管理者来说就是一门专业了，他可以从领导他人当中获取职业的成就感，就像是自我管理者从个人贡献当中获取成就感、设计师从一个作品完成中获取乐趣是一样的。中级管理者在不同的组织里高度不同，会有很多的称谓，如一线经理、部门总监、事业部总经理、集团副总等。但是无论哪个细分的层级也都需要有自己特别的、不同于初级管理者的领导技能、时间管理和工作理念。

比如：总体上要有全局观，开始从事战略性的思考；对外要保持良好的沟通，需要大跨度的协作沟通能力要很强；对内要建立良好的协作，要善于调动内部资源；向上要和上级确认好战略目标并争取资源；向下要考察管理者的工作，帮助下属更好地成长，为组织培养管理人才。

比如对一家设计公司而言，一个管理初级管理者的经理人必须有效的区分，哪些人只能做好自己的工作，哪些人能够有效领导团队。前文中提到的小明，如果小明更愿意做具体的设计而不是管理他人，就不能提升他担任项目管理者。如果小明不能从管理和领导他人的工作中获得满足感，无论他在设计工作方面多么出色，作为初级管理者他只会失职。这时，中级管理者要把那些不能胜任管理工作的初级管理者重新送回原有的岗位。

高级管理者指的是公司里的最高层，而在中小型公司往往指的就是老板本人，对于一些非常小的公司而言，公司就只有两个层级，自我管理者层级和高级管理者层级，比如设计师和设计公司老板。同样，不同层级的管理者有不同的管理理念，不变的依然是要通过他人达成目的。

一家企业的高级管理者要意识到自己在领导技能、时间观念和工作理念上要和初级、中级管理者有所不同。高级管理者首要的任务是把合适的人放在合适的位置，保证整个公司的人力构架能够支撑运营，无论公司现有规模的大小，高级管理者必须要培养自己下一个层级的人才。更为重要的是高级管理者要为企业提供思想，其中尤为重要的是战略思想，要对企业的未来负责。既要带领公司找到资源的高地，也能找到市场需求的洼地。因此，高级管理者必须要投入大量的时间倾注在思考上，分清楚什么才是企业中最重要的事情，什么才是企业的竞争关键要素，高级管理者在高信息密度的层级工作，他必须学会全局思考，同时也必须学会抓大放小（图3）。

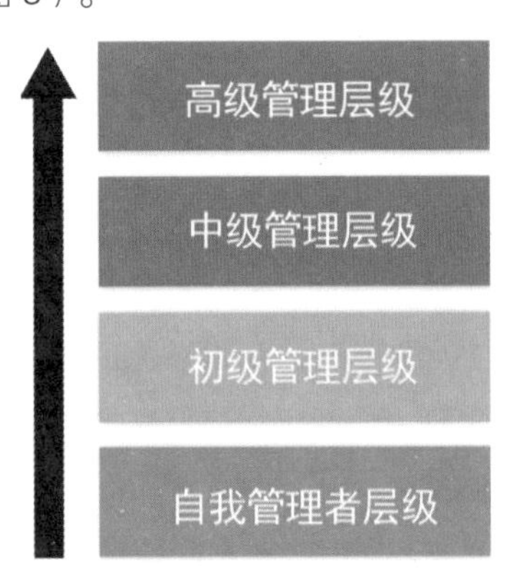


图3 不同层级管理者

以上我们介绍了一个组织当中有不同的人在不同的层级工作，对于一个跨国的大型企业来说，他们企业内部可能有八九个工作层级，对于一个小型公司而言可能有三个层级，对于一个设计工作室而言可能只有两个工作层级。无论一家公司有多少个层级，都必须做到所有工作层级上的人都是胜任自己工作的。

我举个例子来说明工作层级的缺失造成的问题：为什么很多设计师搭伙出来创业少有能走得长远的，绝大多数都会不欢而散？好多室内设计师原本就是脾气相投的同事同学朋友，大家工作几年后都掌握了做出个人贡献的专业技能，大家一拍即合，一起创业，可是只要是工作团队，最少都会有两个工作层级，设计师们都是个人贡献者，都只能在自我管理者这个层级上展开工作，更少见有设计师会放弃专业去做管理，即使这时自我管理者的小团队推举出了一个名义上的领导，那么这个从未接受过任何管理训练的领导者在思维方式上也还是一名个人贡献者，他根本不具备在初级管理者这个层级上展开工作的能力，正因为如此，他注定参与到与下级的竞争中，于是团队很快会陷入自我管理者之间的内部矛盾里，大家不久就一拍两散。

## 4. 人才漏斗

**一家公司无论有多少个层级，都是下一个层级为上一个层级输送人才，而上一个层级要做下一个层级的教练。**

其实这就像是一个金字塔的层级一样，底层的为上一层的管理者提供人力资源上的支撑。比如，自我管理者中表现优异的人会被提拔为初级管理者，经过其上一级管理者的教练，这些初级管理者中又会有一部分人表现优秀。他们不但为公司培养了可以晋升为初级管理者的下级，还展现出了部分成长为中级管理者的潜力。于是这个工作能力卓越的员工会被提拔为中级的管理者，并再次的接受其上级的培训辅导，学习改观自己的领导技能、时间管理和工作理念，而他所培养的人才，会接替他成为初级管理者，于是这个企业会形成一个良性循环的“人才漏斗”。

————至此您已经阅读了本篇全部内容的3/4

对于任何一家公司而言，发展和扩张都需要大量的管理者，人才哪里来？主要是依靠这样一个“人才漏斗”产生的，其实这也说明了一个很重要的问题：对于一家公司的领导者而言，人力资源这个板块的工作不能仅仅只理解为招聘，**更重要的职责是对内建立这个生产人才的漏斗，**唯有这样才能真正解决公司内部人才缺口的问题，同时也能给员工一个非常明晰的上升路线。虽然这个人才漏斗能够解决企业的人力资源匮乏的问题，但是这个人才漏斗中的某一层级一旦出现管理者不胜任的状况，那么这个漏斗内部的人才流通就会发生阻塞。因为一个不称职的管理者，会依然沿用自己升职前那个层级的工作理念，于是他一定会和自己的下属竞争，做原本属于下一个工作层级的工作，这使得整个组织出现了能力和职位的错位。就好比，市长干了县长的工作，而县长只能去做乡长工作，乡长只能去做村主任的工作，于是整个组织里所有人拿着上一个层级的薪水，却都在做下一个层级的工作，因为市长在和县长竞争，所以组织里本应市长做的重要工作没有人做了，而县长由于只能做乡长的工作，他也不可能得到应有的锻炼，不会进一步上升，于是组织内部的人才产出就会停止。**所以一个企业管理健康的关键就是要保证每个层级和其管理者都是匹配的（图 4）**。

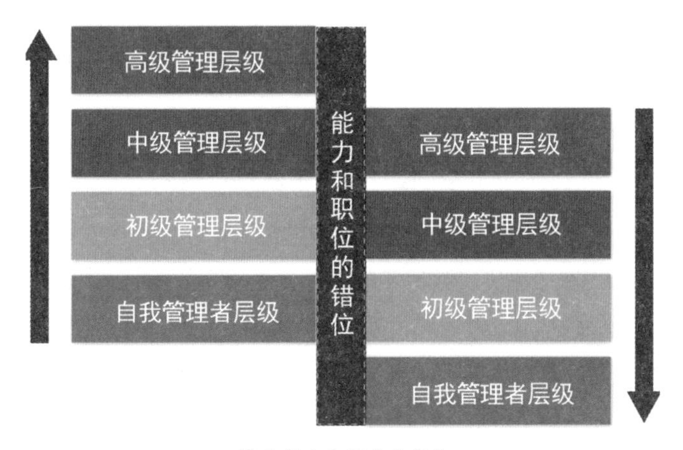


图 4 能力和职位的错位

每个层级的管理者也必须要清楚的了解自己和上下级的工作理念、时间管理和领导技巧这三条管理者要素。清楚自己上级的管理者要素，是要为自己胜任更高的工作层级做准备，而清楚比自己低一个层级的管理者要素，是因为要有效地展开对下一个层级的教练和管理！

## 5. 增员魔咒

曾经有朋友来咨询我说：他们公司有十个人，但是一旦超过十个人就会人员流失，如果人员少于十个就会自动补足，冥冥之中他们公司就像一只碗一样，只能装这么些人，多退少补。难道真的有什么魔咒限制了他们吗？当然不是！本质上这是因为小公司增加管理层级，造成管理问题。

一家公司原本只有两个层级，一个初级管理者能有效管理的人数边界合理值在七个人以内，最多扩张到九个，超出这个边界管理效率就会下降，容易造成人员流失或管理混乱。比如一家小设计公司的老板，其管理能力一般会是初级管理者的水平，他既要从事管理，又要做个人贡献，业绩好的时候，老板因为想承揽更多的业务，所以有扩张的冲动，于是开始招人。人进来后，很快人数就超出了老板的管理边界，混乱发生，感觉人多了，干的事反而少了，效率下降。于是老板会选择增加管理层级，从老员工或有潜质的人中提拔初级管理者，公司也由两层变三层，虽然公司层级发生变化了，但公司内部的管理者们却不拥有这个工作层级的工作能力。也就是说，老板本人不具备管理管理者的能力，而新提拔的初级管理者也完全不拥有这个工作层级的管理要素，于是老板开始和初级管理者竞争，初级管理者和个人贡献者竞争。

从名义上看，公司由两个工作层级变成三个工作层级，可是本质上管理者的能力和工作层级并不匹配，依然是个慌乱版的三个工作层级，于是公司更加混乱。这时所有人都会心怀不满，老人、新人都有离职的，而且走的时候还带走公司的业务，渐渐的公司又回归到原有的两个工作层级的稳定模式，于是老板和留下的资深员工都会认为，不能培养人，人员流动太大了，还带走公司业务，对公司损失很大，教会徒弟饿死师傅啊！你看，这就是典型的谬误归因，没有建立起漏斗和层级的管理概念。同时，任何一家公司都有生存压力，特别是一些以交易为目的，强调业绩的公司，如保险、家装、零售，它们往往更注重短期绩效结果。在这种业绩强压之下，提拔到新岗位的管理者，一旦遇到业务危机，很容易直接出手干预下属的工作与下属竞争。在这种情况下，领导者很容易拒绝转换工作理念，他们会热衷于单兵作战，因为在他们眼里，眼前实实在在的短期利益才是“王道”。即使这个管理者能明白，一劳永逸的解决公司人力梯队的方法在于建立人力资源漏斗，但在业绩压力面前，他也很难平衡公司短期利益和公司长远利益。

自己经营设计公司这么久了，始终困扰着我的就是人力资源的问题，长久以来我认为求解方式是招聘，当然这也对，但是招聘只是第一步，如果没有建立起人才漏斗，招聘始终是治标不治本，而且问题是，你在设计内很难找到称职的管理者，因为在室内行业里这种管理的常识是缺失的。因为管理常识的缺失，才使得农业社会里手工业者所谓的“教会徒弟饿死师傅”的格言流传至今还被很多管理者奉为圭臬，但是很遗憾，现代社会是复杂社会，传统的解释世界的模型应付不了现代社会的信息量，特别是当管理已经变成一门科学的时候。所以就让我们用长远的眼光来判断，从头开始梳理自己的工作层级，定义好角色的管理要素，让每个工作层级都有称职的管理者。

2017.1.27

# 第六堂课 设计心理

DESIGN AS A PROFESSION

LEARN TO BE A DESIGNER

HOW TO CONVINCE THE CLIENT

HOW TO RUN A DESIGN STUDIO

TEAM MANAGEMENT

**DESIGN PSYCHOLOGY**

RETH

## Design Psychology

# 连乔布斯都在用的办公空间设计心理学

“老岳，我最近在设计一个办公空间，甲方在招标文件里专门说要学习苹果那个像飞碟一样的新办公大楼，特别是那栋建筑的设计理念强调的‘员工的偶遇性’，说是‘员工的偶遇性’可以提高效率、增加创造力。什么是偶遇性？为什么偶遇能增加员工创造力？这是什么鬼？难道又是心理学吗？老岳，你快给我说说。”小梅说。

“这个观点确实是基于行为心理学的研究而得出的结论，其实更准确的表述应该是：偶遇性带来的非正式会面的增加，可以提升组织效率以及创造力。”老岳说。

## 1. 偶遇性

老规矩，让我们先从一个故事讲起：

20 世纪 70 年代，美国的洛桑有一家工业公司，他们所处的办公大楼是由一间一间的小房间组成（很像我们传统的教学楼）。员工要经常穿越走廊，带着文件拜访其他部门的人，以展开协调工作。后来为了提高效率，办公室之间安装了电视对讲器以改善通讯。几个月以后，企业的效率急剧下降、业绩下滑、人心浮动，公司濒临破产。为了解决公司困境，他们请来两位经营顾问。这两位经营顾问经过调查研究，最终把问题归结于刚刚使用不久的电视对讲器。在他们使用这个设备后，企业员工遇到大大小小的问题都使用电视对讲器跟对方说话。结果就是，人们不再在门厅和过道上交谈了，再也听不见人们说："喂，你好啊，你说说，对这个问题你有什么想法？"很快这个企业涣散了，其原因就在于：员工之间的非正式接触越来越少，人多的跨部门会议和电话，取代了偶遇和随便聊天，也就是说使这个机构成为一体的黏合剂消失了。顾问们劝告他们撤掉电视对讲器——自那以后他们的日子恢复了正常。

这件事发生在一个大机构里。但其原则对于一个小的工作单位或一个家庭也是一样。小而简短的谈话、手势、问候，消除误会的解释、玩笑和故事都能加强人们的集体关系。如果这些一概没有，随着人们的个人关系渐渐冷却，集体也将分崩离析。

任何一家企业内部也都存在着一种相互凝聚的结构，员工平时非正式的会面的次数越多，组织内部的关系凝聚力也就越强，信息流通的速度越快。

为什么会出现这种效应？人类对自己所属的社群里的各种信息有浓厚兴趣，以至于在 7 万年前从我们的祖先进化出语言技能起，我们的祖先就能围坐在火堆旁八卦数个小时。相互八卦让他们能够明确得知自己部落里谁比较可信可靠，谁需要什么，能够交换什么？谁擅长什么？以及哪些地方可以采集到更多的果实。于是部落内部可以展开更紧密、更复杂形式的合作，于是整个部落的生存能力得到了提高。

——至此您已经阅读了本篇全部内容的 1/4

你看，这种人与人的"八卦"（信息交换）对一个群体内部的合作起到了多大的作用！即使到了今天，绝大多数的人际沟通（不论是电子

邮件 、电话，还是报纸专栏）讲的都还是八卦，即使这些娱乐八卦和我们所处的工作和生活没有半毛钱的关系了，我们依然无法克服基因里对八卦信息的热爱，也由此造就了无数的狗仔和小报。

其实增加偶遇性，并非乔布斯第一次提出这种要求，乔布斯买下皮克斯动画工作室后，其总部也是乔布斯亲自主导设计的（现在它就叫“乔布斯大楼”）。大楼里的设计依然延续乔布斯的一贯审美标准，就如苹果的产品一样，都是这种极简主义风格。

乔布斯非常了解“陌生人观点的碰撞能促进创新”这个思想，所以他想尽办法让公司不同部门的人员能够进行最大限度的交流。为此他给整个大楼只设计了两个卫生间（一男一女），并且是安排在一楼大厅里。这样任何人上厕所都必须经过一楼大厅，长此以往你总要在上厕所途中跟人聊上几句。但这个设计遭到了皮克斯全体员工的强烈不满，后来乔布斯不得不妥协，在每一层都设置了卫生间。

同样，伟大的谷歌也深谙此道，谷歌不但重点建设了自己的员工餐厅，而且要求餐厅运营时要让员工排队等候四分钟，以增加组织内部非正式的交流。

既然非正式的会面可以提高交流频率，改善组织效率，那么专门用来会面沟通的会议又有什么玄机？1965 年，巴纳德·巴斯曾经做过一项会议规模和会议效率的研究，实验发现会议的规模越大，获益者越少，事实表明当参与会议的人数超过 24 个人的时候，会议过程中一言不发的人和有话不说的人的比率迅速上升。当会议参与人数控制在 12 人以内的时候，会议的参与和沟通效果最好。

平时在一般的环境噪声里，我们用正常的语调说话，在大约 2.5 米的距离内不会影响听觉接收效果，超过这个距离就需要讲话者提高音量，同时这个距离也是两个人抬一下手臂可以传递东西的距离。同时，一个正常视力的人在大约 3.5 米的距离内能够清晰的辨别出别人细微的表情变化，有研究表示，沟通中 60% 的信息是通过表情、动作等隐性语言表达的。

所以结合以上所说，一般公司的会议室中应当有 70% 的 12 人以下的小会议室，同时这些会议室应当在使用者就近的地方，方便使用，通过提高使用频次来增加组织内部信息流通的速度。

## 2 大教堂效应

解释过了偶遇性，我们来看一下房间的天花板高度对工作场合的隐性影响。

————至此您已经阅读了本篇全部内容的1/2

首先，研究者做过一个实验，把参加实验的人分成两组，一组在天花板高的房间里，另一组在天花板低的房间里。然后给他们看同一组照片，还要对照片里的东西做出评价。这些照片里的东西都是整体上光滑，但是细节粗糙。结果，高天花板房间的人认为它们很光滑，低天花板房间里的人认为它们很粗糙。这是因为高天花板房间里的人更倾向“自由”，思维模式不受限制，就更容易从整体上认识事物。而低天花板房间里的人倾向“压抑”，思维模式受到局限，更容易从局部认识事物。所以高天花板有助于抽象思维和创新思维的培养。低天花板则有助于具象思维和逻辑思维的培养。假如天花板的高度处在一个中等高度，那么就不会有什么特殊的思维方式产生。

知道了天花板高度对认知倾向的影响，接下来我们就可以利用这条规则来设计空间达成目的。比如一个要求产生新的创意，需要天马行空的创意部门，那就把他们尽量的安排在天花板高的房间。如果目的是解决具体的问题，要求精细认真、集中注意力的部门，如会计、制图、手术，那就应该选一个天花板比较低的房间。另外天花板高度还可以用在商业方面。比如，强调大胆创新的苹果公司的店面，如果有可能会把天花板设计得很高。

同样，强调随机性购买的宜家家居，其卖场的天花可以高一些，激发客户对自己使用场景创造性的想象。而突出目标性购买的工具或日用品的小商店，天花板反而要低一些，以帮助客户迅速完成任务。还有特别注重菜品质量，需要你集中注意力来细细体会的日本料理，就一定要让天花板低一点，尽量压缩空间，好让人们把心思放在品尝食物上。

其次，研究人员还发现在行为学上：空间的垂直距离等同于人的社交距离。这么拗口的一句话怎么理解呢？

科学家们跟踪一个政府的服务部门调研，发现这家政府单位原来在一个老房子里办公的时候，投诉率非常低，经常会收到市民对工作人员的表扬，认为他们亲切、效率高，甚至能记住他们的名字。后来这家单位搬到了一个体面气派，层高非常高的办公大厅后，投诉率突然增高，市民们认为他们不再亲切，甚至怀疑他们的能力。为什么呢？原因就在于新办公室过于高耸的层高和过于开放的空间尺度给市民带来了压抑感，一家服务机构在这样的空间里非常难易获得别人的好感。

——————至此您已经阅读了本篇全部内容的3/4

其实，我们在日常生活里经常可以发现，人们来到一个高耸的公共空间时，行为举止拘束，也过于庄重。因为我们的社交距离远，需要有许多的仪式感来填充这个社交距离，也就是说，显得“见外”。而在一个低矮空间里，人的社交距离也随空间高度变短，人和人之间会更放松、有安全感、也更亲切，易于沟通建立关系。

我记得上海某酒店里有个餐厅的大包间层高非常高，而餐桌上方，有个和桌子一样大的吊灯，平时吊灯的高度很高，方便加强客人宴请时会面所需的仪式感和尊贵感，客人入席后，吊灯会下降高度，离桌面比较近，这样高度上的调整，拉进了人和人的社交距离，符合那种酒酣耳热的亲密氛围，这真是一个很睿智的设计细节。

## 3. 环境温度

曾经有记者问新加坡总理李光耀，为什么新加坡地处赤道，却比同纬度的那些国家发展的好很多。李光耀的回答竟然是：“空调。”为什么？为什么人工环境温度竟然可以影响到国家的发展效率？

有一项研究发现，当保险公司的打字员在25℃的室温下打字时，其打字的效率是20℃时的两倍，而错误率仅为20℃时的一半。但后续的研究发现，温度对工作效率的影响远不是这么简单。

另一项研究将志愿者们分为两组，一组被关在19℃的房间中，而另一组被关在25℃的房间里，然后志愿者被要求在两个性价比非常接近，但在细节上又有细小差异的手机套餐中挑选出更划算的套餐，结果是，在25℃房间里的志愿者们，更容易选出不划算的手机套餐。这说明，在温度较高的环境中，人们更难以做出复杂的决定。如果做的是打字、制图，这样的机械性的劳动，那么稍微高一点的温度，有助于提高员工的工作效率。而相反，如果员工从事的是决策、创意等逻辑性较高的复杂工作，较高的室温反而不利于复杂的思考决策。同样，这个原理也可以反方向利用，很多商家做出的复杂套餐组合，其目的就是为了尽早地消耗掉客户的意志力，让客户最终选择时不是那么理智，那么温度调高些，会更容易让商家达成目的。

研究还发现，人们在温暖的环境中更容易觉得周围的人有善意。所以，如果你的员工正在从事相互协作才能完成的项目时，更高的办公室温度反而会促进彼此之间积极相处。其实大多数时候，你并没有办法真实地去调配每个空间的温度，而利用颜色也许是个不错的办法。

众所周知，在一个暖色空间里感受温度比实际温度可以高3~4度。比如，当人们处在红色、橙色这种暖色房间里时，会觉得周围的环境比平时暖和很多，而处在蓝色、白色这种冷色房间里则正好相反。所以在一个需要社交的地方，比如接待客户、鼓励员工偶遇合作的茶水间，洽谈室，我们使用点暖色吧！

2016.12.4

# 比风水还神奇的餐厅设计心理学

“老岳，最近我去吃了一家不错的自助餐，那家自助餐厅不仅便宜，还提供了 N 道荤菜、N 道素菜、N 道凉菜、N 道甜点、N 种饮料，还有免费自酿啤酒，真是丰盛，而且环境也不错，去吃饭的人非常多。吃饭的时候我和餐厅老板吹牛。我给他说：‘设计就是解决问题。’可是老板说：既然你们设计师这么会解决问题，能不能帮我再提升一下业绩？现在我的餐厅营业额已经饱和，很难提高了。有没有可能不影响正常营业，不用动装修，少花钱，但是还能再次提升餐厅的业绩？老司机，设计就是解决问题，这句话可是你说的！现在问题来了，你怎么解决这个难题呢？”小梅说。

“好吧，牛吹出去了，不能丢了咱们设计师的脸，是时候见证设计心理学的魔法的奇妙了！”老岳说。

## 1. 环境

众所周知，人是环境的孩子，人总会在不知不觉中受到环境的影响改变行为。环境可以分为：自然环境、人工环境、微环境。

比如自然环境里的温度，热了你会出汗，冷了你会发抖，夏天有些人会瘦——所谓“苦夏”，一如秋冬大部分人都会胖——所谓“贴秋膘”，这些行为不受你自己的控制。

比如，一个平常随地吐痰的人突然到了一个五星级酒店，在那个环境里他马上就改掉了随地吐痰的恶习，你看这就是人工环境对人的行为的改变。再比如，以前提到的教堂的设计里，高耸的室内空间、幽暗的灯光，不易察觉的微微向神坛倾斜的地面，这些因素都会让你有庄严、崇高、神秘的感受，而微微倾斜的地面让你不自觉地受地球引力的推动，走向神坛，这种不易察觉的设计会使你心怀感动，觉得神奇从而更加虔诚！你看这就是人工环境影响人的行为的威力。

比如，一家牙膏企业，想扩大消费者使用牙膏的计量和数量，但是束手无策，因为消费者每天刷牙的次数是固定的，牙膏用量难以增长，结果最好的解决方案，竟然是把挤牙膏的出口变大！不知不觉中，牙膏的用量增大，消费者重复购买的次数增加。当年谷歌想鼓励用户在搜索框中输入更多的词语时，他们重新加长了搜索输入框的尺寸，于是用户不知不觉中输入了更多的词语，这使得谷歌提供的搜索结果更精准。你看这是微环境细节对我们的影响。

我们周围的环境因素无时无刻不在影响着我们。**这些环境因素像是一个隐秘的导演不断的影响着我们的行为。**既然我们今天的目标是：有没有可能不影响正常营业，不用动装修，少花钱，还能显著提升自助餐厅的业绩？那么我们首先要来明确一下我们要解决的问题和矛盾：

顾客觉得菜品丰富；老板要菜品少一点、成本低一点。

顾客要吃得舒服，享受过程；老板要客户尽快地吃完离开，以便接待下一波顾客。

顾客要吃得多吃得饱；老板要顾客吃得少还能饱。

顾客要多吃贵重食材；老板要顾客多吃便宜食材。

顾客要多喝免费酒水；老板要顾客少喝免费酒水。

顾客要吃的种类多；老板要餐点的种类少节约成本。

知道了我们要解决哪些问题，我们就可以进入设计心理学的应用程序了，老规矩，我们先从一个故事开始。

## 2. 大小

美国的一家食品实验室（康奈尔大学食品和品牌实验室）曾经在一群大学生中做过一个实验，科学家们请大家看一场电影，同时在看电影之前给大家免费发放了两种不同包装盒的爆米花，一种是大桶的，一种是中桶的，为了排除掉口味的偏好，这些免费提供的爆米花都是放置了一星期的旧爆米花，非常难吃，几乎没有人能吃完，电影结束后给大家手里剩下的爆米花称重，结果竟然是：拿到大桶爆米花的人比拿到中桶的人多吃了 53% 的爆米花。科学家们在一周后展开问卷调查，询问实验对象吃爆米花的过程中，是否受到了装爆米花的纸桶大小的影响，试验人群全部否认。你看这个实验告诉我们：人们在不自觉的情况下，受到了物品容器的大小尺寸的影响，而不自知（不承认）。

————至此您已经阅读了本篇全部内容的 1/4

这个实验解释了为什么从 1950 年之后到现在，美国很多商品的包装尺寸比之前扩大了 10 倍。而实践也证明了这个策略确实有效。我们的大剂量超值包装的洗衣液，让我们在洗衣服的时候倒入了更多的洗衣液。我们大包装的狗粮，让我们在喂狗的时候倒入了更多的食物给宠物。大包装优惠装的麦片比起小袋装的麦片，可以让我们每一次多吃进去接近 20% 的麦片。就像前文说的牙膏的案例，除了更大的挤牙膏的出口，牙膏厂家也推出了更大容量的超值大瓶装。想想看，这些行为心理学的发现，给消费饱和的行业带来了多少增长？

回到我们的问题，在自助餐厅里餐盘的大小和客人的食量有关系吗？科学家们做了另外一次实验，这次用的是冰激凌和饼干。他们先请实验对象来免费吃冰激凌，一组人使用的是大碗自取，一组人使用的是小碗自取，最后使用大碗的人，比起用小碗的人多吃了 31% 的冰激凌。在小饼干测试中，大小碗的差异竟然高达 53%，结果不言而喻，如果你想让自助餐厅的食物消耗有所下降，而客人们无法察觉，那么换个小点的餐盘就是个好主意。

## 3. 眼不见，胃不知

法国人有个说法：我们是先用眼睛来品尝食物的。有时候一个人觉得自己吃撑了，一般会在吃饱后的 20 分钟之后才出现，这是因为我们的胃会延迟吃饱这个信号，看来，我们的胃对我们吃多少的数量并不敏感，而这就是我们经常吃多发胖的原因。那么还有没有其他的办法告诉人们如何适可而止呢?

科学家们又做了另外一次心理学实验：这次请一群年轻的大学生来到酒吧观看一年一度的足球比赛，同时饮料和麻辣烤鸡翅无限量供应。其中一个实验组的学生们每吃完一两个鸡翅，服务员就把鸡翅骨头收走，保持桌面的整洁。而另外一个对照实验组的不同点在于，吃完的鸡翅骨头会一直摆在桌面上没有人收拾。你猜结果会怎样? 鸡翅骨头一直摆在桌面上的那一组，比起不停收走鸡翅骨头的那一组少吃了 28%。

你看我们的胃虽然不太会算加法，算出结果要 20 分钟之后，而我们的眼睛却是计算高手，潜移默化中就告诉你应该适可而止。那么这个实验还告诉我们什么? 对于自助餐而言，当我们使用小餐盘的时候，也许我们不应该那么殷勤的给客人收拾桌子，最好能让客人看到自己吃掉的“鸡翅骨头”，这样他们总体的进食量会降低，不容易吃撑。相反，对于一个高档餐厅来说，殷勤的收拾客人的餐盘也会让客人吃的更多。

## 4. 高低

说过了给客户的餐盘，我们接下来聊一下杯子。既然自助餐厅的酒水是免费的，那么怎么能让客人们少喝一点饮料呢?

大家以前一定也见到过这张图（见下图），看起来底下的横线要比竖线短，其实这两根线是一样长的，这是因为人脑对竖向的物体天然的敏感，从而使你产生的错觉。同样的道理，在一次行为心理学的实验当中，科学家们正在一个夏令营里给学生们发容量相同但形状不一样的杯子，一个又高又细，一个又矮又粗。大家自取饮料时，那些用细长杯子的学生平均倒了 156 毫升的饮料。而那些用矮粗杯子的学生平均倒了 272 毫升的饮料，他们多倒了 74% 的饮料，而实验过程中，这些用矮粗杯子的人，却只认为自己倒了 200 毫升左右的饮料。

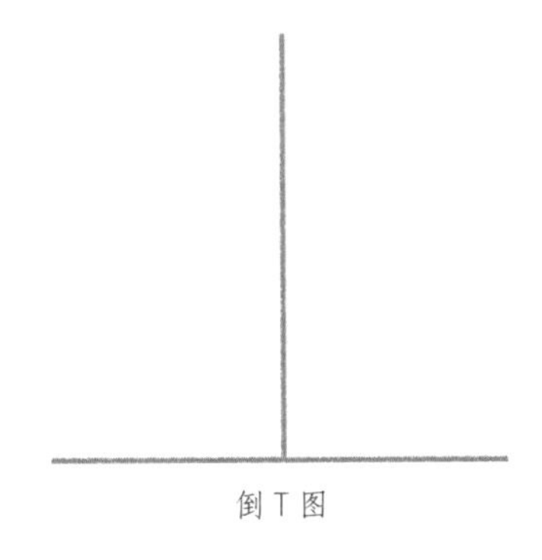

倒 T 图

通过以上的实验结果可以得出，如果我们想要节省一些酒水饮料，也许高细的杯子是个不错的选择，但是如果你是开酒吧的，那么条件允许的情况下，矮粗杯子会让你的客人不知不觉地喝掉更多的酒。

——————至此您已经阅读了本篇全部内容的 1/2

## 5. 多少

说过了如何通过隐蔽的心理学手段让客人不自觉的少吃后，接下来我们来研究一下怎么样影响客人更多选择一些特定的食物。**首先食物的种类和进食量成正相关关系。**

科学家曾经把一种颜色的巧克力豆分给一组实验对象吃，而另一组的实验对象吃的是好多种颜色混在一起的巧克力豆，结果分到很多种颜色混在一起的那一组，比一种颜色的那一组多吃了一倍。（之所以选巧克力豆是因为任何颜色的巧克力豆味道都是一样的，颜色只是一层糖衣。）

后来科学家们升级了实验，他们先将三种食物分别放到三个一样的碗中，然后观察人们取食数量的多少。之后科学家们在对照试验里，把同样的三种食物每一种又分别放到了一模一样的十二个碗里，也就是说一种食物分成四份放到四个一样的碗里。实验结果显示：一样的食物，即使是容器上的多样性也使得客人多吃了 18% 的量。从之上的实验里可以看出，即使是“看起来”的不同，“看起来”的多样性，依然可以影响到人的行为，即使这种多样性是虚假的。

回到我们的问题，这个实验可以告诉我们：在自助餐厅摆放食物的时候，可以把我们最想推荐给客人的食材，做得种类多一些，来鼓励客人选择。甚至即使是同一种菜，用几个颜色不同的碗摆在一起，都会给人种类繁多的错觉，从而触发客人对这部分菜品更多的尝试。

### 6. 方便

说过了如何让客人多选多尝试某种食物，我们说说如何让客人更少的选择某种食物，比如很贵的食物。**其实决定食量多少的不只种类，还有难度。**

曾经有一个这样的实验，科学家们设置了一个机关，让老鼠不停按压一个按钮， 十次后老鼠就会得到一粒食物。老鼠在这种情况下开始不停地按按钮，当实验的条件变更为按一百次才给老鼠奖励的时候，老鼠就不再按压按钮。

不光是老鼠，人类也一样，我们获取任何资源的时候，都需要考虑获取成本，其中不方便、不便利，就是阻碍行为的一道门槛。那么在自助餐厅里，有这么几种方式可以减少价格高食材的消耗：

第一，我们可以把高价格的食物摆在远端，让距离造成不便利，但是这种情况如果在面积小的餐厅无法实现。

第二，把高价格食材的供应分量减小，造成供不应求，一端上来就被抢光的样子，其实这个方法也不好，客人会觉得不爽、气愤，认为餐厅小气！同时这种紧张和稀缺又会造成很多人多拿，最后吃不完浪费。

第三，我们可以在自助餐厅里设置一个由厨师现场加工的档口，大家取餐要排队排号，最好厨师的操作过程还要有仪式感和表演性，其实这个方法的巧妙之处在于，之前把高价格食材放远、把供应量减小的方法都是在空间上做文章，而这个方法是在时间上操作，是把不便利的门槛隐藏在了等待和排队里，同时表演性让现场体验很好，客人最多抱怨排队的人多，而不会抱怨餐厅小气。

## 7. 快慢

聊过了吃喝，接下来我们看一下如何提高翻台率。自助餐厅提高翻台率的关键在于减少客人用餐的时间。我们先来看一下影响人们进餐速度的因素都有哪些。

美国达拉斯地区的一家高档餐厅里展开过一场持续了八周的实验，科学家要求餐厅老板每隔一天就把餐厅里的音乐从慢节奏切换成快节奏，然后第二天再换回。八周的时间里共计接待了 1392 位客人，听慢节拍音乐的人，平均用餐时间比听快节奏音乐的人，多花了 11 分钟，同时听慢节奏音乐时，客人们虽然并没有更多的消费食物，但整个餐厅的酒水开销增长了 41%。

————至此您已经阅读了本篇全部内容的 3/4

同时科学家还做过两个相关性的研究：当我们和朋友在一起吃饭的时候，我们不但会比自己一个人时多吃 30% 的食物，而且用餐所花掉的时间也要高一倍。另外，我们吃饭时候的注意力是否集中也和我们吃了多少有关系。试验表明，人们在注意力不集中的情况下，即使是听收音机，也会增加吃进去食物的数量，同时增加了用餐时间。

那么在这种情况下，自助餐厅里最好就不要安装什么电视之类的东西了，甚至可以不提供或者提供一个很慢的 Wi-Fi，总之，一切让客人不能集中精力吃东西，使他们分心的事都不要鼓励他们做。而对于呼朋唤友而来的客人，为了减少在餐厅里的社交活动，比如聊天的时间，我们不但可以提高一些快节奏音乐的音量，同时在墙面上少使用吸音材料，让环境相对的嘈杂。同时把空间尽量的开敞，降低私密性。也如麦当劳一样，把座椅换成稍微硬一点的，或者靠背矮一些的。这些手段都可以让大家吃完就走，不作久留。

那么假如在高档餐厅的环境里，我们尽量多的使用间接照明，造成柔和的灯光氛围，到处放置油画、植物、遮光帘、软包和蜡烛，在这样的环境中无论是谁，都很难做到狼吞虎咽地吃东西，我们会在私密、轻松、优雅的环境中沉下心来，慢慢享受自己的晚餐，这些因素不但会让我们在餐厅待更多的时间，也会让我们吃下更多的食物，喝下更多的酒。

相反，在吃饭价格一次性包死的自助餐厅里，我们要做到灯光明亮、音乐节奏快、环境开放、总体色调对比强烈、环境噪声相对大一些、桌椅硬一些，只有这些环境因素相互配合，才能有效地影响到客人，提高用餐速度。

## 8. 文字

前面介绍了餐具、灯光、音乐、服务策略（翻台前不收拾餐桌，设置厨师档口）等。我们接下来要介绍一下文字的力量。

在自助餐厅的一个营销海报里的文案是这样的：¥99元，让你吃到饱！这条文案很普通，可是这里面有什么心理学玄机吗？在行为心理学中有个概念叫作“触发”。比如金钱或与金钱相关的符号，会触发人心中的许多概念和情绪。营销专家凯瑟琳·沃斯在研究中发现，金钱的符号会触发人们自私的状态，不愿意请人帮忙，也不愿意帮助别人，同时，会比较想独处，独自工作，不太合群等。你看现在餐厅海报上的文案中的金钱符号“¥”会触发客户的自我中心的情绪，不太愿意来人多的餐厅吃饭，同时也不太会呼朋引类的招呼朋友一起来聚餐，这其实是和餐厅老板的目的不符的。所以我们也许应该把海报的文案改成“99吃到饱”。（其实我不确定中文环境里¥符号的触发作用有多强，文中所述只是举例子。）

其次，在自助餐厅里的菜品旁边，都有一个介绍菜品的小牌子，比如：土豆泥、烤羊腿等。科学家们早就发现高认知模式的文字对客户的行为和选择有影响。举个例子：科学家们把同样的巧克力蛋糕，起了三个不同的名字，然后分给实验小组品尝。一个叫巧克力蛋糕；一个叫比利时黑森林巧克力蛋糕；一个叫比利时黑森林双倍巧克力蛋糕。在这些实验对象吃完蛋糕后，科学家请他们填写对三种蛋糕味道的感受，结果比利时黑森林双倍巧克力蛋糕的得分最高。你看，这个实验充分说明了为什么小米手机会强调他们的 304 不锈钢（造不锈钢锅的不锈钢），为什么有些化妆品的成分里写 $H_2O$（水）。

同样的道理，当我们想影响客户更多的消费某一种菜品的时候，难道不应该给它一个高认知模式的名字吗？比如：比利时黑森林双倍浓香吊汁娃娃菜。

之上说的很多方法，许多餐厅都已经在使用了，而且很多的规则可以反向推导，用在高端餐厅的运营当中。比如：自助餐厅让客人尽快用餐的方法，反向推导就可以为高端餐厅提高业绩而服务，其实精明的餐厅老板都知道，经营盈亏的差距在客人点菜前就决定了。

2016.11.27

## 为什么简洁是美的？什么是简洁？又该如何定义简单？

以前我在文章里说过，简洁就是对复杂的管理。而我们生活中看到简洁之物，不免赞叹，真美！即便是在非常理性的哲学领域，科学家也会描述一个公式之美为：简洁，优雅。可为什么我们觉得简洁是美的？美在什么地方？

大学时老师告诉我说："简洁不等于简单。"后来在利郎男装的广告里见到过这句话："简约而不简单。"可是什么是简单？什么是简洁？中间的差别在哪里？"因为简洁能给观众更多想象的空间？"有小伙伴这样回答。对，这是答案之一，是我们设计审美视角的。那么，你的答案是什么呢？

在往下看之前，请你花 10 秒钟考虑一下这个问题，然后整理一下你的答案，再继续……

好吧，我想先讲三个故事。

故事 1：烟灰缸。

假设你买一个烟灰缸，花了八块五毛钱，在路边的小店买的，是一个极其普通的、玻璃的，甚至略丑的烟灰缸。八块五毛钱就是它的价值，其中四块五是利润。那么，我们现在假设这个烟灰缸被埋入地下，一直保存到一千年以后，被当时的人挖掘发现，请问一千年以后，这个烟灰缸值多少钱？我想大概至少要翻一万倍吧？八万块钱是要有的吧？因为它变成文物了啊。想象一下我们现在找到一个宋朝的喂猫喂鸡的小破碗，也不止八万块钱啊？

如果我问你："同样一个东西，为什么一千年后价值会发生了一万倍的变化呢？"这个时候你可能会回答："因为它成了文物啊，文物当然要值钱啦？"如果我再追问："为什么文物值钱呢？"你可能想回答："因为时间久远啊，可以反映一千年前的很多信息啊。"好了，我们先搁置起这个问题，看下一个故事。

故事 2：法拉利。

假如一个富二代开着一辆法拉利跑车去飙车，当！不小心撞到路墩上，把车撞坏了。4s 厂家的人来看了后说，这辆车报废了，没法修。于是这辆一千万的车，只能当废铁处理。现在只值一万块了。请问这辆法拉利撞坏后，在物理属性上、化学属性上并没有任何改变，金属还是那些金属，塑料还是那些塑料，橡胶还是那些橡胶，当富二代把车当废铁处理的时候，你会发现连车的重量也没有任何改变。可是为什么它的价值损失了一千倍。到底是为什么呢？那么，它的什么被摧毁了，造成了价值暴跌 1000 倍？也许你会回答："功能！"可是功能是什么？你也许会回答："使用价值。"那价值来源于何方？你也许会回答："价值就是它既可以代步又可以泡妞。"**代步泡妞，又回到功能上了，这是语意重复，并没有回答这个问题。**

好吧，就让我们重回那个撞击现场：就在撞击那一瞬间，车里的金属零件、塑料零件、化学零件的物理属性并没有变化，只是它们由于撞击，零件之间的排列顺序改变了，它们扭曲了、变形了，外观的形态也变得无序了，所以这辆车报废了，即便它的物理属性、化学属性、重量都没有任何改变。由于撞击，法拉利汽车从里到外，它的有序性急剧下降，原来是非常有序的按照特定信息排列的物质、零件、形状比例，在撞击后被破坏掉了，它报废了，它变得不再有价值了。也就是说信息（信息本身就是一种次序）被破坏掉了。**所以，是什么让法拉利有价值？当然是信息！法拉利特有的信息，让法拉利不同于比亚迪的特有的信息被破坏掉了。**

故事 3：曹雪芹。

好多人都看过《红楼梦》，对吧，曹雪芹先生用他半辈子的心血，一生的人生感悟和非凡的写作技巧，凝固成了这一本书，而我却只用一周的时间就看完了这本书。曹雪芹先生大约用了十万个小时，把《红楼梦》这个原本存在于他脑海里的故事写出来，把这个信息或者叫作想象，输出了出来，我用了一百个小时把它看完，把这个信息接收进我的意识和记忆，那么对我来说《红楼梦》这本书的信息比例就是：一千比一（100000 小时 ： 100 小时）。同样，我用三百分钟的时间来写这篇文章，你用十分钟的时间看完，那么这篇文章的信息比就是三十比一。如果我们之间随便闲聊一些信息量不大的话题，我一分钟说完，你也是在一分钟里听完，那么这个时候我们聊的这个信息比就是一比一。现在想想，拍了三年的《阿凡达》你只用三个小时就看完了，它的信息比是多少呢？

下面就让我们带着信息比的思绪回到第一个烟灰缸的故事，我们来寻找为什么一千年后烟灰缸的价值暴涨？如果我们用信息比的视角来观察这个烟灰缸，那么当下的时间，这个烟灰缸，我看到它的时候，它向我输出展示了几乎全部的信息，它对我的信息比接近于 一比一。但是，同样是这个烟灰缸，在一千年以后，它在物理属性上没有任何的改变，千年以后的考古学家看到它，会解读出很多关于我们这个时代的信息。比如工艺水平，审美倾向，整体社会的生活水平等，其实对于千年后的人来说，它输出的信息比改变了，由原来的一比一变成了现在的一比一千，所以这才是真正让这个烟灰缸在一千年以后有价值的原因，是它背后隐形信息量的改变，这种信息量的增加带来了价值的增加。

——————至此您已经阅读了本篇全部内容的1/2

那么我们在回到最初的问题：**简洁为什么是美的？**其实答案在刚才那三个故事里，关键因素就是：信息比。

**信息分成两种，一种是显性信息，一种是隐性信息。**我第一眼看到一个美女："哎哟，真好看，大美妞。"这是显性信息，是可解读信息。那么这个大美妞的性格、教育、谈吐、基因、健康状况等，这些相对来说是隐性的信息。显性信息的背后有多少隐性信息？也就是说，显性信息和隐性信息的信息比，决定了它有多美，或有多少价值。

比如说之前提到的法拉利车，外表上看起来它非常的简洁，时尚现代，动感，这些都是显性的信息，而它里面的结构，它内部从选材到结构，按照特有的信息和方式组合这些材料和结构所形成的次序，就是它的隐性信息。而撞击不但让这辆车的显性信息受损，更重要的是车的隐性信息被破坏掉了，也就是说车的信息比由原来的一百比十万变成了十比一百，由于信息比的暴跌，所以车的价值暴跌。

再比如说苹果手机，非常美，非常简洁，你从它表面上看到的信息量并不多，但它背后隐藏着多少信息？隐藏着多少整个人类社会的分工合作与智慧？其实，这种大规模知识体系集成而制造出的产品其中的内部信息是海量的。按照信息比的方式来理解，如果它的表面信息是一，那它背后的隐形信息可能是十万。

**我们仔细想一想，所有简洁之物，美好优雅之物，都有这样的高信息比的属性和特质，它们都有一个强大的信息比。（其实人也一样，一个好玩有趣，有学问的人，你会觉得他是很好的人，也必然是高信息比的。）**

同样，这也是"简单"和"简洁"之间重要的区分。**简单是信息量很低，显性信息和隐性信息之间的信息比很接近，甚至是一比一的比例。简洁是表面的显性信息量非常少，背后的隐形信息量非常庞大，信息比非常高。你有没有发现，大自然的造物，都是简单的，而简洁这个词只是用来形容人类这个物种所创造之物，**其实这就是"信息"在世界当中的分布问题。在宇宙中能量按照一定的结构和次序凝固成物质，由基本粒子到原子再到分子再到细胞、植物、人类、社会。是信息组建了这种结构和次序。

但凡是信息都是有序的，就像是音乐和噪声的区别，可是按照热力学第二定律，宇宙中的无序（熵）是永远增加，不可逆的，这意味着信息在世界里是有限的，稀缺的。

提取信息也需要信息（知识解读知识），对一个生活在地球上的原始人而言，他全部的知识来自于遗传本能，和其他动物没有区别。对这个原始人而言，所有可提取的信息都是珍贵的、稀缺的、对生存至关重要的，就像是卡路里一样的珍贵。想象一下，对于一个永远吃不饱饭的原始人而言，一千克的蔬菜和一千克的肉放在眼前，原始人一定优先选择吃肉，原因很简单，相同重量里，肉的卡路里和蛋白质含量更高，其“热量比”更高，**同样的道理，人类进化的本能就是要求我们嗜好“信息”，要求我们嗜好“高信息比”。就像基因要求我们嗜好“高热量比”的食物一样。我想这也就是你为什么喜欢聊八卦，需要看新闻，天天抱着微信看的原因之一。**

人类是厌恶复杂的，复杂意味着无序凌乱，提取信息的效率非常低，所以人类喜欢简单，简单可以提高生存效率，**而人类审美的基础设置就是：凡是有利生存的都是美的。** 无论各个民族文化上的审美构建有多么的不同，这个底层设置不会变。比如，我们汉字里的“美”字。你看，古人觉得什么美？“羊大”为美，因为俊美的大山羊代表着食物美味，有利生存。

同样，为什么不同肤色的男人都会喜欢皮肤好的女生？腿长的女生？胸臀丰满的女生？因为皮肤好表示身体健康，抵抗力强，腿长的女生长跑起来更有优势，有利于追捕猎物和躲避危险，丰满的女生生育能力强有利于下一代的生存。你看所有的基础性的审美都和有利于生存有关。**因为“简洁”可以有效的高度地概括信息（高信息比）又能有效的快速的展开信息。所以“简洁”一定是有利于生存的。所以我们与生俱来的就会有偏好简洁的审美倾向。**

好了，我们从烟灰缸和法拉利的故事对比出了“信息”的增加和减少会带来什么。接着我们又聊到了显性信息和隐性信息的“信息比”，揭示了简洁之物必然是高信息比的。接下来我们又用信息比的尺子衡量了一下什么是简洁，什么是简单。最后我们聊了什么是美，以及美之为美的所以然的底层基础，最后导出了为什么我们偏好简洁之美，为什么我们会觉得简洁是美的。

好了，以上内容是我个人的一些脑洞，你在别的地方可能看不到我这样的解释。同时这也就意味着它很有可能是错的。错了又怎么样呢？即使是对的，知道了为什么简洁是美的又有什么卵用呢？好吧，只是我的好奇心不允许我接受只有一个角度的答案而已。

2016.4.25

# 第七堂课 行业思考

DESIGN AS A PROFESSION

LEARN TO BE A DESIGNER

HOW TO CONVINCE THE CLIENT

HOW TO RUN A DESIGN STUDIO

TEAM MANAGEMENT

DESIGN PSYCHOLOGY

RETHINKING THE DESIGN PROFESSION

# Rethinking the Design Profession

# 室内设计行业还有前途吗?

“老岳，我有个表弟是学设计的，大学刚毕业，问我这个行业前景怎么样？虽然我也做设计三年了，但一直就是一名小设计师，普通从业者，我也不知道怎么回答他，反倒是自己偶尔会担心设计行业未来会不好。室内设计未来的前景到底会怎么样？我们设计行业会不会像出租车行业一样被互联网颠覆掉呢？”小梅说。

“老规矩，还是先从故事开始吧。前年的时候，我一直想把我的公司搬到深圳去，于是深入的拜访了深圳几家很不错的设计公司。我发现有些公司里存在着一些很低级的管理问题，甚至一些管理问题呈现的方式都非常可笑，我当时比喻为：管理水平低于一家连锁美容美发机构。于是在之后的很长一段时间里，我愚蠢且自信满满的认为我的管理水平高于这些颇具名气的设计公司。直到后来我去做智能硬件，我才对这个事有了新的反思。

进入互联网行业后，切换了一个场景和生存状态，一方面看到有人用一两年时间就能把一个公司做成了估值十亿的独角兽，也看到这个十亿估值的公司可能明天就在竞争中落败导致覆灭，我还看到更多的公司，方生方死，速生速死！这个行业速度太快，一个创业团队死亡才是正常的大概率事件，一个团队活下来，能被市场认可反而是个小概率事件。

当我看到互联网创业圈普遍这么低的存活率时，我回顾了自己在室内设计行业这么多年的经历，**我发现设计师好像是个饿不死的神奇职业，**我认识的设计师，无论水平多么低，甚至没有任何专业技能，哪怕是业务员转行，也都能在这个行业里混得下去，甚至随着年龄增长混的还非常不错。于是我在想，为什么？为什么互联网行业如此残忍，而室内设计行业却又如此宽容？

我的科技公司合伙人老王曾经讲过，他从创建酷巴网开始做电子商务，很短的时间里就把公司从零做到一千七百人，每年三十多亿的产值，直到 2010 年被国美收购的故事。我在想，从事室内设计的公司有可能这样高速成长，价值爆炸吗？为什么互联网公司增长的速度和空间都是无比巨大的，同样也是无比残忍和动荡的？可为什么设计公司没有这样的成长空间和速度，但是我们这个行业总体上是温情脉脉和宽容的？我想这一切的原因就是：生存系数。

比如，你觉得卖矿泉水的农夫山泉和现在如日中天的苹果公司，谁最有可能会在十年后消亡？如果农夫山泉自己不犯错的话，农夫山泉活下去的可能性远高于苹果，因为十年前的诺基亚做梦也想不到今天世界的变化，谁敢保证十年后我们还用手机？可是，我可以肯定的是，十年前我们要喝瓶装矿泉水，十年后我们依然要喝，而且经济越发达，饮用水的瓶装程度就越高，需求越旺盛。**你看，这就是不同的行业的生存系数不一样，农夫山泉很土，可是生存系数很高，而苹果公司很高大上，可是它的生存系数远低于农夫山泉。**农夫山泉不像苹果那样的性感，聚集资源那么快，可是农夫山泉的生存系数会一直高于苹果公司。

苹果公司目前是世界上市值最高的公司，苹果一刻不停地创新，对新产品更是一刻不能松懈的研发，他们害怕会有一家公司像他们当年颠覆诺基亚一样的颠覆自己。而农夫山泉呢？他们创新什么？难道要重新发明矿泉水？如果这样，他们的水恐怕就不会有人喝了，这就像是当年可口可乐公司改动了可乐的配方，造成了大家都不愿意喝新款可乐的重大的产品危机一样，农夫山泉的创新，基本都会集中在品牌和营销这两个方面。

再比如，我曾听一名理发师说：只要我还可以剪头发，只要人还需要剪头发，我就饿不死，我永远有饭吃……你看只要人需要剪头发，只要人还分男女异性，人就永远有美容美发行业。还记得股神巴菲特投资了吉列剃须刀公司后怎么说吗？“每当我在晚上入睡之前，想到明天早晨全世界会有二十五亿男人不得不剃须的时候，我的心头就一阵狂喜……”

——————至此您已经阅读了本篇全部内容的 1/2

那么行文至此，我们是不是可以在以上的例子中发现一个趋势：**生存系数高的行业，行业环境也比较稳定和温情，行业里知识增长的速度不快，甚至是停滞的，行业面对的市场规模也非常稳定，都是在正常的范围内波动**。比如民以食为天的餐饮，前文提到的美容美发等这些基础性的行业。**生存系数低的行业，行业环境凶险残忍，你死我活，行业里的技术标准迭代速度非常快，知识的总量呈现爆炸状态，行业充满了动荡和飘摇以及英雄和传说**。比如高科技企业，比如互联网企业。

同样，如果拿这把尺子去衡量企业呢？生存系数高的企业挣钱相对容易，但都是小钱，起码饿不死，企业里不需要什么太多的创新，更多的是强调执行，因为路径几乎固定了，不需要你去浪费时间和资源，去走前辈早就走过而且被证明是不可行的路了。生存系数低的企业挣钱非常难，很可能不但不挣钱而且特能赔钱，企业里不停地创新、不停地折腾，企业经常搞一百八十度的大掉头大转弯，一切都只为活下去，于是管理、战略、执行，十八般武艺样样都要精通。

那么人呢？人能用生存系数的尺子衡量吗？（希望这个问题你能自己思考。）

了解过“生存系数”这个概念后，我们可以来讨论文章开头提出的：草根如我，为什么会觉得深圳的好多偶像级的公司管理的并不好？是的，在现象上看，他们的治理水平不算高，但这只是表象而已。而我的愚蠢之处就在于，当时只看到了表象，然后洋洋自得，没有追问一个问题：**为什么他们管理的不如我，还比我优秀那么多？**当我开始问自己这个问题的时候已经是一年后了。

首先，**作为一家设计公司，竞争关键要素不是公司管理水平，而是公司专业水平**。其次，**深圳的设计公司的生存系数比我高，正因为生存系数比我高，所以他们不需要这么重视管理，也能活得很好。**

比如，深圳的设计师平均水平肯定是高于济南设计师平均水平的，我们找到平均水平低的人，要一面培训，一面建立严格的流程，要用管理的手段去弥补水平差异带来的弱势。比如，深圳这种一线城市的设计师，非常天然的对整个中国的市场就有辐射和影响能力，而我们在济南没有，所以只能更努力地去学习实践营销和传播，拼命地让我们有业务做，努力地活下去！比如，深圳相对济南来说是设计高手如云，所以深圳好多公司的制度设计、薪酬体系的设计、员工情绪的管理没做好，是因为相对的找一个高水平的人还是成本低，而我们在济南，发现一个人或者培养一个人，成本高的要死，我们非常担心核心骨干的流动，所以我们在人力资源和内部分配上都非常非常的重视！为什么？不就是因为人比一线城市更难找吗？

你看，**正因为我们的生存系数太低，需要用这些所谓的管理去替代和弥补自己的劣势**。然而，深圳公司天然的生存环境就优于我们，生存系数也高于我们，他们已经生存得挺不错的了，所以不用像我们一样抖那么多机灵才能活下去！你看，当年秦代宰相李斯的老鼠版地理决定论，又一次的解释了我们公司的生存状态，所以：**环境大于努力**。

现在我们回到我们最核心的问题：室内设计前景如何？那么回答这个问题前，我们要来问另一个问题：室内设计行业的生存系数如何？**室内设计行业是一个生存系数高的行业！同时在这个行业里生存系数比较高的地方在一线城市！**

室内设计这个行业生存系数高，意味着这是一个基础的、稳定的行业，很难被颠覆。同时这也意味着，行业里不会出现寡头型的企业，大家虽然都能活的不错，但想做大非常难。

如果你热爱设计，你的梦想就是岁月静好，一心钻研，立志做大师，那么这个行业非常适合你，你可能挣不到什么大钱，可是随着年龄的增长，你总会过的越来越好。既然室内设计是一个基础性的行业，也说明这个行业的门槛不高，所以这个行业一直会比较混乱。也就是说，如果你的梦想是创造一个五百强企业，打造一个庞大的强势实体，成为富可敌国的人或者你梦想着改变世界，对社会乃至全人类产生巨大的影响力，那么我觉得室内设计行业不适合你，这个行业满足不了你的雄心，因为这么一个稳定和基础性的行业，少有动荡和爆炸的空间。

既然这个行业的生存系数是高的，那么这个行业将来会好吗？会好！随着经济的发展，技术的进步，整个社会对设计的需求都会不断增加，当然也包括室内设计，所以这还是一份前景光明、稳定、温情的职业。

2016.11.6

# 虚拟物种

## 1. 抽象虚拟

大约在三万到七万年之前，整个地球上生活着很多的人种，如尼安德特人、安德鲁人等，我们的祖先智人只能生活在东非大草原的一隅之中。突然有一天，智人的 DNA 分子结构中，某个位置分子的排序方式发生了改变。“叮咚”一声后，一个新的时代开启了，我们走出了低等生物的伊甸园，一跃成了万物灵长。这个基因的小小改变就像是在我们昏暗无边的脑海里升起了太阳一般，我们人类文明的起始就应该是在这一刻。

其实只是一个小小的 DNA 排序的改变，**我们的大脑获得抽象虚拟的能力**。按照世俗的说法，就是我们学会了讲故事，我们会忽悠了。我们可以抽象、想象、描述出这个世界不曾有过的东西。

举几个例子：

语言。一般的动物都有自己的叫声，比如猴子、鸟类可以描述："危险，有熊来了。"而人类在认知革命后不但可以说："危险，有熊来了。"还可以说："熊是我们的保护神。"你看，在这个唯物的世界中不曾有过的虚拟概念——神出现了。同样，人还会对小朋友说："哭？再哭拿你去喂妖怪……"在这个世界除了人，没有动物可以在具象的世界中抽象出一个纯虚拟抽象的概念。

抽象。再比如我们前文所说的"熊"。其实，在自然现实中，你是找不到什么"熊"的，一旦出现"熊"，那必然是大熊或小熊、白熊或黑熊、短尾熊或树袋熊，唯独不见这个"熊"，因为连"熊"都是一个抽象概念的集合。再比如，自然界中何来的数字，又何来的几何图形？又何来的点线面？其实**这些二维的图形是虚拟和抽象出来的符号，这些符号和文字奠定了整个人类文明的基础**。

计划。同样，正是由于有了虚拟抽象的能力，我们也拥有了想象世界上所不曾有过的事物的能力。于是计划和设计成为了可能，人类开始了造物时代，我相信，人类第一个天才的设计师就是在那个时代发明了轮子。

## 2. 道金斯

英国的生物学家道金斯在他的《自私的基因》里提出一个观点：人不但有生物基因，也有文化基因。比如：在人种学上，人只有一个种，就是人！而白种人、黑种人、黄种人不过是人的亚种，就像是狼和狼狗的关系一样，在基因上完全就是一个物种，基因交换没有阻隔。（驴和马就不是一个物种，虽然在人的强制下可以生出骡子，但是骡子无法繁殖后代，跨越不了基因阻隔。）

那么我们常说的欧洲人、非洲人、印尼人、中国人的区别，并不是生物种属意义上的，之所以有这样的区别，是因为文化基因的不同而导致的。可是，人为什么要在生物基因之外，再搞出一个文化基因呢？

好吧，让我们再扯得远一点，先看看生物基因的故事。

某种意义上，生命只不过是基因的工具和载体，生命是有限的，基因却在追寻永恒，就像鸡不过是蛋的运载工具。再比如单细胞的微生物已在地球上存在了几十亿年，这些生物的寿命也有几亿年了，因为它们的生殖方式是分裂，从一个细胞变成两个，以此类推，指数级的繁殖下去，它们几亿年前和现在的是一样的。我们知道这种单细胞生物几乎是没有变过，只不过弄不清楚他们之间的辈分，因为他们是复制的，他们的基因从某种意义上来说就是永恒的。可是一成不变的基因复制，对环境的适应度还是被锁死的。于是，**生物的进化，需要靠基因的突变。变好的，环境适应度提高；变得不适应环境的，被自然淘汰。**

接下来我们来看“生物闸门”这个概念。

这就像是有一扇进化的闸门一样。一个物种，如果是个小圆球，这个圆球通过基因的突变控制自己的大小，有些圆球变大了，有些变小了，有些变扁了。当这些圆球遇到一个自然随机的闸门的时候，只有和闸门形状最一致、最匹配、最大适应度的圆球才能通过这个闸门。太大了不行、小了也不行、椭圆的可以、正圆的不行，没有通过的圆球就要被自然选择淘汰。

想一想，如果你是追求永恒的基因你会怎么做？首先，基因一定会想办法来获取多样性，因为只有多样性才能保证基因种群里可以突变出来通过闸门的物种。那么怎样才能更快获得多样性，指望自然的随机突变？当然可以，但是这太慢了，生存风险非常高。于是，基因在五亿年前的寒武纪，开始了两性的繁殖，这加快了基因突变的速度，因为基因的交换带来了巨大的差异性，从而极大地提高了基因本身的生存能力和存在度。

其实，两性繁殖的人类在七万年前，也就是认知革命开始前对环境的影响和改造能力，不大于一只章鱼或者一只小鸟，但是认知革命开启了人类虚拟的能力，从此这个星球的地貌都被我们改变。一次偶然的基因突变给了人类这个伟大的能力，于是我们开启了文明的序幕。

————至此您已经阅读了本篇全部内容的1/4

正因为我们有了文化基因，这种虚拟出来的脱离了我们肉身的基因，进化和突变的速度远远高于我们肉身基因进化的速度，让我们在认知革命开始后的几万年的时间里，从一种毛茸茸的裸猿，一跃而成为自然界中食物链的顶端。这个过程实在太过迅速，从而让整个自然界无从适应。而《人类简史》中所讲的老虎、狮子用了几百万年、几千万年才进化到了食物链的顶端，这么长的时间跨度里，自然有足够的时间来协同进化，让兔子跑得更快，让羚羊跳得更高，使整个生态是平衡的。

而自从智人获得进化优势之后，我们的祖先灭绝掉了地球上所有的其他人种，包括我们中学课本上所说的北京人和元谋人的后代。从此地球上只剩下一种人——智人。我们黑种人、白种人、黄种人都是智人的亚种。

## 3. 凯文・凯利

你看，生物基因上我们不是最强最有力的物种，但是在文化基因的帮助下，我们一路打杀一跃成为万物灵长。这就好比地球这个大游戏里，所有的动物都在同一套游戏规则下练级，突然东非地图上的一群猴子开了外挂，突然爆级，杀光了所有的怪物，在这个游戏中取得了接近于神的地位。

在凯文・凯利的《技术元素》中，凯文・凯利把人类所有的故事、价值观、符号、时尚、技术等这些可以复制传播的元素统称为技术元素，也就是文化基因。人类本身就是一个外挂物种，我们从动物身上取得皮毛，延伸我们的皮肤和毛发；我们制造工具，用棍子做武器，延伸我们的手臂；我们种植小麦，延伸我们的胃，获得稳定的热量；我们发明电话，延伸我们的口耳；我们发明电视，延伸我们的眼睛。从某种意义上说，我们的肉身也是被这些物质再次包裹起来，从衣服到房子到城市，这种包裹无处不在，莫不如此。

那么，同样，我们的基因也需要包裹物。而文化基因就是生物基因的延伸和包裹。某种意义上，文化基因的复制性、保真性更高于生物基因。比如，两性繁殖交换基因，子代拥有父母各 50% 的基因，也就是说每一次基因传递都会有一半的基因损失掉。想想吧，孔夫子的八十代传人身上拥有多少孔子的基因？2 的 80 次方，基本上像水一样稀释了。**可是，孔子的文化基因在两千年之后基本和两千年前变化不大，而且这种文化基因，已经播入了我们华人世界几十亿人的载体之中，即使再过两千年，孔子的文化基因依然会存在。**

总之，文化基因就是人类开挂的方式。**我们的虚拟、想象，带来了文字、神、哲学、科学、技术，这一切都是文化基因在代替生物基因快速的进化，于是，我们说这是一种科技代偿。**

如前文所说，我们捕猎动物获取皮毛延伸我们的皮肤；我们开始农业革命连接植物延伸了我们的胃；之后我们连接化石能源，延伸了我们的肢体。在石器时代人能调动的力大约相当于 1/4 马力，直到农业文明开始，工业文明之前，人均能调动的力始终不超过一马力，也正是这人均一马力使建造城市和金字塔成为可能，同时，这也意味着如果大规模的建造，必须要靠大规模的奴役他人。其实在工业革命到来之前，人类相互奴役的悲剧在任何地方都发生过。但目前为止，我们人均可以支配二百马力的力量，于是，人类之间相互奴役的事件大规模的下降。你看，本质上文化基因带来的技术解放了人类。

那么，现在这个互联网的时代发生了什么呢？我们人类终于可以连接信息、连接彼此了。如果说之前发生的一切技术进步都是在延伸人类的肢体语言的话，那么这一次的技术进步就是有史以来第一次技术延伸了大脑本身，我们可以获取计算能力的外挂，这种计算能力是依附于个体之上的，按照摩尔定律：十八个月，价格低一倍，能力翻一番。

## 4. 新器官

1946 年，美国诞生了世界上第一台电子计算机，是个庞然大物，又耗电又笨拙，有三十头大象那么重，据说它一开机整个城市的灯光都会黯淡。但是，接下来，摩尔定律接管了这一切。计算机每十八个月就在性能上翻一倍。于是，计算机芯片的小型化，逐渐让我们拥有个人电脑、笔记本电脑和智能手机、手表，乃至智能眼镜等。

其实从这个演化路径上来看，可以非常鲜明地看出，外挂的计算设备越来越小，越来越趋近、走向人。也就是说，计算资源，离我们一段距离的庞然大物，逐渐到了我们的桌面上、手上、眼睛上。这个路径非常清晰地勾画出未来的走向：**计算设备，将逐渐地与人结合，最终内嵌入肉体消失在我们的身体之外。也就是说，我们将真正的人机结合协同进化，我们的这个外设设备最终成为我们的一部分，一个人体的新器官，我们通过这个新器官获取信息，并获取处理这些信息额外的计算资源，就如我们其他的感觉器官一样。**

——————至此您已经阅读了本篇全部内容的1/2

## 5. 新器官不耐受

我们现在习惯性地把真实的由量子这种基本颗粒组成的物理世界叫作量子世界，在这个世界里，我们人的速度远远低于光速。而那个由最小的信息传输单位“比特”虚拟出来的世界我们叫作“比特世界”。在这个比特世界里，我们的移动速度就是光速。我上一秒还在跟加拿大的妹子聊天，下一秒就在回复我海南岛的客户了。而我的肉身在济南，一会儿之后我又订了一箱云南的橙，而每次切换一个信息对话的场景，我都有一个虚拟的身份。我们在这个虚拟的世界里瞬间转移，我可以访问在几万千米的外太空开放出的一个摄像头，也可以听地下酒吧歌手的新专辑，在这个比特世界里，没有什么可以限制我跨越空间和时间的移动。

众所周知，我们生活的量子时空是四维世界，有三个空间纬度和一个时间维度，**而人类的比特世界就是在此基础上虚拟出的第五个维度。我们就如以往用人造物包裹身体，用技术文明包裹基因一样，我们人类也用比特维度包裹了我们的量子维度，使我们文明进化的速度更快，适应度更高。**而我们现在的手机就是我们的新外挂器官，我们用这个器官来感知那个虚拟出来的第五维世界，那个比特世界。于是，我们每六分钟就会拿出我们的手机来看看，这哪里是信息上瘾，这分明就是对新器官的免疫性的不耐受，你对新器官痒嘛，于是每隔六分钟挠一下痒！

于是，新的器官带来新的体验维度，新的体验维度改变这些旧的状态，于是这几年大家的互联网商业的焦虑，其本质就是如此，体验和习惯发生了变迁。

## 6. 未来已经发生

2015 年，谷歌所支持的 magic leap（魔法飞跃公司），完成了一轮 8.7 亿美元的融资，总计融到 14 亿美元的现金。这家做现实增强的（也就是 AR 技术）的公司成了全球估值最高的初创公司。

好了，下面让我们来看一下这家公司要突破的技术方向，即“裸眼现实增强”。这种技术可以将虚拟世界和真实世界无缝集成，将真实的环境和虚拟的物体实时地叠加到同一个画面或空间，使其同时存在。而 VR 技术，则是虚拟现实，三星新出的 Gear VR 眼镜就是基于此技术。这款眼镜可以提供给使用者非常棒的游戏和全屏视频体验，说到这，你是不是也想起《三体》第一部中三体游戏的情节来了？是的，这款眼镜就可以体验到这种全息游戏。

现在，你是不是对什么是 AR、VR 晕晕的？其实还有一个是 MR 呢，下面借**“啊哈时刻（公众号 ah-ha-moment）”**的推送给大家解释下这三个概念。

### 什么是 VR

虚拟现实 (Virtual Reality，简称 VR)。是利用电脑模拟产生一个三维空间的虚拟世界，提供使用者关于视觉、听觉、触觉等感官的模拟，**让使用者如同身临其境一般，**可以及时、没有限制地观察三度空间内的事物。VR= 虚拟世界。设备代表：Oculus（傲库路思，已被脸书收购）。

扎克伯格希望最终将 Oculus 的虚拟现实技术变成社交网络。但 Oculus Rift（一款为电子游戏设计的头戴式显示器）最初主要用于游戏。这款设备将提供名为 Oculus Home 的软件界面，这是该设备的核心，可以在那里浏览、购买和运行游戏，还可以与其他玩家互动。除此之外，该公司还将提供一个二维版界面，以便在没有眼罩时使用。简而言之，Oculus Rift 是放置于你脸上的一个屏幕。**开启设备后，它会欺骗你的大脑，让你认为自己正身处一个完全不同的世界，**例如太空中的飞船上，或者摩天大楼的边缘。该设备有一天可以让你置身于实况篮球比赛的现场或者躺在沙滩上享受日光浴。

什么是 AR

增强现实（Augmented Reality，简称 AR）。它通过电脑技术，**将虚拟的信息应用到真实世界，**真实的环境和虚拟的物体实时地叠加到了同一个画面或空间同时存在。**AR= 真实世界 + 数字化信息。**

设备代表：HoloLens（全息眼镜，微软出品的一款虚拟现实装置）。全息眼镜由微软公司于北京时间 2015 年 1 月 22 日凌晨与 Windows 10 同时发布。**可以投射新闻信息流，收看视频，查看天气，辅助 3D 建模，协助模拟登录火星场景，模拟游戏。**很成功地将虚拟和现实结合起来，并实现了更佳的互动性。使用者可以很轻松地在现实场景中辨别出虚拟图像，并对其发号施令。

什么是 MR

混合现实（Mix Reality，简称 MR）。即包括增强现实和增强虚拟，指的是合并现实和虚拟世界而产生的新的可视化环境。**在新的可视化环境里物理和数字对象共存，并实时互动。MR=VR + AR= 真实世界 + 虚拟世界 + 数字化信息。**

设备代表：Magic leap（魔法飞跃）。目前还没有产品，所看到的让人吃惊的画面也仅为概念视频，并不是我们所想象的裸眼 3D，因为影像是要投到介质上的，只能说是一个让人惊艳的效果图，我们来拭目以待它的最终产品吧，毕竟是一家累计融资 14 亿美元，估值 45 亿美元的公司。

—（以上关于 AR、VR、MR 的注解来源于公众号：啊哈时刻。再次表示感谢！）

所以我认为下一代替换掉手机的，有可能就是类似的产品。这就是为什么谷歌、微软、索尼都在做这类产品的原因。好了，再看一个大家都比较熟悉的。

————至此您已经阅读了本篇全部内容的 3/4

这家餐厅是上海的紫外线餐厅（图 1）。

图 1 上海紫外线餐厅

大家可以看到，这家餐厅对视觉部分的场景多么的舞台化、场景化，一道菜一个场景，一个画面。于是，它的墙面、桌面全都是显示屏幕。

英剧《黑镜》第一部里也有对未来生活场景的描述，几乎和这家餐厅如出一辙（图 2、图 3）。

图 2 英剧《黑镜》中对未来生活的场景的描述

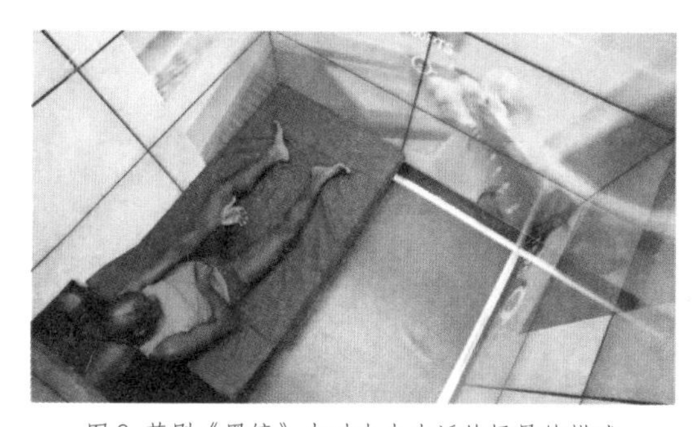

图 3 英剧《黑镜》中对未来生活的场景的描述

今年国际消费电子展展出的部分，已经发展到应用级别的技术，如智能镜子，还有这柔性的屏幕。以上这些都是不太成熟的技术，但是通过这一个又一个的点状分布的应用的技术，我们应该对未来的趋势有一个比较清晰的判断了。

## 7. 怎样改变设计本身？

前面说了六个大章节才绕回到老本行“室内设计”上，不过如果没有之前的六个章节，我只给大家一个结论的话，大家一定会觉得我疯掉了。

我以前没有接触过交互设计，但自己每天都会在手机上用有交互的应用。后来我经常会想，为什么我们做的室内的场景和设计全部都是自主性的，而不是交互性的呢？即使是花了很多钱铺满了最贵的大理石，依然如此。而之前介绍的趋势，从设备的器官化到与现实增强的技术的交流，带来了新的体验和新的商业逻辑，形成了新的业态。

**业态的改变一定带来行业所呈现的现象与之前不同。比如之前看到的，AR 对办公的交互影响。我们以后开会还是会像现在这个样子吗？我们的沟通方式和渠道的改变会不会让人与人之间的协作方式产生变革，这种变革会不会改变办公的方式？我们还要多少个隔间？我们还要有什么样的会议室？我们的组织和工作方式的游戏化将让我们未来的办公氛围产生什么样的变化？我们还会像现在这样装修我们的办公室吗？我们每个人又将在办公室里待多久？还是在家里或者其他第三场合的办公的时候越来越长？**

**再比如，我通过我的随身设备——比如手机或眼镜预订了一间酒店，从这一刻起酒店就展开了对我的服务。酒店从我的社交软件上读取并分析出我的喜好、我去过哪里、我喜欢什么菜、我喜欢什么口味、我现在的位置离酒店有多远、我喜欢什么交通方式、以现在的交通状况我要多久才能到达酒店、我喜欢什么气味、读什么书、喜欢什么故事等。**

记得吴声老师讲过，有一天，柔性屏幕的价格低到了墙纸的程度，我们的家里还要墙纸吗？家里如何装修呢？

那好，回到酒店的想象上：如果我们能在技术上做到个性化的分析用户的喜好（正如亚马逊现在所做的那样），那么，我们的酒店每次接待不同的客户都会提供不同的体验。

比如，你喜欢白色的禅意风格，那么你来到酒店通过你的眼镜设备看到的大堂的图像场景，你听到的背景音乐都是不一样的，甚至你完全可以在大堂看一场针对你个人的欢迎秀。去房间的路上一直会有虚拟出来的、只有你自己能看到的场景，服务人员向你介绍酒店的设施，去你房间的路上还会给你讲你喜欢的笑话。也许还会聊聊你的上一次旅行，打开房间的门，你看到的墙壁、地板也都是你喜欢的主题和风格的。当然，这些场景也都是你的眼镜投影在你的眼睛上的。你也会发现你喜欢的照片，你朋友、家里人的合影也出现在墙上的画框里。

所有的电器、灯光、窗帘都支持手势捕捉和匹配，这就像魔法一样的隔空遥控。想象一下，你对着窗帘滑动一下，窗帘就会自动打开或关闭。好了，现在的晚餐准备好了，是之前根据你的口味偏好向你推荐并确认的。当然你喜欢的场景也早已准备渲染好了，你听的背景音乐也是不同的，也就是说，虽然在同一间餐厅里每一个客人摘下眼镜看到的场景是一样的，就像这个场景里有裸眼 3D 一样，可是当你戴上眼镜看到的的确每个人都不同了。到了晚上入睡时，酒店里的兔顽科技智能床根据你的身高体重，颈椎腰椎的生理曲度，自动匹配出一个最适合你的软硬度和身体状况的床垫。想象一下吧，每个场所每一种服务都可以是一场秀，是一个故事，是一种体验，那么我们的生活将有多么的不同。

同样的道理，如果是一间商场，或者每一间巨大的购物中心中空的空间，都要上演堪比拉斯维加斯甚至太阳马戏团的大秀广告呢？也许我们可以随时和陌生人在这里来一场游戏枪战呢？

想一想，如果这些技术的应用可以做到，那么将会对商业的业态和整体的体验逻辑以及信息的传播起多么大的改变呀，也许以后电影会越来越向游戏进化，你会参与其中，也许，你我虽然在家里办公也可以相互看到对方，实时交流，天涯若比邻。

是的，如果这种技术的进化方向是确定的，那么我们室内设计一定不会是现在的样子，既然室内的背景和主题的变换频率变高，那么现在这种凹造型的，为了好看做造型的事会少。也就是说，我们会把立面当做幕布来处理，更多考虑光影技术的需求，我们会更环保，用的石头、木头会比现在少一些。同时作为一个设计师，有可能会对怎么施工，什么大理石造型的 N 个节点的画法等知识的需求会变得不太重要，反而是如何处理一个常见的互动和体验，如何用声光去塑造一个小故事和内容的能力变得比较重要。

作为室内设计这个行业的观察者，我希望我能给大家一个不同的视角来思考我们这个行业，希望能给大家启发！

2016.3.9

感谢以下参与预售的小伙伴（按姓名拼音首字母排序）：

AChao_Zc、AlMaha、Asher、cici、E.TANG 唐、Farah、Gavin Chan、hello 成、Jadedeco、Jambo Li、Joann.W、kael 陆、Leon、L 的 眼 袋、maggie xu、Raet、sunny、Tina 舒婷、Tom、tony_youn、w 殇樱、阿连、艾威颖、安澄、安建平、安梅、白、白帆、白景郡、白蕊、白文祥、白雪、白雁楠、包春辉、包鼎元、包明然、包娜、鲍晓、鲍鑫铭、鲍雪怡、毕胜勇、边峰、卞翔、宾宇、卜进宇、蔡北辉、蔡丹、蔡峰、蔡富、蔡鹤群、蔡慧敏、蔡俊涛、蔡梦、蔡木传、蔡牧原、蔡鹏辉、蔡少强、蔡伟森、蔡勇、蔡友德、蔡周楠、曹丹丹、曹恒、曹红、曹欢、曹磊、曹利、曹敏、曹庆帅、曹涛、曹伟、曹杨、岑幸、查丽丽、查皖锁、常亮、常志国、车育红、车源、沉海、陈安凡、陈安航、陈安均、陈本胜、陈灿、陈常华、陈超辉、陈陈陈、陈大龙、陈大伟、陈德宝、陈德远、陈迪康、陈鼎、陈东鸿、陈冬、陈恩兰、陈恩泽、陈放、陈芬、陈枫、陈广、陈国记、陈国强、陈国锐、陈海芬、陈海军、陈鹤一、陈宏辉、陈华才、陈晖、陈辉、陈惠、陈佳、陈佳龙、陈家杰、陈健、陈杰、陈静、陈静娜、陈俊伟、陈开平、陈克平、陈坤、陈兰婷、陈乐、陈磊、陈磊、陈黎虹、陈立奇、陈丽、陈利富、陈良忠、陈亮、陈林、陈琳、陈玲、陈柳椀、陈梅、陈明、陈明亮、陈妮、陈珀、陈琪威、陈麒向、陈强富、陈清雯、陈热情、陈蓉、陈如雪、陈箬箬、陈世钧、陈世龙、陈朔、陈涛、陈同学、陈铜林、陈伟、陈伟伟、陈卫丽、陈文强、陈文轩、陈稳玲、陈曦、陈喜灵、陈相江、陈湘才、陈祥坤、陈小辉、陈晓磊、陈晓旭、陈晓阳、陈孝辉、陈新明、陈鑫、陈雪娇、陈雪妍、陈妍、陈洋、陈耀轮、陈宜伦、陈艺伟、陈英毅、陈永劲、陈永生、陈勇宏、陈宥臻、陈宇坤、陈玉函、陈育蕾、陈昱夙、陈钰浩、陈则刚、陈掌柜、陈兆丰、陈哲、陈浙新、陈芝趁、陈植、陈志山、陈志鑫、陈忠科、陈众、陈仔妹、陈子墨、陈祖腾、成杰、成小林、程华伟、程锐其、程向群、程晓琳、程永璐、迟玉瑛、楚贤、次让桑州、崔凤、崔慧、崔佳、崔佳、崔军、崔鹏、崔雄伟、崔亚飞、崔兆亮、大宝、大默默君、大雄、大雁、大羽、代豪华、代金甫、代俊杰、戴慧珍、戴凯彦、戴轶、戴郑妮、戴中亮、党伟恒、党鑫、邓灿鑫、邓东林、邓海平、邓红梅、邓虎强、邓涓佑、邓陵衡、邓明发、邓千宇、邓赛、邓生、邓世海、邓伟、邓祥平、邓翔、邓学宇、刁显存、丁丹红、丁会龙、丁军、丁莉、丁善斌、丁田君、丁烨军、丁义军、丁臻杰、东东、东晓、东木、董安挺、董才茂、董传来、董方旭、董海菊、董洪涛、董凯、董美麟、董倩、董晴亦、董勇、董泽凡、董志伟、豆实、窦平、杜宝春、杜福明、杜辉、杜慧欣、杜津、杜娟、杜鹃、杜慎威、杜威、杜伟、杜文君、杜云龙、段乐凯、段秋颖、段小晶、尔东、凡、樊策、樊华、樊继鹏、樊其均、樊融、樊志凌、范春艳、范范、范晋铭、范琳琳、范荣祥、范微微、范秀芬、范亚男、范艳艳、范昭凯、方楚、方进、方竣平、方淑婷、方涛、方伟、方玉兰、方忠得、房晓东、非渔、费克、冯彪、冯定武、冯纷、冯戈、冯海东、冯海妮、冯浩杰、冯久、冯军、冯庆松、冯世健、冯万里、冯先生、冯鑫、冯雪冬、冯云燕、弗尼、扶凡、符飞球、符书豪、付 sir、付多艺、付飞飞、付坤、付乐、付实远、付万艇、付文君、付希刚、傅山、傅文敏、盖乐、盖师傅、甘孟芳、感恩 w、高彬、高楚楚、高春雷、高芳、高光明、高海滨、高晗睿、高航、高建康、高金琳、高金燕、高丽娟、高玲玲、高路、高明、高庆雷、高尚、高少朋、高祥炯、高旭、高岩亮、高阳、高益群、高勇奇、高钺超、高照新、葛娟、耿广慧、耿少洁、公佩强、公衍群、宫鸿智、宫慧勇、宫云飞、龚广辉、龚宏亮、龚楠歆、龚伟伟、龚袁礼、苟鑫、古代人、古露辉、古涛、谷军、顾晗波、顾筠豪、顾蓝娟、顾丽、顾梦情、顾雁鸣、顾沅杰、关关、管倩妹、管帅、桂清源、桂涛、桂阳、郭蓓、郭晨、郭诚、郭崇晓、郭迪、郭光漫、郭海莺、郭汉、郭红雷、郭宏政、郭怀旧、郭会娟、郭菁、郭靖、郭俊、郭珺、郭凯、郭丽丽、郭龙文、郭璐璐、郭宁、郭青梅、郭晴、郭森冲、郭帅彬、郭威、郭夏飞、郭祥海、郭骁、郭晓珊、郭孝、郭燕明、郭杨宜、郭怡飞、郭勇、郭运亮、郭志刚、国智、过磊、过叶爱、海川、海竣、韩迟、韩东、韩光、韩光宇、韩建、韩江涛、韩可延、韩路阳、韩猛、韩帅、韩天慧、韩希磊、韩晓宇、韩雨家、韩泽、郝东宁、郝杰、郝楷、郝明明、郝鹏、郝亚楠、何超、何国栋、何昊霖、何虹霏、何家安、何立青、何龙辉、何美倩、何少、何少佳、何升训、何万柯、何旺晟、何霞、何鑫、何旭、何旭倩、何燕、何扬辉、何应清、何勇华、何欲源、何云、何兆日、贺超、贺松、贺晓东、黑牛、洪蔡籽、洪敏之、洪穆、洪巧双、洪天武、洪晓灿、洪秀、洪玉洁、侯继江、侯磊、侯运华、侯震、胡佰亮、胡斌、胡博、胡成龙、胡德权、胡鼎超、胡怀彬、胡积昌、胡佳音、胡嘉伟、胡津铭、胡开菊、胡克振、胡丽芳、胡亮、胡凌云、胡南、胡其辉、胡巧巧、胡荣超、胡仕波、胡顺、胡湾湾、胡伟、胡伟、胡萧、胡晓、胡炎寒、胡燕红、胡洋洋、胡振起、胡子孟、扈盟、花树、花小鹿、华浔温维、华英卓、皇甫炜、黄灿明、黄超、黄超良、黄朝辉、黄大伟、黄典、黄冬魁、黄国勇、黄慧、黄计华、黄家荣、黄家新、黄剑鹏、黄娇、黄靖雯、黄静、黄娟、黄俊龙、黄俊雅、黄澜锱、黄立冬、黄丽鹏、黄良生、黄霖、黄璐、黄孟姣、黄梦娇、黄宁、黄奇隆、黄前、黄茜、黄俏俊、黄清林、黄琼、黄日普、黄汝彬、黄深锋、黄胜圆、黄圣鑫、黄师、黄澍、黄硕、黄涛、黄婉、黄文波、黄文祥、黄锡来、黄先润、黄贤恒、黄小波、黄小珏、黄筱敏、黄兴、黄邢、黄雄平、黄洵、黄雅琦、黄亚丽、黄燕强、黄瑶瑶、黄耀昌、黄永林、黄永祥、黄宇、黄钰雯、黄媛、黄媛媛、黄战、黄治信、黄仲新、霍磊、霍燕、吉浩献、籍成、籍浩楠、纪承志、纪祥、季凯、季鑫、贾海军、贾龙、贾先森、贾忠义、煎饼果子、江峰、江辉、江孟平、江宁、江月清梅、姜春晓、姜泓羽、姜楠、姜琪蕾、姜雁、姜颖、蒋春涛、蒋华永、蒋乔、蒋森强、蒋婉君、蒋星亮、蒋宇、蒋玉庭、蒋泽强、蒋志强、蒋志威、蒋舟、焦焦、焦武华、金坚能、金俊杰、金柯成、金乐乐、金雷、金蕾、金铭、金山、金晓阳、金星、晋彦辉、靳东晓、靳如超、靳晓洋、井涛、景华芳、景兰、景小雷、酒珍珍、瞿建军、瞿思阳、阚琦、康培国、康晓勇、柯达、柯佳、柯进、孔、孔令玉、孔令园、口天木木夕、邝权胜、魁姗、赖春娟、赖晟坤、兰高祥、兰佳明、兰沛锦、蓝伟轩、蓝于湘、老闫、雷波、雷登辉、雷刚、雷杰、雷绿华、雷攀、雷义桃、雷勇、冷彬、冷佳亮、冷雪峰、黎晶、黎静、黎军、黎强、黎舒月、黎雪平、李昂峰、李犇、李标、李宾、李彬、李斌、李波、李长江、李长英、李嫦、李超、李超贤、李成刚、李传力、李聪、李大山、李丹、李迪耀、李东、李东亚、李凡、李方亮、李菲菲、李锋、李福祥、李刚、李冠伦、李贵华、李海祥、李海鑫、李浩、李贺璞、李红森、李宏杰、李虎、李怀通、李欢、李焕、李辉、李积平、李佳、李佳俊、李家洋、李嘉、李嘉川、李嘉辉、李嘉羽、李建功、李建国、李建昕、李建欣、李建勋、李杰龙、李洁、李洁 Leez、李金辉、李金龙、李金墉、李金枝、李婧、李靖、李静、李娟、李军成、李君、李俊凯、李俊伟、李珺、李开勇、李凯、李凯、李磊、李力、李丽华、李良森、李璐、李璐璐、李曼成、李梅、李梦光、李梦皓、李梦林、李梦龙、李苗圃、李敏、李明华、李明辉、李明俊、李墨、李牧之、李娜、李宁、李盼盼、李朋、李鹏、李干、李倩蓝、李强、李沁芸、李清、李秋望、李权、李泉、李群金、李珊珊、李少华、李生、李胜男、李胜楠、李世嘉、李世阳、李书生、李书艳、李帅、李松、李松泽、李塑、李韬 -Liters、李婉宜、李威、李维、李文晨、李文昊、李文明、李先荣、李显扬、李宪、李相超、李向博、李小马、李晓林、李晓庆、李昕、李欣、李鑫、李兴鑫、李雄萍、李学梅、李亚、李亚敬、李亚雄、李娅茹、李妍、李言、李岩、李炎、李彦奎、李艳存、李扬智、李阳、李杨、李叶飞、李易伦、李翊琦、李胤言、李玉国、李玉洁、李玉燕、李渊、李月宝、李云、李云鹏、李芸、李增姿、李振、李震羽、李志、李志红、李志耀、李智、李钟敏、李壮、李子航、李子仁、李紫宸、厉洙君、立青、栗盈盈、连海龙、连粉、廉云鹏、练金枚、梁琛、梁汉都、梁俊、梁康庭、梁盼、梁启浩、梁少秋、梁文辉、梁锡君、梁小丽、梁晓琳、梁啸锋、梁亚丽、梁映锋、梁忠稳、亮亮、廖、廖海丰、廖金刚、廖明耀、廖青、廖贤乐、林彬彬、林东、林冬文、林郭辰、林昊、林红、林佳洲、林见喜、林剑波、林静、林凯、林莉、林璐璐、林敏、林奇峰、林睿、林绍良、林淑慧、林思源、林涛、林威、林文峰、林锡湖、林月委、林志财、林志聪、林智勇、林子、吝丽娟、凌双宁、凌祥章、凌志财、刘爱涛、刘傲、刘白林、刘榜胜、刘贝贝、刘斌、刘斌、刘滨滨、刘丙江、刘炳辰、刘波、刘伯伦、刘昌玩、刘长春、刘超、刘楚楚、刘存兵、刘大旗、刘丹、刘娣、刘佃庆、刘东、刘东、刘栋、刘帆、刘方民、刘飞、刘丰硕、刘峰、刘广、刘桂建、刘国明、刘国伟、刘海花、刘浩、刘浩然、刘皓、刘洪波、刘洪晓、刘继才、刘检、刘建波、刘健、刘杰、刘洁莹、刘金平、刘静、刘静云、刘君、刘俊、刘奎俊、刘魁玖、刘坤鹏、刘腊梅、刘来武、刘磊、刘莉子、刘俐卿、刘林婧、刘伶俊、刘龙飞、刘路、刘梦堞、刘咪、刘珉、刘明、刘念、刘宁、刘鹏、刘萍、刘璞、刘琦、刘强、刘清山、刘秋爽、刘瑞芳、刘瑞义、刘睿、刘珊珊、刘受星、刘淑芹、刘涛、刘天、刘天伟、刘桐郡、刘万民、刘维、刘伟、刘文武、刘奚阳、刘霞、刘献娟、刘相、刘小楣、刘小维、刘晓辉、刘晓明、刘新、刘鑫、刘兴付、刘旭、刘绪清、刘雪、刘雪梅、刘雅文、刘燕华、刘扬、刘洋、刘洋、刘一洁、刘宜娴、刘椅锋、刘毅、刘熠文、刘营、刘佑天、刘宇、刘雨、刘雨潼、刘云鹏、刘运亮、刘昭、刘志丹、刘志惠、刘中慧、刘梓乔、柳文磊、柳晓维、柳祎川、六六、龙陈飞、龙峰、龙佳佳、龙晓、娄烜、卢斌、卢超、卢浩、卢华樟、卢嘉丽、卢姐姐、卢任保、卢雪、卢彦君、卢勇、卢圆圆、卢振、卢智圣、芦燕红、鲁崇崇、鲁辉、鲁文、鲁易、陆北平、陆春磊、陆剑琦、陆俊龙、Lu单丹、陆美妮、陆唯、陆鑫、陆旭涛、陆云、陆云清、路亚恒、路野、路以垒、吕超、吕臣、吕程、吕飞、吕锋、吕国泉、吕明哲、吕鹏飞、吕文颖、吕晓光、吕雪、吕岩、吕月、吕樟良、吕壮浩、伦治国、罗本仁、罗必文、罗兵、罗超、罗春美、罗代全、罗夫亮、罗明浩、罗全、罗榕贞、罗巍、罗巍、罗伟、罗鑫、罗亚军、罗洋、罗颖超、罗照辉、罗周成、骆声荣、麻晓琳、马超龙、马传斌、马春雨、马翠、马迪、马国良、马海滨、马海峰、马慧、马骥原、马婧、马俊峰、马骏驰、马凯、马磊、马明珠、马盼、马琦、马仁宇、马荣安、马双玲、马炜煊、马文迪、马文杰、马先浪、马霄龙、马晓鑫、马晓一、马旭、马永、马勇、马玉、麦有彬、馒头、毛邦宇、毛海峰、毛济秋、毛建军、毛杰、毛丽彬、毛瑶欣、毛映霞、毛雨、毛正韬、梅彬、梅明会、梅明会、梅庭宾、蒙俊宇、孟凡子、孟繁亮、孟方磊、孟祥升、孟业凡、孟跃磊、迷麦、糜佳、苗青、咩宝、敏、明胜、明宪英、末那识、莫德凤、莫慧均、莫吉敏、莫伟栋、莫颛埔、牟红波、牟培、牟洋、牟征、穆森、穆鑫、南光民、倪春艳、倪德言、倪芮、倪骁慧、聂建、聂晶、聂乐乐、聂莹、牛迪、牛磊鑫、暖暖、诺拉、欧光耀、欧小姐、欧小明、欧阳俊、欧阳胜民、欧阳兆霞、潘彬、潘波、潘攀、潘巧能、潘绍志、潘婷、潘小华、潘星、潘雪丽、潘振华、庞道庆、庞凡、庞华禄、庞亮、庞青、庞晓敏、庞亚斌、庞媛、裴效凯、彭彪、彭冲、彭春、彭春蓉、彭锋、彭鸽、彭贺、彭红玉、彭泓龙、彭剑、彭舰、彭丽萍、彭倩、彭容、彭韶飞、彭思杰、彭亚勤、彭艺、彭易、彭韵、蒲庆、蒲业鑫、漆正全、祁琳、齐聪、齐立贤、齐瑞文、齐伟利、钱宝武、钱冲、钱工、钱捷文、钱鹏、钱仁君、钱若愚、钱文宇、钱小生、钱玉粉、钱泽俊、钱治科、乔巴巴巴、乔东华、乔发明、乔夫鹏、乔佳、乔梁、乔卫华、乔营营、乔玉龙、秦超、秦聪、秦嘉雄、秦丽、秦晓芳、青青、邱晨憧、邱健鹏、邱奎、邱敏、邱天、邱雯、邱先生、邱勇航、邱宇、邱月盈、邱自伟、裘涛、曲昂、曲婧、曲以功、屈凡吉、屈建伟、屈可、屈绍峰、全光阳、全智锋、冉济铭、冉启平、饶果、饶凯、饶洋、饶永光、任昌、任超、任飞、任菲、任广胜、任健新、任洁、任金花、任鹏宇、任前盛、任晓颖、任鑫、任燚、任永腾、任昱行、任智超、任自然、汝霞、阮辉、阮继铿、阮建展、阮盼玉、阮云云、芮文清、三尺猫、桑、沙鸥鹏、沙漠寻荫者、闪芳、陕飞、商成秀、商津京、上官正衍、尚厚永、邵斌、邵傅祥、邵久东、邵磊、邵良举、邵霆、邵欣、申昊鑫、申泽凯、深蓝、神游、沈川萍、沈大雨、沈丹、沈浩镔、沈华艺、沈利萍、沈涛、沈滔、沈文杰、沈一、沈云鹤、沈张、沈竹、肾疼、盛成、盛晶章、盛儒臣、盛万禄、盛巍、盛伟、盛晓阳、盛雪剑、盛增祥、施成明、施高平、施俊、施克炎、施生地、施泰宇、施义福、施轶、施应磊、石建平、石盟盟、石伟、石小晓、石莹、时浩然、史道义、史峰、史宏亮、史杰、史玉、水怪先生、司润占、司徒剑杰、宋波、宋超、宋丹、宋定禄、宋佳、宋立波、宋鹏、宋涛、宋卫良、宋文丽、宋雯慧、宋潇、宋小聪、宋绣君、宋延军、宋阳、宋异、宋奕林、宋云骢、宋震、宋子谦、苏成溪、苏宏博、苏鸿乾、苏敬、苏丽艳、苏亮、苏琳、苏明、苏明海、苏威、苏贤、孙、孙宝成、孙冰、孙超群、孙晨鹃、孙成福、孙承龙、孙凡、孙飞、孙国栋、孙海亮、孙海鑫、孙浩、孙皓、孙红霞、孙宏达、孙洪杰、孙华亮、孙佳慧、孙军芳、孙柯美、孙雷、孙亮荣、孙墨、孙汝俊、孙莎莎、孙守超、孙树国、孙思佳、孙婷、孙伟男、孙先生、孙晓、孙岩、孙艳艳、孙阳、孙泽阳、孙贞强、孙真真、索恩亮、谈中瑛、覃公子、覃弘娥、覃毅然、谭必鹏、谭佳莹、谭家玮、谭正、汤善盛、汤亚玲、汤宜城、唐静好、唐林炜、唐琳、唐龙、唐素、唐希文、唐燕娜、唐迎仓、唐志斌、唐志锋、陶海波、陶俊霖、陶帅南、陶亦丞、天才G大帅、田冲、田佳、田明圆、田鹏诗、田伟鸿、田尧、田元、田智宏、田祖亮、仝玉才、仝兆宇、童大全、童芬芬、涂宁、土豆丝、婉露、万敬、万黎、万里、万灵芝、万咏梅、万宇、万玉龙、汪春瑶、汪海燕、汪佳斌、汪启政、汪诗伦、汪真真、王、王阿娇、王邦杰、王邦政、王必成、王畅、王超、王晨光、王成兵、王春聪、王从伟、王聪、王大骏、王丹彤、王德生、王迪、王迪、王丁、王丁昊、王东京、王二纲、王帆、王飞、王飞龙、王付存、王刚、王光杰、王广才、王国栋、王国海、王皓、王红伟、王华杰、王辉、王会芳、王慧田、王继德、王佳、王佳辉、王建东、王建沣、王剑、王剑波、王姣、王杰明、王洁、王晶晶、王晶泽、王镜翔、王军政、王俊、王俊飞、王凯、王轲、王孔军、王快、王坤、王乐、王雷、王磊、王力东、王立东、王立军、王立仁、王利利、王亮、王凌、王路、王璐瑶、王盟、王猛、王妮、王鹏、王鹏州、王启霖、王强、王庆法、王锐、王森壕、王珊珊、王圣雷、王舒童、王树彬、王帅、王双双、王硕、王司因、王思嘉、王松、王涛、王韬、王腾、王体营、王庭栋、王婷、王婷婷、王彤、王微、王维军、王伟、王韡、王蔚、王文婧、王文娟、王文玲、王文明、王文武、王文钊、王雯雯、王喜、王小波、王小凡、王小龙、王小敏、王小琴、王晓东、王晓琴、王晓晓、王新华、王鑫、王鑫定、王信辉、王星、王雄狄、王雄兴、王秀、王栩、王旭、王旭斌、王璇、王雪洁、王亚飞、王严冰、王燕娇、王燕妮、王瑶、王一、王一同、王怡宁、王瑜、王宇、王宇超、王玉娟、王喻文、王煜、王园、王跃、王云飞、王运刚、王泽原、王昭、王赵刚、王哲、王振祥、王震、王震、王郑铭、王子、危星、薇薇安、韦金晶、韦帅、韦伟、韦伊、韦志强、魏波、魏承煌、魏绫志、魏楠、魏宁、魏麒麟、魏涛、魏莹、魏玉玲、温楚敏、温家鑫、温剑峰、温猛、温晓婷、文欢、文京、文静、文先生、翁思杰、蜗牛妈、巫碧华、巫建红、巫祝、无邪、吴彬、吴彬强、吴博、吴迪、吴高阳、吴格洁、吴广、吴桂凤、吴国强、吴海威、吴昊、吴宏宇、吴华堂、吴奂智、吴悔、吴惠静、吴嘉杰、吴嘉燕、吴建伟、吴建炜、吴建阳、吴健武、吴杰、吴洁婷、吴晋洲、吴军、吴凯、吴磊、吴亮、吴林、吴玲、吴鹏程、吴其康、吴倩、吴胜楠、吴诗平、吴述勇、吴厅、吴廷卫、吴伟、吴伟丰、吴文杰、吴祥、吴幸燕、吴雅岚、吴雅丽、吴阳、吴洋、吴义林、吴奕刚、吴永忠、吴雨晨、吴玉珊、吴玉洲、吴玥、吴云蕾、吴泽顺、吴哲雄、吴志锋、吴志强、伍丹、伍智宇、武清风、武世鹏、武文奇、武兴佳、武尧尧、武宇浩、武志强、析木、奚浩杰、羲瑶、虾米、夏传栋、夏方舟、夏国强、夏杰、夏平安、夏齐明、夏青、夏天、夏伟、夏雪、夏延、夏艳、向北、向峰、向守富、向阳、向毅、萧光青、小俊、小空、小辣椒、小龙、小彭、小冉、小天天、小伍、曉天、肖川、肖达达、肖飞、肖国栋、肖建、肖军、肖林、肖敏、肖起勇、肖强、肖秋雨、肖权、肖帅、肖婷、肖晓林、肖亚红、肖宇峰、肖宇涵、肖震、肖祖鑫、谢斌、谢驰、谢丁、谢东、谢峰、谢贵英、谢国宏、谢海峰、谢昊麟、谢宏超、谢佳、谢嘉妙、谢建霖、谢健明、谢俊杰、谢良春、谢思杰、谢天柱、谢文华、谢雯、谢欣、谢勇、谢正雄、谢洲权、谢陛下、辛安静、辛海琦、辛娜、辛瑞浩、辛夷、鑫垚、邢继伟、邢士召、邢增东、幸东、熊川纬、熊锋、熊华阳、熊克群、熊奇、熊涛、熊伟、熊小娟、熊孝辉、熊熊、修默、修晓龙、徐超、徐存良、徐得松、徐德鹏、徐德文、徐殿祥、徐冬、徐冬冬、徐冬明、徐刚、徐高奎、徐红云、徐奂钦、徐建东、徐金达、徐军、徐康文、徐林、徐宁、徐冉、徐少伟、徐双华、徐斯杰、徐素军、徐婷、徐乡荣、徐香玉、徐晓晨、徐晓维、徐鑫、徐秀丽、徐秀秀、徐宣、徐雅萍、徐洋、徐英明、徐泽、徐子淳、徐梓铭、许德挑、许冬妮、许海生、许洁、许雷、许芹、许爽、许洲南、许自成、许自潘、轩茂、玄月、薛峰、薛福双、薛根圣、薛闳、薛佳薇、薛盼、薛鹏飞、薛尧、薛永林、薛振华、薛佐、闫长虎、闫方炜、闫红瑜、闫金龙、闫亮、闫庆、闫思玉、闫笑笑、闫新桐、闫岩、闫勇、严景宇、严青、严枭、颜永雄、晏安然、晏英、燕玉鸽、羊丽君、杨斌、杨德军、杨东梅、杨帆、杨刚、杨光、杨光明、杨国明、杨宏 -Cansun、杨宏光、杨鸿程、杨嘉陵、杨洁、杨锦衡、杨景培、杨军、杨俊林、杨骏、杨凯、杨凯润、杨蕾、杨礼宝、杨力娟、杨丽、杨柳、杨茗越、杨培云、杨佩勋、杨琦淋、杨青、杨清松、杨蓉、杨锐、杨森、杨莎莎、杨杉、杨晟杰、杨守玉、杨树楠、杨帅、杨霜、杨思远、杨韦凌、杨文萱、杨先生、杨小记、杨小涛、杨晓慧、杨晓路、杨旭辉、杨颜、杨扬华、杨阳、杨洋、杨一笑、杨逸民、杨毅、杨永、杨永耀、杨玉娇、杨云超、杨运、杨昭、杨臻、杨圳霖、杨志东、楊毅、姚浩钿、姚佳宏、姚健、姚骏、姚亮、姚生、姚旺、姚小龙、姚延鹏、姚志育、叶超、叶刚、叶剑兰、叶金良、叶立红、叶龙、叶锐权、叶涛、叶添强、叶文嘉、叶业顺、叶志鸿、叶子轩、叶作源、一马平川、伊昕、仪伟、易丰伟、阴倩、殷时轮、殷文律、殷小红、殷允义、尹朝晖、尹桂涛、尹辉、尹慧、尹江、尹江涛、尹铭、尹微馨、尹绪超、尹志遠、印方丽、尤海彬、尤南琪、尤轩颖、游双双、于波、于佳汇、于淼、于谦、于琴、于亚男、于艳红、于洋、于榆、于园、余发平、余凤娇、余国平、余辉、余景龙、余凌、余鹏、余晴晴、余松霖、余王方、余巍、余小白、余亚鑫、余洋、余幼斌、於建、鱼先生、俞龙强、俞先生、俞用生、喻海、喻晶晶、喻筠雅、喻小勇、喻晓、原诗天、原玉萍、袁彬彬、袁佳、袁建、袁康、袁女士、袁强、袁瑞文、岳豪、岳雪宇、云灿、云海、云臻设计、臧春晓、曾晨华、曾凡杰、曾豪、曾佳伟、曾嘉龙、曾军、曾凯、曾乐、曾鹏、曾庆媚、曾庆宇、曾生、曾学龙、曾永飞、曾瑜、宅奇、翟茂芝、展玮、张啊捷、张宝华、张豹、张兵、张超、张成、张诚、张程遥、张春龙、张达、张大润、张冬、张东东、张东林、张栋、张凤春、张夫泽、张淦重、张国文、张海军、张海南、张航、张浩、张浩锋、张恒友、张洪强、张华、张辉、张慧博、张火星、张寄旺、张佳淼、张家豪、张家庆、张家伟、张嘉奇、张建、张健、张婕、张进、张晶杰、张静、张俊、张凯、张凯俊、张蕾、张立锰、张丽、张利峰、张连胜、张良、张良知、张琳翎、张苓、张璐璐、张美玲、张美玉、张咪、张明、张明伟、张娜、张女士、张沛、张鹏、张奇、张奇达、张谦、张倩倩、张庆贺、张琼、张然、张荣容、张蕊、张瑞、张珊珊、张少锋、张胜利、张诗琪、张世春、张世琦、张书杰、张硕、张思静、张思敏、张廷肖、张婷婷、张威翔、张伟、张伟超、张伟煌、张伟霖、张伟文、张文强、张文源、张禧、张晓峰、张晓冠、张晓君、张晓茹、张晓艳、张晓燕、张新胜、张旭、张旭栋、张轩僮、张学婷、张雪、张延文、张妍、张彦、张彦宏、张燕、张杨、张洋、张一、张翼、张英俊、张勇、张于磊、张逾群、张瑜华、张雨、张玉婷、张元力、张远、张远为、张越、张云峰、张云鹏、张允召、张蕴晨、张占磊、张湛、张兆琪、张真真、张正华、张志雄、张智康、张智睿、张中华、张仲景、张主华、张宗耀、张祖栋、张祖华、张钻、張子涵、章晓琼、章优、招春蕾、招华峰、赵斌、赵晨、赵晨杰、赵春光、赵公博、赵贯宇、赵海亮、赵洪涛、赵金斯、赵侃、赵磊、赵磊功、赵琳琳、赵路、赵梦婕、赵娜、赵楠、赵攀、赵琪、赵秋红、赵世宇、赵婷婷、赵威风、赵文婕、赵晓强、赵旭、赵旭、赵雪儿、赵雅萍、赵妍珠、赵彦名、赵阳、赵益伟、赵毅、赵英杰、赵愚之、赵玉雪、赵云、赵珍珍、赵争光、赵祉龙、赵志聪、甄嘉文、郑博、郑朝光、郑春乐、郑纯峰、郑德利、郑钢、郑工、郑佳浩、郑匠匠、郑杰友、郑俊斌、郑林生、郑丕润、郑世海、郑姝祺、郑舜畅、郑魏、郑文斌、郑贤同、郑晓阳、郑孝明、郑玉、郑跃华、郑卓洹、支佳琪、智妍、钟春波、钟汉烽、钟建桦、钟建喜、钟教忠、钟军、钟肖飞、钟秀合、钟旋、钟雪梅、仲云杰、周蓓、周博、周长春、周程林、周传龙、周大伟、周颠儿、周枫皓、周刚、周慧明、周佳、周嘉和、周杰、周璟渊、周敬成、周静、周俊、周凯、周锟、周兰天、周朗、周莉、周李明、周陵发、周露、周末、周奇、周琦、周麒麟、周琴、周琴芳、周荣江、周蓉、周升良、周曙、周思含、周威武、周围、周文斌、周贤威、周想、周小楠、周小舟、周晓安、周星焱、周焰、周燕琳、周益飞、周玉峰、周玉峰、周毓娟、周远、周媛媛、周珍珍、周中平、朱长锋、朱超、朱春萌、朱道远、朱德、朱蒂、朱东壁、朱冬海、朱富成、朱刚、朱谷雨、朱贵敏、朱贵明、朱贵祥、朱嘉恺、朱建兵、朱建锥、朱健、朱轲、朱磊、朱丽、朱亮、朱琳、朱敏捷、朱名娇、朱明静、朱宁杰、朱鹏、朱琦琳、朱帅豪、朱小斌、朱晓晴、朱一戈、朱勇、朱泽军、朱朱、朱子钦、祝凯、庄栋杰、庄佳佳、莊淑美、卓俊敏、禚士庆、邹保朝、邹海波、邹洪浪、邹建华、邹林君、邹思明、邹亚琛、左加、左燕。

图书在版编目（CIP）数据

年轻设计师必修的七堂课 / 岳蒙著. —沈阳：辽宁科学技术出版社，2017.6（2017.12 重印）
ISBN 978-7-5591-0255-3

Ⅰ. ①年…　Ⅱ. ①岳…　Ⅲ. ①室内装饰设计
Ⅳ. ①TU238.2

中国版本图书馆 CIP 数据核字（2017）第 103988 号

---

出版发行：辽宁科学技术出版社
（地址：沈阳市和平区十一纬路 25 号　邮编：110003）
印 刷 者：辽宁新华印务有限公司
经 销 者：各地新华书店
幅面尺寸：160mm×230mm
印　　张：22.5
插　　页：2
字　　数：300 千字
出版时间：2017 年 6 月第 1 版
印刷时间：2017 年 12 月第 6 次印刷
责任编辑：马竹音
封面设计：周　洁
版式设计：何　萍
责任校对：周　文

---

书　　号：ISBN 978-7-5591-0255-3
定　　价：58.00 元

编辑电话：024-23280367
邮购热线：024-23284502
E-mail:1207014086@qq.com
http://www.lnkj.com.cn